수학사와
함께 떠나는
수학여행

수학사와 함께 떠나는 수학여행

-중등수학에서 수학사 활용-

2015 세종도서 학술부문	이 도서는 2015년 세종도서(구 문화체육관광부 우수학술도서) 학술부문에 선정된 도서입니다.

KM 경문사

머리말

21세기 지식정보사회의 패러다임에 내재되어 있는 핵심 가치 중의 하나는 단순히 지식을 전수받아 보급하는 차원을 넘어서 누가 핵심 지식을 어떻게 창출해 낼 것인가이다. 이러한 시대적 요청에 따라, 지식정보시대를 앞당기는 근본토대 중의 하나는 교육에 있다고 믿는 사람이 많다.

종종 교실 내 활동은 실제 문제 상황을 다루지 못하고 있으며 교수학습 활동은 진정한 현실 문제해결의 맥락과 연결되어 있지 않은 경우가 많다. 이것은 학생들이 교실에서 배운 것을 실제 문제 상황에 적용하는 것을 어렵게 만들며, 또한 학생들은 학교에서 배우는 지식이 어떻게 가치가 있는지에 대한 의문 없이 수학 수업에서 전달되는 사실, 개념 그리고 원리를 기억하기를 강요받기도 한다.

물론 주어진 지식을 암기하여 기억에 저장하는 것과 같은 학습 또한 중요한 학습의 한 형태이다. 그러나 지식이 폭주하는 현 시대에서 더욱 중요하며 우리의 교육에서 더 강조해야 할 부분은 학교 수학내에서 실제로 문제를 발견할 수 있도록 하고, 복잡하고 역동적인 문제구조와 문제해결활동에 관해 창조적으로 생각하도록 하며, 문제해결에 적합한 정보를 조직화하고, 그리고 일련의 의사결정 활동이 실제문제해결로 도달되도록 해야 한다는 것이다. 즉, 이제는 지식전달을 지양하고 지식창출이라는 새로운 화두에 부응할 수 있도록 교수학습활동상의 무엇이 어떻게 혁신되어야 할 것인가에 대하여 고민해야만 한다.

흔히들 수학사는 “수학이란 하나의 문화로서 긴 세월을 거친 인간의 창조적인 사고형태이다."라는 것을 가르쳐 준다고 한다.

최근에 수학사를 활용한 수업을 위한 다양한 연구가 활발하게 전개되고 있다. 수학사 활용은 학생들의 수학적 사고를 자극하여 수학적으로 생각하는 힘을 길러주는 방향이어야 하며 이를 위해서 교사들도 중등수학 범위에서 다양한 수학사적 지식과 수학적 경험의 기회를 가져야 한다.

이러한 관점에서 이 책은 현행 중등수학교육과정의 수학 교과서에서 다루는 수학 내용과 연관된 수학사를 중심으로 이야기를 전개하였으므로 고대부터 현재까지의 거대한 수학의 역사를 조망하기에는 다소 부족한 면도 있지만, 한편으로는 현장에서 학생을 지도하는 사람들과 배우는 학생들에게 어느 한 시대에 얻어진 새로운 정리가 어떠한 역사적 배경에서 나오게 되었는지를 알 수 있도록 함은 물론이고, 또한 어떤 정리를 얻기 위해 고민한 수학자들의 생각과 아이디어 중심으로 수학사의 흐름을 살펴볼 수 있도록 하기 위해 수학자의 생각 및 수학사적 풀이 코너를 구성하였다는 것에 저자들은 위안을 삼을까 하니 독자 여러분의 날카로운 조언과 무한한 사랑을 기대한다.

독자들이 이 책에 소개된 수학자의 생각, 수학사적 풀이, 또 다른 생각, 나도 수학자 >>>---, **요즈음은 이렇게,** '역사적, 수학사적 내용 개요' 및 '수학사 보충 자료' 등의 다양한 코너들을 따라가면서 이미 많이 들어 본적이 있는 여러 수학자들의 생각을 공유하고 나아가 그들의 수학적 사고를 나누어 가지면서 그들이 고민하고 생각했던 문제들을 논리적으로 스스로 해결할 수 있는 능력을 키울 수 있었으면 하는 기대와 함께, 본 책에서 다룬 '수'와 '방정식'에 관한 수학자의 생각 및 교수 학습 자료가 교사 및 학생들의 문제해결력 향상에 도움을 주기 위해 유용하게 활용되기를 바란다.

끝으로 이 책의 출판을 도와주신 경문사 임직원께 진심으로 감사드린다.

2014년 2월

엮은이

이 책의 구성과 특징

현행 중등수학교육과정의 수학 교과서에서 다루는 수학 내용과 연관된 수학사를 중심으로 시대의 흐름에 따라 이야기를 전개하였으며, 독자의 이해를 돕기 위해 수학자의 생각, 수학사적 풀이, 또 다른 생각, 나도 수학자 ›››---- 및 **요즈음은 이렇게** 등의 다양한 코너를 만들었다.

많이 보이는 아래의 각 코너는 다음과 같은 내용과 목적으로 구성되었다.

수학자의 생각 코너: 그 당시 어떤 문제를 생각한 수학자의 아이디어를 이야기 형식으로 서술한 것으로 '문제' 또는 '예제'와 유사한 형식

수학사적 풀이 코너: '수학자의 생각'을 그 당시의 수학적 배경과 수학 내용을 이용해서 설명한 것으로 '문제풀이'와 유사한 형식

또 다른 생각 코너: 제시된 '수학자의 생각'과 그 풀이인 '수학사적 풀이'에 관련된 추가적인 수학사적 내용, 이야기, 수학적 사실 등을 적은 것으로 '참고'와 유사한 형식

나도 수학자 ›››---- 코너: 독자 스스로 답 또는 풀이를 해결하도록 유도하는 열린 문제 형식

요즈음은 이렇게 코너: 위의 코너들과 관련되면서 현재 시점에서 생각할 수 있는 수학적 아이디어나 문제 제시 또는 수학용 소프트웨어를 활용한 해설

위의 코너 외에도 각 장의 도입부에 표형식의 '역사적, 수학사적 내용 개요'와 필요한 경우에는 각 장의 끝에도 표형식의 '수학사적 보충 자료'를 제시하여 각 장에서 다루는 중등 수학사 발달과정을 좀 더 잘 이해할 수 있도록 하였다. 이 책은 중등수학의 '수' 및 '방정식'과 관련된 수학사 중심으로 이야기를 엮었으며 현행 교과서에서는 더 깊이 다루지 못한 내용들, 학교수학과 직접 연관이 있어서 수업에서 활용할만한 가치가 있는 내용들을 포함하고 있다.

차례

제 1 부

서론

수학사의 역할 01

1.1 수학교육에서 수학사의 역할

최근에는 교육현장에서 학생들의 수학적 문제해결력을 키우기 위해 흥미·관심을 끄는 소재나 실제 생활에서 일어나는 사건과 관련된 주제를 다루는 교재의 개발, 수학적인 활동과 감성적 체험을 강조하는 수업전개 등 다양한 시도가 이루어지고 있으며, 그 중에서도 특히 수학사數學史 활용과 학생들의 체험을 도입한 다양한 형태의 수업 운영이 늘어나고 있는 추세이다. 이러한 관점에서 수학교육에서의 수학사 역할을 다음 두 가지로 생각해 볼 수 있을 것이다.

그 첫 번째는 가르치는 사람이 강의내용에 관한 깊은 이해와 통찰, 그리고 지도법과 평가에 관한 기준을 얻을 수 있다는 것이다. 다시 말해서 교재연구법의 하나로 수학사가 중요한 역할을 할 수 있다.

두 번째로 수학사는 역사에 나타나 있는 수학적인 사고방식을 수학학습 중에 현실적인 세계로 제공함으로써 수학학습을 인간화할 수 있다는 것이다. 다시 말해서 수학을 창조한 인간의 지적정신활동에서 인간이 어떻게 문제를 제기하고 어떤 생각과 방법으로 문제를 해결하며, 어떻게 새로운 분야를 개척해 나가는가를 수학학습 중에서 찾아봄으로써 수학학습에 인간적인 모습을 불어넣을 수 있다.

그러므로 수학사 활용은 다음과 같은 효과를 기대할 수 있다.

- 학습자의 흥미·관심을 유도할 수 있고 수학학습에 동기부여가 가능하다.
- 학습자에게 학습내용에 관한 심화된 이해(이 경우의 이해에는 여러 가지 의미가 있다)를 제공한다.
- 학습자는 수학구조의 가치를 역사 발생적 흐름에 맞추어 평가할 수 있다.
- 학습자의 연대기(年代記)적인 의문에 대응할 수 있다.
- 수학사는 엄밀성의 규범이나 수학의 논리적 발달을 가르쳐준다.
- 수학사는 수학이란 하나의 문화로서, 긴 세월을 거친 인간의 창조적인 사고형태임을 가르쳐준다.

한편 위와 같은 효과를 기대하기 위해서는 학습목적을 명확히 해야 함은 물론이고 아울러 수학사의 활용방법에 관한 충분한 고민과 노력이 필요하다.

1.2 수학학습에서의 수학사 활용방법

수학사의 활용방법에 관해 다음과 같은 네 가지를 생각해 볼 수 있다.

■ 이미 수학학습의 일부로 포함된 수학사

예를 들어, '이차방정식의 해를 완전제곱을 이용해서 구한다'는 생각은 해를 구하는 공식에 이르기까지의 역사적인 접근 그 자체이다. 해를 구하는 공식을 잊어버렸을 경우에 이차방정식을 완전제곱으로 푼다든지 또는 완전제곱으로 푸는 쪽이 방정식을 더 쉽게 풀 수 있다고 말하는 학생들의 반응은 이차방정식의 역사 발생적인 측면에서는 아주 자연스런 사고로 볼 수 있다.

더욱이 곱셈공식이나 인수분해 결과 등을 확인할 때 그림을 이용하여 설명하는 경우는 아라비아수학에서 대표적으로 보여주듯이 '표현·처리는 대수적이지만 증명은 그림을 이용한다'는 수학 변천에서 나타난 역사적 모형과 많이 닮아 있다. 언어로서의 식보다 시각적인 그림을 통한 수학적 표현방법이 학생들의 지적 발달단계에 적합하여 학생들이 더 이해하기 쉬운 경우가 있다. 이러한 문제들은 대부분의 수학 교재연구나 지도법과 밀접하게 연계되어 있다.

■ 토픽으로서의 수학사

단원의 도입단계 또는 단원 도중에 학습내용의 이해를 심화하기 위해 수학사를 도입할 수 있으며, 더욱이 단원의 끝에 발전적인 과제로 언제든지 수학사를 도입할 수 있다. 예를 들면, 삼각형의 닮음과 관련된 학습에서 탈레스가 제시한 바 있는 '피라미드의 높이와 그림자에 관한 아이디어와 내용'을 예로 소개하거나 수학사에 나타나있는 '닮음을 측량에 이용한 문제의 해법'을 보여주는 것은 수학 교수 학습에서 수학적 소재로 활용될 수 있다.

■ 단원 전체에 도입된 문제해결형인 수학사

이것은 단원 도입부에 해결하고 싶은 과제를 제시하고, 그 해결을 위해 수업에서 수학을 창조하는 것을 목적으로 학생들에게 체험 활동을 하게하거나 학생들의 창의적인 발상이 일어나도록 수업해 나가는 방법을 말하며, 이때 교사는 새로운 기호를 도입하거나 창의적인 발상의 전진을 위해서 발문과 힌트를 제시하면서 논리적으로 정리하는 역할을 담당한다.

■ 프로젝트활동으로서의 조사학습

이것은 생활주변의 조사학습 소재를 수학의 역사에서 찾아보는 것을 말한다. 학기 중 수업시간이나 방학동안의 학습과제로 학생자신이 흥미를 갖는 문제나 주제에 관해서 수학사적 관점에서 조사학습을 하여 그 성과를 리포트로 제출하는 학습활동 등에 활용할 수 있다.

02 수학의 발달 연표

이 장에서는 중등수학과 관련된 역사적, 수학사적 사건을 연도에 따라 정리하여 제시한다. 한편 이 책의 제2부와 제3부에서는 각 장에 포함되는 수학과 관련된 역사적 사실과 수학자를 '역사적 내용 개요'와 '수학사적 내용 개요'로 도입부에 표로 제시하였고, 더 상세히 설명할 필요가 있는 사건이나 수학자에 관한 것들은 끝에 표형식의 '수학사 보충 내용'으로 구성하였다.

지금부터 중등수학과 관련된 수학의 발달 역사를 살펴보자.

수학자	국적	연도	내용
	바빌로니아 Babylonia	B.C. 1780?	바빌로니아 왕국의 탄생. 설형문자와 수메르 문자로 수를 나타내었으며, 60진법을 사용한 기록이 있음.
아메스 Ahmes	이집트 Egypt	B.C. 1650?	현존하는 가장 오랜 수학서 《아메스의 파피루스》를 저술함.
탈레스 Thales	그리스 Greece	B.C. 625?	그리스 수학의 시조이자 칠현 중의 한사람. 피라미드 측정, 일식의 예언.
피타고라스 Pythagoras	그리스 Greece	B.C. 570?	사모스(Samos)에서 태어남. 무리수의 발견, 피타고라스 정리의 발견과 증명, 짝수와 홀수의 분류.

수학자	국적	연도	내용
아낙사고라스 Anaxagoras	그리스 Greece	B.C. 499?	아테네(Athens)에 정착한 최초의 철학자. 원주율 π의 정밀한 값을 결정하려 하였음.
제논 Zenon	그리스 Greece	B.C. 496?	제논의 패러독스(paradox), 직선의 무한분할에 반대하였음.
히피아스 Hippias	그리스 Elis, Greece	B.C. 495?	(컴퍼스와 눈금이 없는 자만을 사용하는) 일반각의 3등분작도문제, 원적문제를 해결하기 위해 원적곡선 Quadratrix을 착안함.
히포크라테스 Hippocrates	그리스 Chios, Greece	B.C. 460?	출생연도. 최초의 기하학서 《Elements(원론)》를 저술. 입방배적문제 연구. 히포크라테스의 초승달문제.
아르키타스 Archytas	그리스 Greece	B.C. 428?	비례의 이론, 입방배적문제 연구. 활차(滑車)의 원리 발견.
플라톤 Platon	그리스 Greece	B.C. 427?	입체의 연구, 해석법.
히피아스 Hippias	그리스 Greece	B.C. 410?	각의 3등분문제 연구. 사망연도.
에우독소스 Eudoxos	그리스 Greece	B.C. 390?	황금분할의 연구, 구면삼각법 창시, 입체 기하의 연구, 극한적인 접근방법을 시도.
메나이크모스 Menaichmos	터키 Turkey	B.C. 380?	출생연도. 원뿔곡선의 연구 및 발견, 원뿔곡선을 그리는 기구를 고안.
유클리드 Euclid	그리스 Greece	B.C. 365?	출생연도. 기하학의 최초의 체계적인 저서 《원론》, 원뿔곡선에 관해 서술한 《원뿔곡선론》.
디이노스트라토스 Deinostratos	그리스 Greece	B.C. 350?	원뿔곡선을 이용한 원적문제 연구.
아르키메데스 Archimedes	그리스 Greece	B.C. 287?	출생연도. 적분의 선구자. 아르키메데스의 원리, 아르키메데스의 나선.
에라토스테네스 Eratosthenes	그리스 Greece	B.C. 273?	소수(素數)를 구하는 방법 '에라토스테네스의 체(가루를 곱게 치거나 액체를 거르는데 쓰는 기구)'를 고안.
아폴로니우스 Apollonius	그리스 Greece	B.C. 262?	출생연도. 《Conics(원뿔곡선론)》, 《원기둥나선》, 《불규칙한 무리량에 관해서》 등을 저술.

수학자	국적	연도	내용
니코메데스 Nicomedes	그리스 Greece	B.C. 250?	Conchoid를 이용한 입방배적문제 연구.
히파르코스 Hipparchos	그리스 Greece	B.C. 190?	천문학에서의 필요에 의해 구면삼각법, 현(chord)의 표 작성.
톨레미 Ptolemy	그리스 Greece	A.D. 87?	출생연도. 《Almagest(천문학체계)》 13권 저술.
메넬라우스 Menelaus	그리스 Greece	A.D. 78?	《구면삼각법》, 메넬라우스의 정리, 《원에서의 현에 관해서》6권을 저술.
니코마코스 Nikomachos	그리스 Greece	A.D. 50?	《산술》을 집필.
헤론 Heron	그리스 Greece	A.D. 10?	출생연도. 헤론의 공식.
디오판토스 Diophantos	이집트 Egypt	A.D. 220?	출생연도. 기호·약호를 이용한 대수에 관하여 집필.
유징 劉徵	중국 China	A.D. 263?	《구강산술주(九章算術注)》를 집필.
파포스 Pappos	그리스 Greece	A.D. 350?	파포스의 정리, 《수학논집》 8권을 집필.
히파티아 Hypatia	그리스 Greece	A.D. 370?	최초의 여류 수학자로 부친인 치온(Theon)과 더불어 《원론》, 《천문학체계》의 주석(注釋)을 집필.
조충지 祖冲之	중국 China	A.D. 429?	《구장산술》의 주석을 집필.
프로클로스 Proclos	그리스 Greece	A.D. 460?	유클리드의 《원론》의 주석을 집필하였으며 현재 가장 오래된 것임.
카시오도루스 Cassiodorus	로마 Rome	A.D. 475?	《백과전서》를 집필. 유리수, 무리수라는 명칭을 처음으로 사용함.
아리아바타 Aryabhata	인도 India	A.D. 476?	출생연도. 유일한 저서 《아리아바티야 (Aryabhatiya)》에 천문학, 구면삼각법, 산술, 대수, 평면삼각법 등에 관해 서술함. 3°45′ 간격의 sine표 만듦.
브라마굽타 Brahmagupta	인도 India	A.D. 628?	《브라마굽타-시단타 (Brahmasphuta-siddhanta)》를 저술. 수론, 영(zero)의 기호 등을 취급함.

수학자	국적	연도	내용
	아라비아 Arabia	A.D. 773?	인도로부터 아라비아로 인도의 sine표, 영(zero), 수의 자리매김 원리, 인도의 숫자가 전래됨.
다비트 이븐 쿨라 Thabit ibn Qurra	아라비아 Arabia	A.D. 826?	포물선의 넓이 등을 연구.
알콰리즈미 Al-Khwarizmi	아라비아 Arabia	A.D. 830?	이차방정식에 관해서 《알제브르 알므카바라(al-gebr w'almuqabala)》를 저술.
알바타니 Al-Battani	아라비아 Arabia	A.D. 858?	저서 《천체의 운행》에서 cosine, tangent라는 개념을 처음 도입함.
마하비라 Mahāvīra	인도 India	A.D. 900?	《계산집성》을 저술. 급수를 취급함.
아불와파 Abul-Wafa	아라비아 Arabia	A.D. 940?	sine표 작성. secant, cosecant라는 개념 도입.
미나모토노타메노리 源爲憲	일본 Japan	A.D. 970?	일본에서 가장 오래된 수학문헌 《口遊(구유, くちずさみ)》를 저술.
알비루니 Al-Biruni	아라비아 Arabia	A.D. 973?	삼차방정식 $x^3=1+3x$를 풀었음.
알카르키 Al-Karkhi	아라비아 Arabia	A.D. 1029?	그리스 풍의 산술과 대수에 관해 집필하고, 급수를 연구함.
아말 하이얌 Omar Khayyam	아라비아 Arabia	A.D. 1100?	삼차방정식을 도형적으로 논함.
바스카라 Bhaskara	인도 India	A.D. 1150?	《Siddhanta Siromani》를 저술. 1° 간격의 sine표, 이차방정식의 음인 해, 무리수인 해, 일반해를 구하는 공식 등을 구함.
피사의 레오나르도 Leonardo da pisa 또는 피보나치 Fibonacci	이탈리아 Italy	A.D. 1202	《주판서》 집필, 피보나치수열.
피보나치 Fibonacci	이탈리아 Italy	A.D. 1220	저서 《이차의 이야기》에서 이차부등식을 취급함.
피보나치 Fibonacci	이탈리아 Italy	A.D. 1225	《기하의 실용》을 저술.
주세걸 朱世傑	중국 China	A.D. 1299	《산학계몽(算學啓蒙)》 저술.

수학자	국적	연도	내용
오렘 Oresme	프랑스 France	A.D. 1382	분수지수의 기호화, 그래프표시, 급수를 취급함. 사망연도.
레기오몬타누스 Regiomontanus	독일 Germany	A.D. 1436	《Almagest(천문학체계)》를 완전 번역, 《삼각법전서》를 집필, sine을 정의함.
레오나르도다빈치 Leonardo da vinci	이탈리아 Italy	A.D. 1452	투시법.
포이에르바하 Feuerbach	독일 Germany	A.D. 1461	10′ 간격의 sine 표 작성.
트레비소 산술 *Treviso Arithmetic*		A.D. 1478	이탈리아에서 《트레비소 산술》이라는 세계 최초의 인쇄된 수학서가 간행됨.
니콜라스 슈케 Nicolas Chuquet	프랑스 France	A.D. 1484	《수의 과학의 3부문》 집필, 등차수열, 등비수열을 비교.
비트만 Widman	독일 Germany	A.D. 1489	《상업 전반을 위한 산술서》에서 '+' 및 '−'의 기호를, '+'는 초과를, '−'는 부족을 각각 뜻하는 것으로 처음 사용함.
파촐리 Pacioli	이탈리아 Italy	A.D. 1494	《산술》을 집필하여 삼차방정식과 확률문제를 다루었음.
반데르 호이케 Vader Hoecke	네덜란드 Netherlands	A.D. 1514	저서 《대수》에서 '+'와 '−'를 연산기호로 사용함.
루돌프 Rudolf	독일 Germany	A.D. 1525	근호의 기호 $\sqrt{\ }$ 를 사용함
페로 Ferro	이탈리아 Italy	A.D. 1526	$x^3+mx=n$인 꼴의 삼차방정식의 해법 연구. 사망연도.
타르탈리아 Tartaglia 또는 폰타나 Fontana	이탈리아 Italy	A.D. 1535	삼차방정식의 해법 발견.
카르다노 Cardano	이탈리아 Italy	A.D. 1539	《실용산수》를 저술.
타르탈리아 Tartaglia	이탈리아 Italy	A.D. 1541	삼차방정식의 일반해를 찾음.
레코드 Recode	영국 U.K.	A.D. 1542	저서 《기술의 기초》에서 기호 'Z'를 등호 '='의 뜻으로 사용함.
슈티펠 Stifel	독일 Germany	A.D. 1544	저서 《정수계산》에서 '지수'라는 용어를 사용함. 로그 개념의 선구자.

수학자	국적	연도	내용
카르다노 Cardano	이탈리아 Italy	A.D. 1545	저서 《위대한 기술》에서 이차방정식, 삼차방정식, 사차방정식의 해법을 서술하고, 이차방정식의 허수해를 받아들임.
레코드 Recode	독일 Germany	A.D. 1557	저서 《기지(機知)의 지석(砥石)》에서 처음으로 등호 '='를 사용.
스테빈 Stevin	네덜란드 Netherlands	A.D. 1585	저서 《10분의 1의 예술(the art of tenths)》에서 소수의 의미와 계산법을 소개함.
비에트 Viete	프랑스 France	A.D. 1591	저서 《해석법의 입문》에서 기호 '+', '−'를 각각 가법, 감법으로 사용했으며, 알려진 수는 자음으로, 미지수는 모음으로 나타내었음. 방정식 연구 및 근과 계수와의 관계 연구.
비에트 Viete	프랑스 France	A.D. 1593	sine, cosine에 관한 2배각, 3배각의 공식을 유도함.
네이피어 Napier	영국 U.K.	A.D. 1614	저서 《놀랄만한 로그법칙의 기술》에서 로그를 발표.
케플러 Kepler	독일 Germany	A.D. 1615	저서 《술통(주준, 酒樽)의 입체기하학》에서 회전체의 구적법을 논함.
오트레드 Oughtred	영국 U.K.	A.D. 1618	자연로그를 처음으로 사용함.
뷔르기 Burgi	스위스 Switzerland	A.D. 1618	저서 《계산기술과 기하급수표》에서 로그를 언급함.
오트레드 Oughtred	영국 U.K.	A.D. 1621	계산자를 발명함.
해리엇 Harriot	영국 U.K.	A.D. 1621	《응용해석법》을 저술하고, 부등호 '<', '>'를 사용함. 미지수는 소문자의 모음으로, 주어진 값은 소문자의 자음으로 각각 나타냄. 근과 계수와의 관계에 대해서 논술함. 사망연도.
스파이델 Speidell	영국 U.K.	A.D. 1621	1에서 1000까지의 자연로그표를 발표함.
파스칼 Pascal	프랑스 France	A.D. 1623	출생연도. 기하학, 확률론에 공헌.
브리그스 Briggs	영국 U.K.	A.D. 1624	저서 《로그에 관한 수론》에서 상용로그표를 발표.

수학자	국적	연도	내용
지라르 Girard	네덜란드 Netherlands	A.D. 1626	처음으로 sine, tangent, secant를 sin, tan, sec로 각각 나타냄.
페르마 Fermat	프랑스 France	A.D. 1629	《극대·극소 연구를 위한 방법》을 저술. 페르마의 정리.
지라르 Girard	네덜란드 Netherlands	A.D. 1629	저서 《대수학에서의 신발견》에서 기하학문제의 해법에 음인 해를 받아들임.
케플러 Kepler	독일 Germany	A.D. 1630	초점이라는 이름을 붙임. 척진법(method of exhaustion)을 발전시킴. 사망연도.
오트레드 Oughtred	영국 U.K.	A.D. 1631	《수학의 열쇠》를 저술. 곱셈의 기호 '×', 빼셈의 기호 '−'를 사용함.
로베르발 Roberval	프랑스 France	A.D. 1634	《극소량의 이론》을 저술. 곡선의 길이를 논술함.
카발리에리 Cavalieri	이탈리아 Italy	A.D. 1635	저서 《불가분량의 신기하학》에서 불가분법을 논술함.
데자르그 Desargues	프랑스 France	A.D. 1636	저서 《투시법》에서 사영기하학의 기초를 만듦. 투시법을 기하학에 응용.
데카르트 Descartes	프랑스 France	A.D. 1637	《방법서설》을 저술, 해석기하학을 창시, 좌표개념을 도입함.
갈릴레오 Galileo	이탈리아 Italy	A.D. 1638	《역학대화》를 저술.
최석정 崔錫鼎	한국 South Korea	A.D. 1646	출생연도. 《구수략(九數略)》 저술.
멘고리 Mengoli	이탈리아 Italy	A.D. 1650	무한급수를 논함.
호이겐스 Huygens	네덜란드 Netherlands	A.D. 1659	인쇄된 최초의 확률에 관한 서적 《주사위의 승부에 관한 계산》 저술.
랑 Johann Rahn	스위스 Switzerland	A.D. 1659	저서 《Teutsche Algebra》에서 나눗셈 기호 '÷(obelus)'를 최초로 사용함.
슈텐 Schooten	네덜란드 Netherlands	A.D. 1660	저서 《수학문제집》에서 해석기하학의 여러 가지 문제를 품. 공간에 좌표를 도입함. 사망연도.
페르마 Fermat	프랑스 France	A.D. 1665	해석기하학의 기초. 정수론·확률론에 공헌함. 사망연도.

수학자	국적	연도	내용
파스칼 Pascal	프랑스 France	A.D. 1665	저서 《산술삼각형론》에서 확률론을 취급함.
뉴턴 Newton	영국 U.K.	A.D. 1665	이항정리를 발견함.
뉴턴 Newton	영국 U.K.	A.D. 1665	유동률(미적분)을 완성함.
라이프니츠 Leibniz	독일 Germany	A.D. 1672	$\Sigma k^3 = (\Sigma k)^2$ 을 발견함.
라이프니츠 Leibniz	독일 Germany	A.D. 1672	$\frac{\pi}{4}=1-\frac{1}{3}+\frac{1}{5}-\frac{1}{7}+\cdots$을 발견.
월리스 Wallis	독일 Germany	A.D. 1673	저서 《대수학》에서 허수의 실재성(實在性) 에 관해서 논함.
라이프니츠 Leibniz	독일 Germany	A.D. 1675	적분기호 '$\int$'를 사용함.
리카티 Riccati	이탈리아 Italy	A.D. 1676	출생연도. 미분방정식 연구.
코테스 R. Cotes	영국 U.K.	A.D. 1682	출생연도. 최초로 허수를 형식 이론적으로 취급함.
베르누이 Bernoulli	스위스 Switzerland	A.D. 1689	조화급수는 발산함을 증명.
페티 William Petty	영국 U.K.	A.D. 1690	《정치산술(政治算術)》을 저술. 고전 통계학의 선구자.
라이프니츠 Leibniz	독일 Germany	A.D. 1692	좌표를 명확히 정의함.
라이프니츠 Leibniz	독일 Germany	A.D. 1693	행렬식을 발견.
라이프니츠 Leibniz	독일 Germany	A.D. 1694	용어 'Funktion(Function)' 사용함.
뉴턴 Newton	영국 U.K.	A.D. 1704	저서 《삼차곡선 상세론》에서 삼차곡선을 분류함. 저서 《곡선의 구적(求積)》에서 $y=x^n$ 의 미분을 증명함.
메클로린 Maclaurin	영국 U.K.	A.D. 1720	원추곡선의 생성법을 논함.
드무아브르 De Moivre	프랑스 France	A.D. 1720	복소수를 논함.

수학자	국적	연도	내용
베르누이 Bernoulli	스위스 Switzerland	A.D. 1728	공간곡선의 방정식을 유도함.
드무아브르 De Moivre	프랑스 France	A.D. 1730	《해석잡론》을 저술함. 드무아브르의 정리를 발견.
메클로린 Maclaurin	영국 U.K.	A.D. 1742	《유동률론(流動率論)》을 저술. 매클로린급수를 논함.
오일러 Euler	스위스 Switzerland	A.D. 1748	저서 《무한소해석입문》에서 함수를 정의함.
크라머 Cramer	스위스 Switzerland	A.D. 1750	저서 《대수곡선 해석입문》에서 함수를 정의함.
람베르트 Lambert	독일 Germany	A.D. 1761	π가 무리수임을 증명함.
라그랑주 Lagrange	프랑스 France	A.D. 1770	군론의 기초인 방정식의 대수적 해법을 발표.
롤 Rolle	프랑스 France	A.D. 1791	평균값에 관한 롤의 정리를 발표.
몽주 Monge	프랑스 France	A.D. 1794	화법기하학(畫法幾何學)을 창시.
가우스 Gauss	독일 Germany	A.D. 1795	최소자승법을 발견.
슈타이너 Steiner	스위스 Switzerland	A.D. 1796	출생연도. 종합기하학(synthetic geometry)연구.
라그랑주 Lagrange	프랑스 France	A.D. 1797	《해석함수론》을 저술. 라그랑주의 평균값정리 발견.
가우스 Gauss	독일 Germany	A.D. 1799	n차방정식에는 n개의 해가 존재함을 증명함.
가우스 Gauss	독일 Germany	A.D. 1801	저서 《정수론 연구》에서 현대정수론을 시작.
이상혁 李尙爀	한국 South Korea	A.D. 1804	출생연도. 《산술관견(算術管見)》 저술.
아르강 Argand	스위스 Switzerland	A.D. 1806	복소수의 도식표시법을 발표함.
갈루아 Galois	프랑스 France	A.D. 1811	출생연도. 갈루아 이론의 창시자.
가우스 Gauss	독일 Germany	A.D. 1812	저서 《무한급수에 관한 일반론》에서 급수의 수렴에 관해 체계적으로 논함.

수학자	국적	연도	내용
호너 Horner	영국 U.K.	A.D. 1819	숫자계수 방정식의 근사해법을 발표함.
코시 Cauchy	프랑스 France	A.D. 1821	저서 《해석학 교정(教程)》에서 극한 등을 정의.
퐁슬레 Poncelet	프랑스 France	A.D. 1822	저서 《도형의 사영적 성질》에서 사영기하학을 창시.
아벨 Abel	노르웨이 Norway	A.D. 1826	오차 이상의 고차방정식의 대수적 해법불능을 증명함.
로바체프스키 Lobachevsky	러시아 Russia	A.D. 1826	비유클리드기하학을 발견.
코시 Cauchy	프랑스 France	A.D. 1826	함수론을 창시.
디리클레 Dirichlet	독일 Germany	A.D. 1829	함수라는 개념을 명확히 함.
가우스 Gauss	독일 Germany	A.D. 1831	복소수를 $a+bi$로 표기함.
보여이 Bolyai	헝가리 Hungary	A.D. 1832	비유클리드기하학을 창시.
해밀턴 Hamilton	영국 U.K.	A.D. 1842	사원수를 발견.
칸토어 Cantor, G.	덴마크 Denmark	A.D. 1845	출생연도. 집합론을 창시.
본 스타우트 Von Staudt	독일 Germany	A.D. 1847	《위치기하학》을 저술. 근세기하학의 구성에 공헌.
리만 Riemann	독일 Germany	A.D. 1854	'기하학의 기초를 이루는 가설에 관해서'라는 강연에서 비유클리드기하학으로서의 리만기하학 창시.
데데킨트 Dedekind	독일 Germany	A.D. 1872	《연속과 무리수》를 저술함.
클라인 Klein	독일 Germany	A.D. 1872	'에를랑겐 프로그램(Erlangen Program)'을 발표. 모든 기하학을 군론의 기초 입장에서 통일하려함.
에르미트 Hermite	프랑스 France	A.D. 1873	e의 초월성을 증명함.
칸토어 Cantor, G.	독일 Germany	A.D. 1879	《고전집합론》을 완성.

수학자	국적	연도	내용
린데만 Lindemann	독일 Germany	A.D. 1882	π가 초월수임을 증명함.
힐베르트 Hilbert	독일 Germany	A.D. 1898	수체의 개념을 도입함.
힐베르트 Hilbert	독일 Germany	A.D. 1899	《기하학기초론》을 저술.
리찌 Ricci	이탈리아 Italy	A.D. 1902	절대미분학을 창시.
르베그 Lebegue	프랑스 France	A.D. 1902	《적분·길이·면적》을 저술. 르베그 적분을 창시.
민코프스키 Minkowskii	독일 Germany	A.D. 1908	《공간과 시간》을 저술. 4차원적 시공세계를 생각함.
민코프스키 Minkowskii	독일 Germany	A.D. 1910	《수의 기하학》을 저술.
하우스도르프 Hausdorff	독일 Germany	A.D. 1914	《집합론의 기초》를 저술.

위의 발달 연표 이후의 수학 발달 역사에 기여한 수학자들과 그 업적들은 현대수학의 급격한 발전으로 내용이 너무 방대하여 생략했음을 양해해주기 바란다. 또한 최근 정보는 비교적 얻기가 쉬우므로 필요한 경우에 독자 스스로 즐겨 사용하는 인터넷사이트 또는 이 책에 소개한 참고 문헌과 사이트 활용을 통해 정보를 수집할 수 있을 것이다.

MEMO

MEMO

제2부

수 數

직원추 (또는 수메르) 문자 01

▶표 1 1장의 역사적 내용 개요

역사적 사실	연도	내용 개요
메소포타미아 문명	B.C. 4000? ~ B.C. 540?	악카드Akkad왕조王朝와 바빌로니아왕조에 의해 번창한 문명사회, 알렉산더Alexander대왕에 의해 종말됨
수메르 문자	B.C. 5300? ~ B.C. 1949?	인류 최초의 언어
바빌로니아의 수학	B.C. 4000? ~ B.C. 300?	메소포타미아에서 발생한 수학을 말하며, 세계 최고最古의 수학
바빌로니아 왕조	B.C. 1780? ~ B.C. 729?	설형문자로 수를 나타내었으며, 60진법을 사용한 기록이 있음
이집트의 수학	B.C. 2000? ~ B.C. 1000?	고대 이집트에서 발달한 수학
고대 그리스로 수학 전파	B.C. 600? ~ B.C. 300?	바빌로니아의 수학과 이집트의 수학이 전파됨

■ 제2부와 제3부의 각 장의 도입부에 주어진 '역사적 내용 개요' 및 '수학사적 내용 개요'표들의 연도는 http://www.wolframalpha.com 에서 검색한 결과이며, 현재 우리에게 알려져 있는 자료들과 다를 수도 있음을 밝혀둔다.

고대로부터 현대에 이르기까지 수數의 발전은 인간의 사회생활의 기반을 이루는 것으로 항상 문명의 발전과 보조를 맞추어 함께해 왔다. 수는 사회생활의 기록을 남기는 문자의 발명과 더불어 그 기록문서에 등장해 왔다. 현재 발굴되어 해독되고 있는 가장 오래된 문자는 수메르Sumer[1]문자로, 지금까지 발굴된 많은 점토판에 나타나 있는 수메르 문명의 기록들에서 수와 수학의 최초의 발자취를 볼 수 있다.

수메르인은 티그리스Tigris와 유프라테스Euphrates라는 2개의 강 사이에 있는 비옥한 토지인 메소포타미아Mesopotamia(현재의 이라크, 그리스어로 '강(포타미아)'의 '사이(메소)'라는 뜻)에 B.C. 4000년경부터 농업을 중심으로 하는 도시국가를 만들어 **메소포타미아 문명**이라 부르는 문명사회를 오랜 시간에 걸쳐 가꾸어나갔다. 이 같은 문명을 이루어 나가는 과정에서 처음으로 수를 나타냈던 기호인 그림문자(또는 상형문자)는 얼마 되지 않아 쐐기 모양의 문자 즉 설형楔形문자로 발전하였으며, 다시 설형문자가 조금씩 다듬어져서 B.C. 3000년경에는 **수메르 문자**로서 완성되어 이후 3000년 가까이나 사용되어졌다. 수메르 문자로 기록한 점토판은 대부분 건조했던 사막에서 자기磁器와 같은 형태가 된 채 발굴되어 그 지역에서 번창했던 고대의 역사를 지금까지 전하고 있다.

메소포타미아 지역에는 오랜 기간 동안 악카드 왕조(B.C. 2350?~B.C. 2050?)와 바빌로니아 왕조(B.C. 1780?~B.C. 729?)에 의해 번창한 문명사회가 지속되었지만, 흥망의 역사 흐름에는 어쩔 수 없는지 B.C. 300년경 마케도니아Macedonia[2]의 알렉산더대왕에 제압됨으로써 메소포타미아 문명은 종말을 고하게 된다.

메소포타미아에서 나타난, 다양한 고대문명의 수학, 즉 이집트, 인도, 중국의 수학보다도 그 기원이 더 오래된 세계에서 가장 오래된 수학을 수학사에서는 **바빌로니아의 수학**이라 부르고 있다.

한편 고대 이집트에서도 문명은 수를 낳고, 아울러 수학을 키웠다.

이와 같은 바빌로니아의 수학과 이집트의 수학이라는 2개의 흐름은 B.C. 600년~B.C. 500년경에 고대 그리스Greece로 전파되었으리라 생각되며, 그리스인의 놀라운 자질에 의해 그때까지는 어느 의미로서는 문명의 기술로

1 티그리스 강과 유프라테스 강의 어귀에는 상류로부터 흘러내려온 진흙이 쌓여 삼각주가 자연스럽게 계속해서 만들어졌다. 이와 같은 거대한 삼각주지대를 수메르라 하였다.

2 1991년 8월 9일 구 유고슬라비아공화국으로부터 분리·독립한 신생국이 위치한 곳과 같은 지역이다.

서의 수학이었던 것이 문화로서의 수학으로 변모되면서 그리스의 수학은 학문으로서 체계화된다.

나도 수학자 >>>

이미 출판되어 있는 많은 수학사 책에서 다룬 수의 발전 역사에 대해 이 책에서는 자세히 논하지 않았으므로 수의 발달사에 대해 구체적으로 조사해 보자.

나도 수학자 >>>

그림문자와 설형문자에 대해 알아보자.

MEMO

02 이집트의 수학

▶ 표 2-1 2장의 수학사적 내용 개요

수학자	연도	내용 개요
아메스 Ahmes	B.C. 1680? ~ B.C. 1620?	이집트의 승려이며 왕실 서기로 단위분수 및 가정법에 대해 연구한 것이 전해지고 있음
아메스 Ahmes	B.C. 1650?	현존하는 가장 오래된 수학서인 《아메스의 파피루스(papyrus)》를 저술함. 이 책에는 산술, 기하, 대수 등이 기록되어 있음

고대 이집트인들은 매년 일어나는 나일 강 하류의 범람 때문에 초등 계산 기술, 특히 토지측량술에 관해 상당한 지식을 갖고 있었음이 잘 알려져 있다. 이것은 B.C. 2000년경에 파피루스[3]라는 식물로 만든 종이와 같은 것 위에 그 당시의 수학내용을 승려인 아메스가 써놓은 것[4]이 발견되었기 때문이다.

3 종이라는 의미를 가진 영어 paper의 어원으로 알려져 있다.

4 현재 이 책을 《아메스의 파피루스》 또는 이를 발견한 사람의 이름을 따서 《린드 파피루스(Rhind papyrus)》라 부르고 있다.

2.1 단위분수

《아메스의 파피루스》에는

$$\frac{2}{5}=\frac{1}{3}+\frac{1}{15},$$

$$\frac{2}{7}=\frac{1}{4}+\frac{1}{28},$$

$$\frac{2}{9}=\frac{1}{5}+\frac{1}{45},$$

$$\frac{2}{11}=\frac{1}{6}+\frac{1}{66},$$

$$\vdots$$

$$\frac{2}{99}=\frac{1}{66}+\frac{1}{198},$$

$$\frac{2}{101}=\frac{1}{101}+\frac{1}{202}+\frac{1}{303}+\frac{1}{606}$$

▶그림 2.1 단위분수로 표현

과 같이 분자는 2 이고 분모는 5 부터 101 까지 홀수인 분수를, 분모가 서로 다른 **단위분수**(분자가 1 인 분수)의 합으로 고친 식이 나열되어 있다. 이처럼 고대 이집트인들은 분수는 주로 단위분수만을 생각한 것 같으며, 어떻게 위의 식을 유도하였는지에 대해서는 알려진 바가 없다.

그래서 우리는 《아메스의 파피루스》에 실린 고대 이집트인들의 아이디어를 다음과 같은 단계로 추적해보기로 하자.

2.1 수학자의 생각

(1) 기약분수 $\frac{a}{b}$ 에서 $1 < a < b$ 라 한다. 이때 b 를 a 로 나눈 몫을 q, 나머지를 r 이라 하면

$$b = aq + r \quad (0 < r < a)$$

로 표현됨을 잘 알고 있다. 이를 이용하여

$$\frac{a}{b} = \frac{1}{q+1} + \frac{a-r}{b(q+1)} \qquad \cdots\cdots\cdots (2.1)$$

임을 보여라.

(2) n을 임의의 자연수라 할 때

(a) $\frac{2}{2n+1}$는 기약분수임을 보여라.

(b) (2.1)로부터 아래의 등식을 얻을 수 있음을 보여라.

$$\frac{2}{2n+1} = \frac{1}{n+1} + \frac{1}{(n+1)(2n+1)} \qquad \cdots\cdots\cdots (2.2)$$

(3) (2.2)를 써서

$$\frac{2}{5},\ \frac{2}{7},\ \frac{2}{9},\ \frac{2}{11}$$

를 단위분수의 합으로 고치고, 아울러 《아메스의 파피루스》에 제시된 [그림 2.1]과 비교하여라.

수학사적 풀이

(1) (2.1)의 우변은

$$\frac{1}{q+1} + \frac{a-r}{b(q+1)} = \frac{b+a-r}{b(q+1)} = \frac{aq+r+a-r}{b(q+1)} = \frac{a(q+1)}{b(q+1)} = \frac{a}{b}.$$

(2) (a) n을 임의의 자연수라 할 때 $2n+1$은 3 이상인 홀수이다.

그러므로 $\frac{2}{2n+1}$는 기약분수로서 (1)의 조건을 만족하고 있다.

(b) $2n+1$을 2로 나눈 몫과 나머지는 각각 n과 1이므로 (2.1)로부

터 등식 (2.2)를 얻을 수 있다.

(3) (2.2)를 써서

$$\frac{2}{5},\ \frac{2}{7},\ \frac{2}{9},\ \frac{2}{11}$$

를 차례로 단위분수의 합으로 고치면 다음과 같다. 예를 들어 (2.2)에 $n=2$를 대입하면, $\frac{2}{5}=\frac{1}{3}+\frac{1}{15}$ 이다. 따라서

$$\frac{2}{5}=\frac{1}{3}+\frac{1}{15},$$

$$\frac{2}{7}=\frac{1}{4}+\frac{1}{28},$$

$$\frac{2}{9}=\frac{1}{5}+\frac{1}{45},$$

$$\frac{2}{11}=\frac{1}{6}+\frac{1}{66}$$

이다.

나도 수학자

《아메스의 파피루스》에 소개된 [그림 2.1]의 나머지는 각자 해결해 보자.

2.2 수학자의 생각

등식 (2.1)에서 $0<r<a$ 이므로

$$0<a-r<a<b$$

이다. 따라서

$$0<\frac{a-r}{b(q+1)}<\frac{b}{b(q+1)}=\frac{1}{q+1}<1$$

이므로 $\frac{a-r}{b(q+1)}$ 은 양인 진분수임을 알 수 있다.

그러므로 등식 (2.1)의 $\dfrac{a-r}{b(q+1)}$ 에 같은 과정을 적용함으로써 임의의 기약분수 $\dfrac{a}{b}$ $(a<b)$를 분모가 서로 다른 단위분수의 합으로 나타낼 수 있다.

아래의 등식은 이 방법을 이용하여 주어진 기약분수를 분모가 서로 다른 단위분수의 합으로 고친 것이다. [ ] 속에 알맞은 수를 써넣어라.

$$\frac{3}{7}=\frac{1}{[\ ]}+\frac{1}{[\ ]}+\frac{1}{[\ ]},$$

$$\frac{4}{13}=\frac{1}{[\ ]}+\frac{1}{[\ ]}+\frac{1}{[\ ]},$$

$$\frac{5}{17}=\frac{1}{[\ ]}+\frac{1}{[\ ]}+\frac{1}{[\ ]}.$$

수학사적 풀이

(2.1)에 의해 $7=3\times2+1$이므로 $a=3,\ b=7,\ q=2,\ r=1$인 경우이다. 따라서 (2.1)에 의해

$$\frac{3}{7}=\frac{1}{3}+\frac{2}{21}$$

이다. 또, $21=10\times2+1$이므로 $q=10,\ r=1$이다. 따라서

$$\frac{3}{7}=\frac{1}{3}+\frac{1}{11}+\frac{1}{231}$$

이다. 같은 방법으로

$$\frac{4}{13}=\frac{1}{4}+\frac{1}{18}+\frac{1}{468},$$

$$\frac{5}{17}=\frac{1}{4}+\frac{1}{23}+\frac{1}{1564}$$

을 얻을 수 있다.

나도 수학자 »»

분수를 단위분수로 나타내는 방법을 현행 교과서에서 조사하여 위에 제시된 방법과 어떤 차이점이 있는지 비교하여 보자.

2.2 가정법

《아메스의 파피루스》에는 다음과 같은 문제도 소개되어 있다.

"어떤 수와 그 수의 $\frac{1}{3}$을 더한 것은 24이다. 어떤 수는 얼마인가?"

지금은 이에 대한 여러 가지 풀이 방법을 보일 수 있겠지만 고대 이집트인들은 위의 문제를 다음과 같은 방법으로 풀었다.

"어떤 수를 3이라 가정하면 3과 3의 $\frac{1}{3}$을 더한 것은 4이다. 그런데 이 문제는 어떤 수와 그 수의 $\frac{1}{3}$을 더한 것은 24라 하고 있으며, 이 수는 4의 6배이다. 따라서 어떤 수는 가정한 수 3의 6배, 즉 $3 \times 6 = 18$이다."

이와 같은 방법을 **가정법**이라 부른다.

위에 소개한 《아메스의 파피루스》에 적혀있던 문제(어떤 수와 그 수의 $\frac{1}{3}$을 더한 것은 24이다. 어떤 수는 얼마인가?)를 다른 방법으로 접근해 보자.

2.3 수학자의 생각

위의 《아메스의 파피루스》의 문제를 가정법을 쓰지 않고 풀어라.

수학사적 풀이

어떤 수를 x 라 두면

"어떤 수와 그 수의 $\frac{1}{3}$ 을 더한 것은 24이다."

는 다음과 같이 나타낼 수 있다.

$$x + \frac{1}{3}x = 24, \quad \text{즉} \ \frac{4}{3}x = 24.$$
$$\therefore \ x = 24 \times \frac{3}{4} = 18$$

《아메스의 파피루스》에는 평면도형의 넓이, 입체도형의 부피를 구하는 방법에 대해서도 제시되어 있으며, 특히

"원의 넓이는 지름의 길이에서 그 값의 $\frac{1}{9}$ 을 뺀 것의 제곱과 같다."

라고 쓰여 있다고 한다. 예를 들면 지름의 길이가 18인 원의 넓이는

$$\left(18 - 18 \times \frac{1}{9}\right)^2 = 256$$

이라는 것이다.

2.4 수학자의 생각

위의 결과(원의 넓이는 지름의 길이에서 그 값의 $\frac{1}{9}$ 을 뺀 것의 제곱과 같다)를 이용하여 고대 이집트인들이 생각한 원주율(원의 넓이를 이용한 원주율) π 의 근삿값을 소수점 아래 두 자리까지 구하여라.

수학사적 풀이

반지름의 길이가 r인 원의 넓이는 πr^2이므로, $\pi = \dfrac{\text{원의 넓이}}{r^2}$이다. 그런데 《아메스의 파피루스》에서 구한 원의 넓이는 256이고 $r = 9$이므로

$$\pi = \frac{256}{81} = 3.1604\cdots \fallingdotseq 3.16.$$

나도 수학자

원주율 π 의 역사에 대해 조사해 보자.

▶ 표 2-2 2장의 수학사 보충 자료

수학자	국적	연도	주요 업적
아메스 Ahmes	이집트 Egypt	B.C. 1680? ~ B.C. 1620?	• 이집트의 왕실 서기로 저서《아메스의 파피루스》에 산술, 기하, 대수 등을 기록하고 있음 • 단위분수 사용: $\frac{2}{3}=\frac{1}{2}\frac{1}{6}(\frac{1}{2}+\frac{1}{6}$을 의미) • 일차 방정식: 가법, 감법, 항등을 표시한 기호사용 • 넓이의 계산: 정사각형, 직사각형, 이등변삼각형, 등변사다리꼴, 원($=\frac{256}{81}\times r^2$)

■ 제2부와 제3부의 각 장의 끝에 주어진 '수학사 보충 자료' 표의 연도는 http://www.wolframalpha.com 에서 검색한 결과이며, 현재 나와 있는 자료와 다를 수 있음을 밝혀둔다.

MEMO

03 바빌로니아의 수학

▶표 3 3장의 역사적 내용 개요

역사적 사실	연도	내용 개요
상형문자, 설형문자, 수메르 문자	B.C. 4000? ~ B.C. 300?	바빌로니아인이 사용한 문자
바빌로니아의 수학	B.C. 4000? ~ B.C. 300?	메소포타미아 문명 시기에 발달한 수학

티그리스와 유프라테스라는 2개의 강 사이에 있는 비옥한 토지인 메소포타미아(현재의 이라크, 그리스어로 '강 사이의 토지'라는 뜻)에 농업을 중심으로 문명사회(메소포타미아 문명이라 불리는 문명사회)를 이룬 바빌로니아인들은 점토판 위에 쐐기모양의 막대 끝으로 표시하여 건조시킨 듯한 기록을 남기고 있다. 이 쐐기문자를 설형楔形문자라 부른다. 1장에서 살펴보았듯이 메소포타미아 문명 시기에 발달한 수학을 **바빌로니아**Babylonia**의 수학**이라 부르며, 그 시기에는 상형문자, 설형문자 및 수메르 문자 등이 사용되었다고 전해진다.[5]

5 메소포타미아에서 세계 최초로 발생한 수학을 **바빌로니아의 수학**이라 부른다. 메소포타미아 지역은 오랜 기간 동안 악카드왕조와 바빌로니아왕조에 의해 번창한 문명사회가 지속되었지만, 흥망성쇠라는 역사의 흐름에는 어쩔 수 없는지 B.C. 300년경 마케도니아의 알렉산더대왕에 의해 왕조들이 제압됨으로써 메소포타미아 문명은 종말을 고하게 된다.

이집트에는 1 년을 주기로 하는 나일 강의 정기적인 범람 현상이 있어서 사람들은 천체의 운행에도 눈길을 돌렸다. 그래서 이집트인들은 1 년은 365 일과 1 일의 $\frac{1}{4}$ 이라는 것을 알고 있었지만, 바빌로니아에는 그와 같은 범람 현상이 없었으므로 바빌로니아인들은 1 년을 360 일로 생각하고, 1 년을 하나의 원주로 나타낸 것으로 생각된다.

이집트인도 바빌로니아인도 수를 나타낼 때 10 진법을 사용했지만, 특히 바빌로니아인들은 10 진법 이외에 60 진법도 사용하였다. 바빌로니아에서 발견된 여러 가지 기록으로부터 추측하건데, 바빌로니아인들은 한 원주를 그 원의 반지름의 길이로 잘라나가면 정확히 6번째에 처음의 위치로 되돌아옴을 알고, 원주전체를 360 으로 볼 때 360 의 $\frac{1}{6}$ 인 60 이라는 수에 큰 관심을 가졌다고 한다.

3.1 수학자의 생각

한 원의 원주를 그 반지름의 길이와 같은 할선으로 잘라나가면 정확히 6 번째에 처음의 위치로 되돌아옴을 어떻게 보였을까?

수학사적 풀이

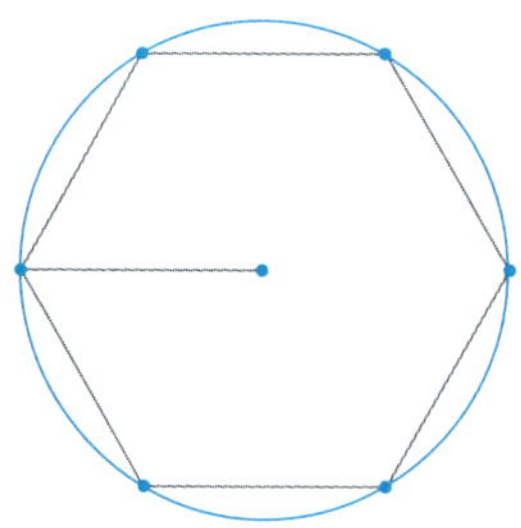

한편 바빌로니아인들은 현재 우리가 교과서에서 다루고 있는 등차수열, 등비수열이라 부르는 것에 대해서도 알고 있었다고 전해지고 있다. 그 한 예를 살펴보자.

3.2 수학자의 생각

초항이 1이고, 공비가 $\frac{1}{2}$ 인 등비수열의 초항부터 제 n 항까지의 합

$$S_n = 1 + \frac{1}{2} + \frac{1}{2^2} + \frac{1}{2^3} + \cdots + \frac{1}{2^{n-1}}$$

을 그림으로 나타내면 다음과 같다.

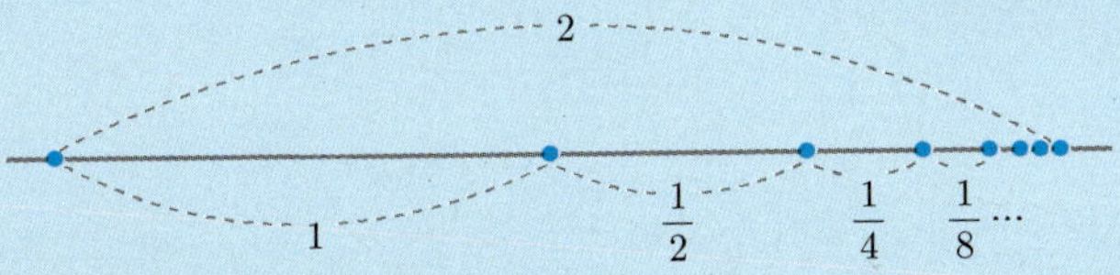

이 그림을 이용하여 n 이 한없이 커지면 S_n 은 한없이 2에 가까워짐을 보여라.

수학사적 풀이

길이가 2 인 선분 OA 를 잡아,

$\overline{OA}$ 의 중점을 A_1, $\overline{A_1A}$ 의 중점을 A_2, $\overline{A_2A}$ 의 중점을 A_3, $\cdots$

이라 하면

$$\overline{OA_1} = 1,\ \overline{A_1A_2} = \frac{1}{2},\ \overline{A_2A_3} = \left(\frac{1}{2}\right)^2,\ \overline{A_3A_4} = \left(\frac{1}{2}\right)^3,\ \cdots$$

이고 n 을 한없이 크게 하면 A_n 은 한없이 A 에 가까이 간다. 따라서

$$S_n = 1 + \frac{1}{2} + \left(\frac{1}{2}\right)^2 + \left(\frac{1}{2}\right)^3 + \cdots + \left(\frac{1}{2}\right)^{n-1} = \overline{OA_n} \to \overline{OA} = 2.$$

또 다른 풀이

실제로 '수학자의 생각 3.2'의 등비수열(초항이 1이고 공비가 $\frac{1}{2}$인 등비수열)의 합 S_n은 공식

$$S_n = \frac{a(1-r^n)}{1-r}$$

에

$$r = \frac{1}{2}, \ a = 1$$

을 대입하여 계산하면 $S_n = 2$이다.

MEMO

04 그리스의 수학

▶표 4-1 4장의 수학사적 내용 개요

수학자	연도	내용 개요
탈레스 Thales	B.C. 634? ~ B.C. 546?	그리스의 수학의 아버지, 서양철학의 시조, 이오니아학파의 대표 학자

이집트와 바빌로니아에서 생긴 실용적인 수학은 그리스인에 의해 이론적인 학문으로 성장하였으며, 그 중에서도 특히 소아시아의 이오니아Ionia(아나톨리아 - 현재의 터키의 아시아 부분 - 의 서남부를 이르는 고대의 지명, 고대 그리스의 식민지)에서는 이집트와 바빌로니아와의 교류가 가장 번창하였으므로 이오니아에서 가장 빨리 그리스의 문화가 전개되었다.

이오니아학파의 대표는 서양철학의 시조, 그리스Greece 수학의 아버지, 그리스의 현자 7인 중의 한 사람인 **탈레스**이다. 탈레스는 상인으로 이집트에 건너가 그곳에서 이집트의 승려로부터 이집트의 실용적인 지식을 배웠으며, 그리스로 돌아온 후에는 실용적 지식에 이론적인 근거를 붙여 하나의 이론체계를 만들었고 더욱이 그 이론체계로부터 얻은 지식을 다시 실용적인 문제에 적용함으로써 이집트적인 문화를 그리스적인 문화로 옮긴 사람이다.

탈레스가 발견한 것으로 알려진 사항을 몇 가지 소개하기로 한다.

지금부터 소개하는 것은 물론 탈레스 자신이 논리 정연하게 풀이를 보인 것들이다. 그러나 각 풀이는 중등수학에서 익히 소개된 사항이므로 여기서는 생략하지만 독자 여러분은 현행 중등수학 교과서에서 그 풀이를 확인해 보기 바란다. 풀이가 생략된 것들 중 일부는 이 장의 '나도 수학자' 코너에서 다시 만나게 될 것이다.

4.1 수학자의 생각

(a) 두 개의 직선이 만나서 생기는 맞꼭지각의 크기는 서로 같다.

(b) 이등변삼각형의 두 밑각의 크기는 서로 같다.

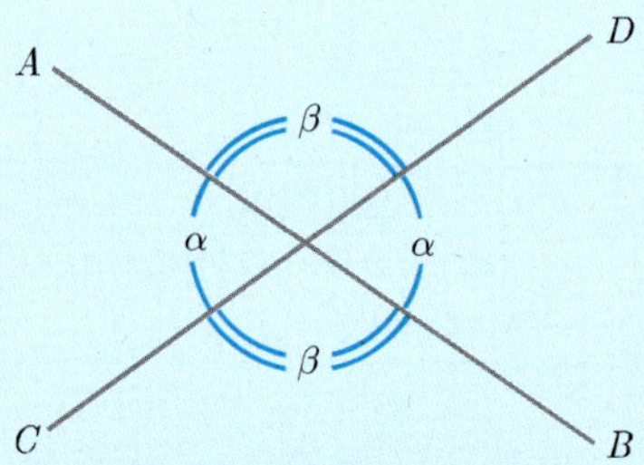

(a)

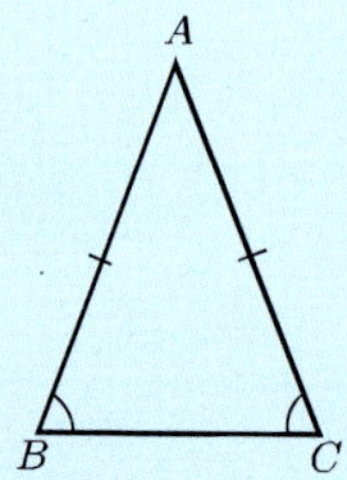

(b)

(c) 두 변의 길이와 그 끼인각의 크기가 각각 같은 두 삼각형은 서로 합동이다.

(d) 한 변의 길이와 그 양끝각의 크기가 각각 같은 두 삼각형은 서로 합동이다.

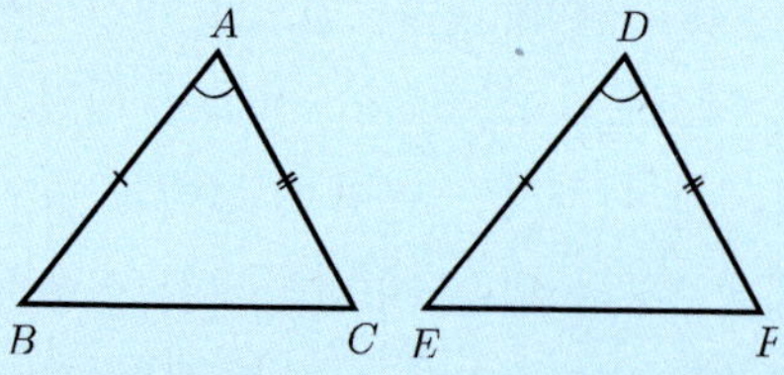

(c)

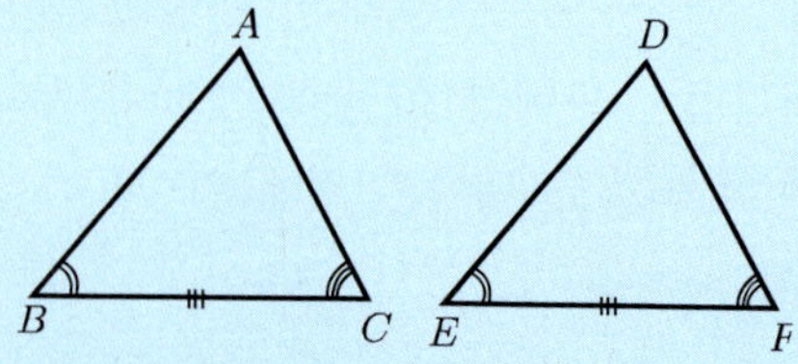

(d)

나도 수학자

탈레스가 제시한 '수학자의 생각 4.1'의 증명 방법들을 여러 종류의 중등수학 교과서에서는 각각 어떻게 소개하고 있는지에 대해 조사해 보자.

이와 같이 탈레스는 이집트인들이 갖고 있던 지식을 이론적인 형태로 정리했을 뿐만 아니라, 그렇게 얻은 지식을 다시 실제문제에 적용하였는데, 그러한 예로 다음과 같은 두 가지가 알려지고 있다.

4.2 수학자의 생각

산이 가로막고 있어 실제로 측정할 수 없는 두 지점 A, B 사이의 거리를 구하기 위해 탈레스는 아래와 같은 그림을 생각했다고 한다. 탈레스가 밝힌 위의 '수학자의 생각 4.1'의 (a) ~ (d)만을 사용하여 그 이유를 설명하여라.

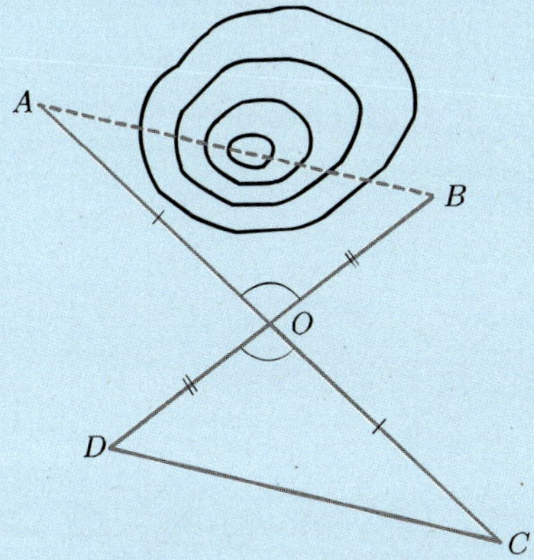

그림 4.1

수학사적 풀이

(a)와 (c)를 사용하여 보인다.

탈레스가 발견한 것으로 알려진 다음 내용들도 살펴보자.

4.3 수학자의 생각

(e) 삼각형의 세 내각의 합은 180°이다.

(f) 한 원에서 지름에 대한 원주각의 크기는 항상 직각이다.

(g) 두 개의 삼각형에서 대응하는 변이 각각 평행하게 놓여있다면 이들은 서로 닮았다.

나도 수학자 >>>

탈레스가 제시한 '수학자의 생각 4.3'에 대한 증명 방법들을 여러 종류의 중등수학 교과서에서는 각각 어떻게 소개하고 있는지를 조사해 보자.

4.4 수학자의 생각

탈레스는 피라미드의 높이를 아래 [그림 4.2]와 같이 구하였다고 한다. 위에서 살펴본 '수학자의 생각 4.1과 4.3'에서 탈레스가 밝힌 사실들 (a) ~ (g)를 이용하여 그 이유를 설명하여라.

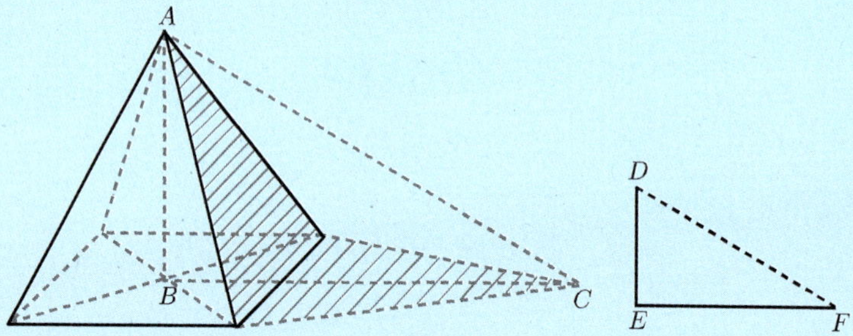

▶그림 4.2

수학사적 풀이

(g)를 이용하여 $\triangle ABC$와 $\triangle DEF$가 닮음임을 보인다.

원의 넓이를 구하는 문제를 해결하기 위해 많은 수학자들이 다양한 방법들을 제시하였다. 지금부터 원의 넓이를 구하기 위해 노력한 한 수학자의 생각을 아래에 제시된 순서대로 따라가보자.

4.5 수학자의 생각

반지름의 길이가 r인 원에 내접하는 정삼각형 ABC가 아래의 [그림 4.3]처럼 주어져 있다고 하자.

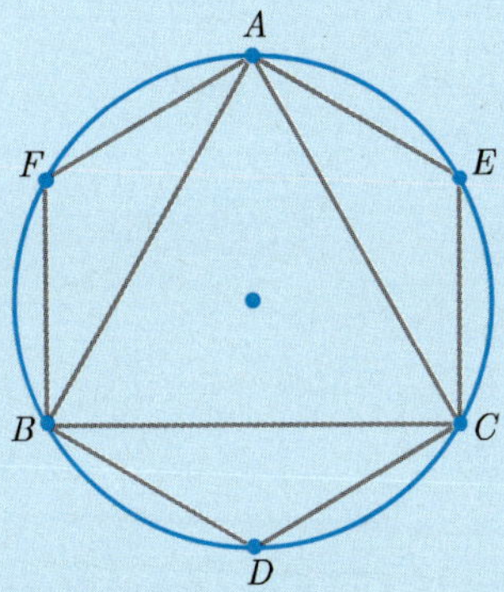

▶그림 4.3

이때 호 BC, CA, AB의 중점을 차례로 D, E, F라 하여 정육각형 $AFBDCE$를 만들면

$$(\text{정육각형 } AFBDCE \text{ 의 넓이}) = \frac{1}{2} \times (\text{정삼각형 } ABC \text{ 의 둘레}) \times r$$

이 성립함을 보여라.

수학사적 풀이

원의 중심 O와 점 A, F, B, D, C, E를 차례로 이으면

(정육각형 $AFBDCE$)

$$= (\text{사각형 } OAFB) + (\text{사각형 } OBDC) + (\text{사각형 } OCEA).$$

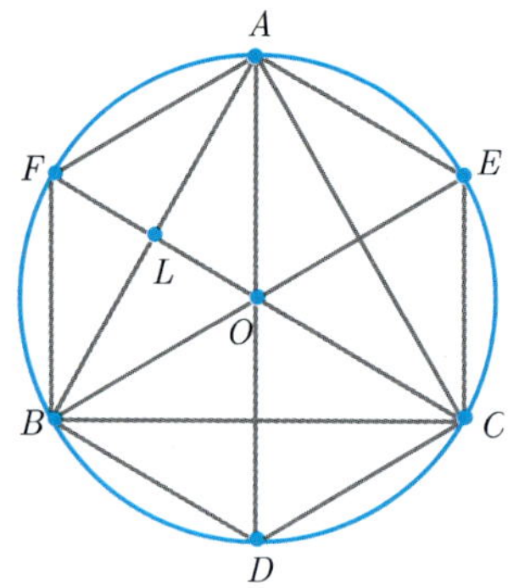

▶그림 4.4

한편 $\triangle AFO \equiv \triangle BFO$ 이므로 $\angle AFO = \angle BFO$. 따라서 $\overline{AB}$ 와 $\overline{OF}$ 의 교점을 L 이라 하면

$$\overline{AB} \perp \overline{OL}, \text{ 즉 } \overline{AB} \perp \overline{OF}.$$

그러므로

$$\begin{aligned}(\text{사각형 } OAFB) &= \triangle OAF + \triangle OBF \\ &= \frac{1}{2}\overline{OF} \cdot \overline{AL} + \frac{1}{2}\overline{OF} \cdot \overline{BL} \\ &= \frac{1}{2}\overline{OF} \cdot (\overline{AL} + \overline{BL}) \\ &= \frac{1}{2}\overline{OF} \cdot \overline{AB} = \frac{1}{2}\overline{AB} \cdot r\end{aligned}$$

이다. 같은 방법으로

$$(\text{사각형 } OBDC) = \frac{1}{2}\overline{BC} \cdot r, \quad (\text{사각형 } OCEA) = \frac{1}{2}\overline{CA} \cdot r$$

이다.

따라서

$$(\text{정육각형 } AFBDCE \text{ 의 넓이}) = \frac{1}{2}(\overline{AB}+\overline{BC}+\overline{CA})\cdot r$$

$$= \frac{1}{2}\times(\text{정삼각형 } ABC \text{ 의 둘레})\times r$$

4.6 수학자의 생각

'수학자의 생각 4.5'에서 호 AF, FB, BD, DC, CE, EA 의 중점을 차례로

$$G,\ H,\ I,\ J,\ K,\ L$$

이라 하여 아래의 [그림 4.5]와 같이 정십이각형 $AGFHBIDJCKEL$ 을 만들면

(정십이각형 $AGFHBIDJCKEL$ 의 넓이)

$$= \frac{1}{2}\times(\text{정육각형 } AFBDCE \text{ 의 둘레})\times r$$

이 성립함을 보여라.

수학사적 풀이

'수학자의 생각 4.5'의 '수학사적 풀이'와 같은 방법으로 보일 수 있다.

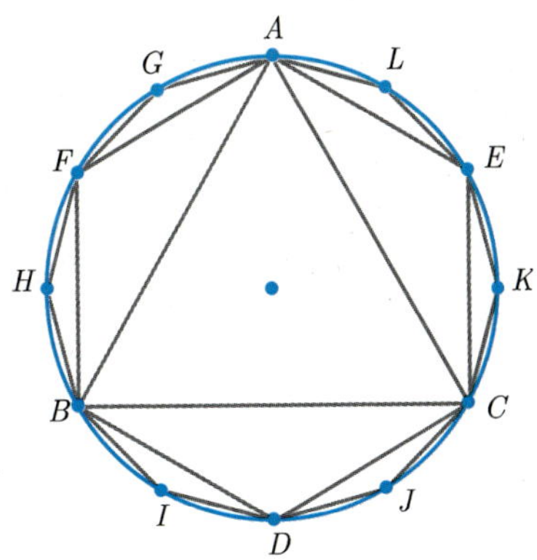

▶그림 4.5

4.7 수학자의 생각

'수학자의 생각 4.6'의 조작을 한없이 반복 시행함으로써

$$(\text{원의 넓이}) = \frac{1}{2} \times (\text{원주}) \times r = \pi r^2$$

을 얻을 수 있음을 보여라. 단, π는

$$\frac{\text{원주}}{\text{지름}} = \pi$$

로 정의된 원주율이다.

수학사적 풀이

$$(\text{원에 내접하는 정}3 \times 2^n\text{각형의 넓이})$$
$$= \frac{1}{2} \times (\text{정}3 \times 2^{n-1}\text{각형의 둘레}) \times r \quad (n \geq 1)$$

임을 '수학자의 생각 4.5, 4.6'과 같은 방법으로 보일 수 있다. 여기서 n을 한없이 크게 하면 좌변 '원에 내접하는 정3×2^n각형의 넓이'는 '원의 넓이'에, 우변의 괄호( ) 안의 '정$3 \times 2^{n-1}$각형의 둘레'는 '원주'에 가까이 간다.

한편 π의 정의에 의해

$$\text{원주} = \pi \times (\text{지름}) = \pi \cdot 2r = 2\pi r$$

이므로

$$(\text{원의 넓이}) = \frac{1}{2} \times (\text{원주}) \times r = \frac{1}{2} \times 2\pi r \times r = \pi r^2$$

나도 수학자 >>>

$\frac{\text{원주}}{\text{지름}} = \pi$에서 사용한 기호 π는 언제부터 사용하였을까? 이에 대해 조사해 보자.

▶표 4-2 4장의 수학사 보충자료

수학자	국적	연도	주요 업적
탈레스 Thales	그리스 Greece	B.C 634? ~ B.C 546?	• 그리스 기하학의 시조 • 비례식을 최초로 생각함 • 원은 지름에 의해서 이등분 된다 • 이등변삼각형의 두 밑각은 같다 • 맞꼭지각은 같다 • 삼각형의 내각의 합은 180°이다

MEMO

피타고라스 05

▶표 5 5장의 수학사적 내용 개요

수학자	연도	내용 개요
피타고라스 Pythagoras	B.C. 570? ~ B.C. 495?	피타고라스 학파에 속한 수학자이며 피타고라스의 정리, 피타고라스수 등의 업적을 남김
바스카라 Bhaskara	A.D. 1114 ~ A.D. 1185	피타고라스의 정리에 대한 증명법을 남김
펠 Pell	A.D. 1611 ~ A.D. 1685	펠의 방정식

5.1 피타고라스의 정리

이집트인들은 새끼줄(승繩)을 이용해서 토지측량을 했기 때문에 토지측량 전문가를 '새끼줄 사'라 불렀으며, 이들은 경험에 의해 다음과 같은 사실을 알게 되었다.

길이가 12인 새끼줄의 한쪽 끝에서 3인 곳에 표시를 하고, 그곳에서 다시 4인 곳에 표시를 하여 삼각형을 만들면, 길이가 각각 3과 4인 두 변 사이에 끼인 각의 크기는 직각이다.

더욱이 바빌로니아인들은 같은 방법으로 세 변의 길이가 각각 5, 12, 13인 삼각형을 만들면, 길이가 각각 5, 12인 두 변 사이에 끼인 각의 크기는 직각임을 알게 되었다.

이집트와 바빌로니아에서 유학한 피타고라스Pythagoras는 이와 같은 세 수들의 쌍

$$3,\ 4,\ 5\ ;\ 5,\ 12,\ 13$$

은 각각

$$3^2+4^2=5^2,\ 5^2+12^2=13^2$$

인 관계를 만족하고 있음을 알아내었다.

이로부터 피타고라스는

삼각형의 세 변 a, b, c가 $a^2+b^2=c^2$을 만족하고 있다면, 길이가 a, b인 두 변 사이에 끼인각의 크기는 직각이다.

라는 사실과

직각삼각형에서 직각을 낀 두 변의 길이를 각각 a, b라 하고, 빗변의 길이를 c라 하면 $a^2+b^2=c^2$이다.

를 발견하였다.

뒤의 것이 피타고라스의 정리이며, 앞의 것은 그 역에 해당된다.

이와 같은 피타고라스의 정리를 피타고라스 자신은 어떻게 증명하였는지에 대해서는 전해지고 있는 것이 없지만, 아마 다음과 같이 보였을 것이라고 알려져 있다. 아래의 [그림 5.1]은 모두 한 변의 길이가 $a+b$ 인 정사각형이다.

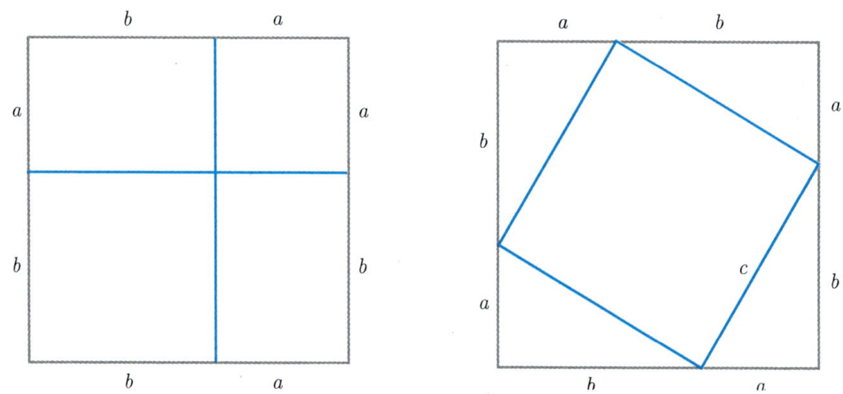

▶그림 5.1

지금부터 피타고라스의 정리[6]에 대한 피타고라스 자신의 증명 방법에 대해 살펴보자.

5.1 수학자의 생각

위의 [그림 5.1]을 이용하여 피타고라스의 정리를 증명하여라.

수학사적 풀이

위의 [그림 5.1]의 왼쪽 정사각형의 넓이는

$$a^2+b^2+2ab$$

6 현재까지 피타고라스의 정리에 대한 증명법은 300여 가지 이상이 알려져 있다고 한다.

이며, [그림 5.1]의 오른쪽 정사각형의 넓이는

$$c^2+\frac{1}{2}ab\cdot 4=c^2+2ab.$$

따라서

$$a^2+b^2+2ab=c^2+2ab,\ 즉\ a^2+b^2=c^2$$

이다.

앞에서 이야기한 피타고라스의 정리의 역을 피타고라스 정리를 이용하여 증명하는 방법에 대해 알아보자.

5.2 수학자의 생각

피타고라스의 정리의 역이 성립함을 보여라.

수학사적 풀이

먼저 직각을 낀 두 변의 길이가 각각 a, b인 직각삼각형을 만들어 그 빗변의 길이를 c'이라 하면, 피타고라스의 정리로부터

$$a^2+b^2=c'^2$$

이 성립한다. 그런데 가정으로부터 $a^2+b^2=c^2$이므로

$$c=c'$$

이다. 따라서 $a^2+b^2=c^2$을 만족하는 주어진 삼각형과 지금 만든 직각삼각형은 세 변의 길이가 각각 같으므로 합동이다. 그러므로 주어진 삼각형에서 길이가 각각 a, b인 두 변 사이에 끼인 각의 크기는 $90°$이다.

피타고라스의 정리를 증명한 여러 수학자 중 한 사람인 바스카라의 생각을 따라가 보자.

아래 [그림 5.2]의 오른쪽 청색 그림은 인도의 수학자 바스카라가 피타고라스의 정리를 증명하기 위해 사용한 것이다.

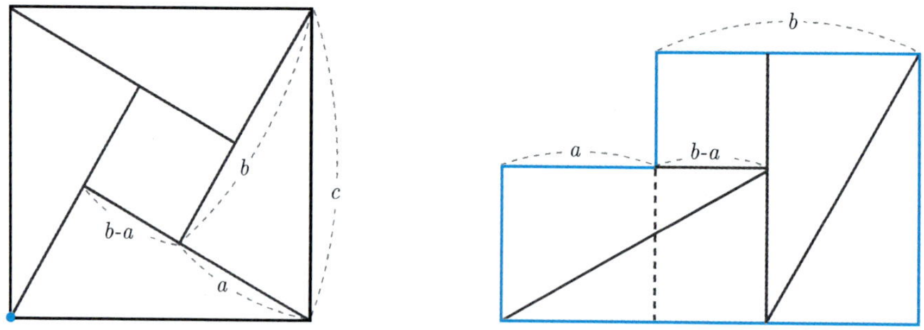

▶그림 5.2

나도 수학자 >>>

바스카라는 위의 [그림 5.2]의 오른쪽에 제시된 그림만을 그려놓고 "보라."라고만 하였다고 한다. [그림 5.2]를 활용하여 피타고라스의 정리가 증명되는 이유를 설명해보자.

5.2 피타고라스와 수

피타고라스는 "만물은 수이다."라고 말할 정도로 자연에서 수가 보이는 역할을 중요하게 생각하였고 계산 기술과는 별도로 수 자체의 성질을 연구하는 수론에 관해 관심을 가졌다. 특히 우리가 흔히 쓰고 있는

홀수, 짝수, 소수, 서로소인 수, 완전수, 과잉수, 부족수,

우애友愛수(또는 친화親和수), 피타고라스수

등은 모두 피타고라스가 처음 생각해 낸 개념이다.

소수는 1과 자기 자신 이외에는 약수를 갖지 않는 수를 말한다. 또, **서로소인 수**는 1 이외에는 공통인 약수를 갖지 않는 수이며, 그 예는

$$3\text{과 } 5,\ 7\text{과 } 12,\ 4\text{와 } 9$$

등이다.

더욱이 **완전수**[7]는 자기 자신을 제외한 모든 약수의 합이 원래의 수와 같은 수를 말한다. 예를 들면

$$6 = 1+2+3,\ 28 = 1+2+4+7+14$$

이므로 6과 28은 완전수이다. 또한 496은 자기 자신을 제외한 모든 약수는

$$1,\ 2,\ 2^2=4,\ 2^3=8,\ 2^4=16,\ 31,\ 2\times 31,\ 2^2\times 31,\ 2^3\times 31$$

이며

$$1+2+4+8+16+31\times(1+2+4+8) = 496$$

이므로 496도 완전수이다.

한편 자기 자신을 제외한 모든 약수의 합이 원래의 수 보다 큰 수를 **과잉수**, 자기 자신을 제외한 모든 약수의 합이 원래의 수 보다 작은 수를 **부족수**라 한다. 예를 들면,

$$18 < 1+2+3+6+9,\quad 10 > 1+2+5$$

이므로 18은 과잉수이고 10은 부족수이다.

또, **우애수**라는 것은 a가 b 자기 자신을 제외한 모든 약수의 합과 같고, b는 a 자기 자신을 제외한 모든 약수의 합과 같은 한 쌍의 수를 말한다. 예를 들면,

$$220 = 1+2+4+71+142$$

(284 자기 자신을 제외한 모든 약수의 합)

$$284 = 1+2+4+5+10+11+20+22+44+55+110$$

(220 자기 자신을 제외한 모든 약수의 합)

7 완전수는 그리 많지 않다. 6, 28, 496 다음에 나타나는 완전수는 8128, 33550336이다. 더욱이 홀수인 완전수가 있는지 없는지에 대해서도 아직 밝혀지지 않고 있다.

이므로 220 과 284 는 우애수이다.[8]

또 다른 생각

n 을 자연수라 할 때, n 의 양인 약수 전체의 합을 $\sigma(n)$ 으로 나타내기로 한다.

예를 들어, $n = 60$ 일 때 60 의 양인 약수는 1, 2, 3, 4, 5, 6, 10, 12, 15, 20, 30, 60 이므로

$$\sigma(60) = 168$$

이다. 그러나 실제로 n 의 양인 약수를 전부 열거하지 않고도, n 의 소인수분해가 주어지면 바로 $\sigma(n)$ 을 구할 수 있다. 예를 들면, $60 = 2^2 \times 3 \times 5$ 이므로 60 의 약수는

$$2^i \times 3^j \times 5^k \,(0 \leq i \leq 2,\ 0 \leq j \leq 1,\ 0 \leq k \leq 1)$$

이다. 따라서 이들의 합 $\sigma(60)$ 은

$$\sigma(60) = (1+2+2^2)\times(1+3)\times(1+5) = 7\times4\times6 = 168$$

로 구할 수 있다. 일반적으로

$$n = \prod_{i=1}^{k} p_i^{e_i}$$

로 소인수분해되었다면

$$\sigma(n) = \prod_{i=1}^{k}(1+p_i+\cdots+p_i^{e_i}) = \prod_{i=1}^{k}\frac{p_i^{e_i+1}-1}{p_i-1}$$

로 구할 수 있다.

자연수 n의 자기 자신을 제외한 모든 약수의 합을 $s(n)$ 이라 하면

8 한 쪽이 짝수이고 다른 쪽이 홀수인 우애수는 지금까지 발견되지 않았으며, 더불어 이와 같은 우애수가 존재하지 않음을 증명한 사실도 보이지 않고 있다.

$$s(n) = \sigma(n) - n$$

이다. 그러므로 'n이 완전수라 함은

$$s(n) = n, \text{ 즉 } \sigma(n) = 2n$$

과 동치이다.'

또한 '자연수 m, n이 우애수라 함은

$$s(m) = n \text{ 이고 } s(n) = m$$

이라는 사실과 동치이다.'

끝으로 **피타고라스수**는

$$a^2 + b^2 = c^2$$

을 만족하는 3개의 양의 정수 a, b, c를 말한다.

이집트인과 바빌로니아인은

$$(3,\ 4,\ 5),\ (5,\ 12,\ 13)$$

과 같은 피타고라스수를 알고 있었으며, 특히 피타고라스 자신은 이와 같은 수가

$$(7,\ 24,\ 25),\ (8,\ 15,\ 17),\ (9,\ 40,\ 41),\ (11,\ 60,\ 61),\ \cdots$$

처럼 무수히 많음을 증명하였다.

이 증명을 살펴보기 전에 삼각수와 사각수에 관한 이야기들에 대해 알아보는 것이 필요하다. 왜냐하면, 피타고라스는 사각수를 이용하여 피타고라스수가 무수히 많음을 보였으므로 그 증명 전에 삼각수와 사각수에 대한 것을 먼저 살펴보기로 하자.

피타고라스학파는 존재하는 수는 모양을 가져야만 한다고 생각하여 수를 도형과 결부시켜 생각했다. 다시 말해서 그들은 점을 나타내는 모나드(monad, 단자單子)를 예쁘게 배열해서 얻을 수 있는 수에 특히 관심을 보였다.

그 대표적인 것은 모나드를 정삼각형 모양으로 배열하여 얻어지는 수와 정사각형 모양으로 배열하여 얻어지는 수이다. 파타고라스 학파는

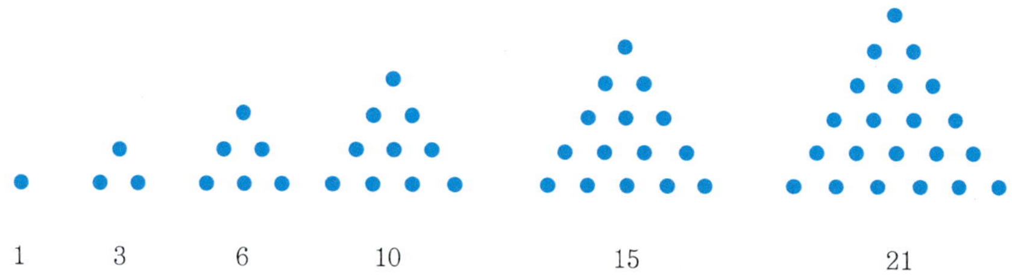

▶그림 5.3 삼각수

등과 같이 모나드를 정삼각형 모양으로 배열하여 얻어지는 [그림 5.3]과 같은 수를 **삼각수**라 불렀으며, 또

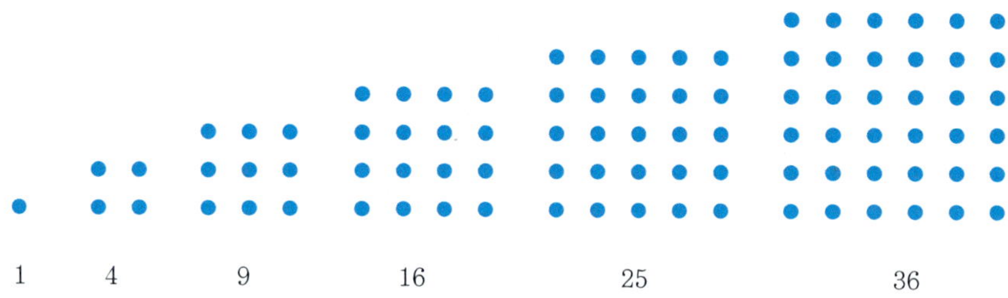

▶그림 5.4 사각수

등과 같이 모나드를 정사각형 모양으로 배열하여 얻어지는 [그림 5.4]와 같은 수를 **사각수**라 불렀다.

삼각수와 사각수의 일반항에 대해 먼저 알아보자.

5.3 수학자의 생각

제 n 번째 삼각수 Δ_n 은

$$\Delta_n = 1+2+3+\cdots+n = \frac{1}{2}n(n+1)$$

임을 보여라.

수학사적 풀이

자연수 1 에서 n 까지의 합 $\triangle_n$ 은

$$\triangle_n = 1+2+3+\cdots+n,$$

$$\triangle_n = n+(n-1)+(n-2)+\cdots+1$$

로 나타낼 수 있으므로 위의 두 식을 변끼리 더하면 항수가 n 임을 감안하여

$$2\triangle_n = n(n+1)$$

을 얻는다. 따라서

$$\triangle_n = \frac{1}{2}n(n+1).$$

또 다른 풀이

'수학자의 생각 5.3'의 '수학사적 풀이'와 같은 계산에 의한 풀이는 결국 아래의 [그림 5.5]에 제시된 도형을 보면 좀 더 쉽게 이해할 수 있다.

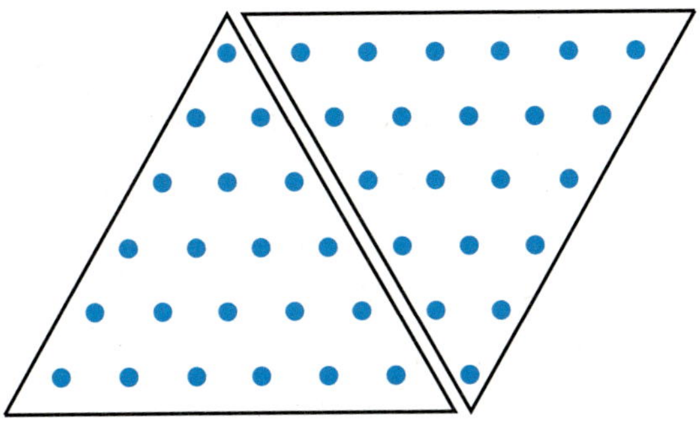

▶그림 5.5 n 번째 삼각수 $\triangle_n$

제 n 번째 삼각수를 구하는 여러 가지 방법에 대해 살펴보았다. 삼각수는 5.4절에서 다시 더 자세히 다룰 것이다.

그렇다면 이제 제 n 번째 사각수는 어떻게 구할 수 있을까라는 의문에 대해 같이 생각해보자.

나도 수학자 >>>

피타고라스학파는 첫 번째 홀수 1 에서 제 n 번째 홀수인 $2n-1$ 까지의 합은 제 n 번째의 사각수와 같다는 것, 즉

$$1+3+5+\cdots+(2n-1)=n^2$$

임을 아래의 [그림 5.6]을 이용하여 풀이했다.

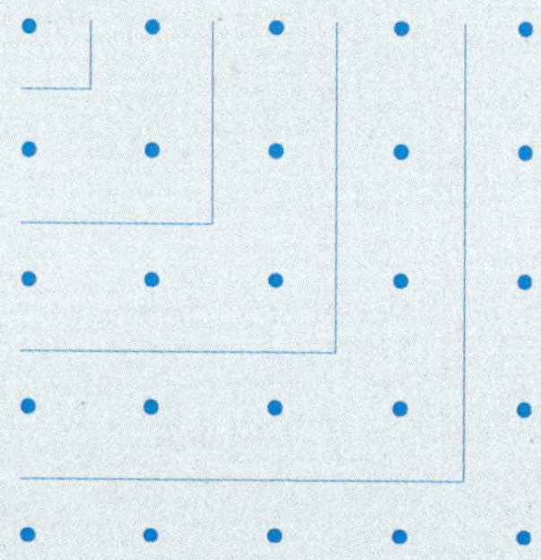

▶그림 5.6 제 n 번째의 사각수

그 이유를 설명해보자.

위의 '나도 수학자'에 소개된 사실을 이용하여 지금부터 '피타고라스수가 무수히 많다'는 것을 보이는 '피타고라스학파의 증명법'을 소개한다.

만약 제 n 번째 홀수 $2n-1$ 이 사각수 k^2 이라고 하면, 바로 위의 '나도 수학자'로부터

$$1+3+5+\cdots+(2n-3)+k^2=n^2$$

을 유도할 수 있고, 더욱이

$$1+3+5+\cdots+(2n-3)=(n-1)^2$$

을 얻는다. 따라서

$$(n-1)^2+k^2=n^2$$

이다. 그러므로

$$n-1,\ k,\ n$$

은 피타고라스수이다. 예를 들면 홀수의 열

$$1,\ 3,\ 5,\ 7,\ 9,\ 11,\ \cdots,\ 23,\ 25,\ 27,\ \cdots$$

에서 사각수 $9 = 3^2$까지 합을 생각하면 제 5번째 홀수 9는 제 3번째 사각수이다. 따라서

$$4^2 + 3^2 = 5^2$$

이다. 그러므로

$$(4,\ 3,\ 5)$$

는 피타고라스수이다.

또, 사각수 $25 = 5^2$까지 합을 생각하면 25는 제 13번째 홀수이므로 홀수의 항이 13개이다. 따라서

$$12^2 + 5^2 = 13^2$$

이고

$$(12,\ 5,\ 13)$$

은 피타고라스수이다.

피타고라스학파는 이런 방법으로 피타고라스수가 무수히 많음을 주장하였다.

지금부터 피타고라스수를 어떻게 찾을 수 있는지에 대해 생각하고 고민한 여러 수학자들이 제시한 다양한 방법을 소개한다.

5.4 수학자의 생각

앞에서 소개한 바 있는 피타고라스수

$$(7,\ 24,\ 25),\ (8,\ 15,\ 17),\ (9,\ 40,\ 41),\ (11,\ 60,\ 61)$$

은 위에서 다룬 사각수를 이용한 방법으로 찾았을까?

수학사적 풀이

8이 홀수가 아니므로 $(8,\ 15,\ 17)$은 위의 방법으로 찾은 것이 아니다.

5.5 수학자의 생각

k를 임의의 양의 정수라 할 때

$$(2k^2+2k)^2+(2k+1)^2=(2k^2+2k+1)^2$$

임을 보이고, 이를 이용하여 위의 '수학자의 생각 5.4'에 제시된 피타고라스수 이외의 것을 찾아보아라.

수학사적 풀이

양변을 전개한 식이 서로 같으므로 주어진 식은 성립한다. 따라서

$$(2k^2+2k,\ 2k+1,\ 2k^2+2k+1)$$

은 피타고라스수이다. $(2k^2+2k,\ 2k+1,\ 2k^2+2k+1)$에 $k=1,\ 2,\ 3,\cdots$을 대입하면

$$k=1,\ 4^2+3^2=5^2$$
$$k=2,\ 12^2+5^2=13^2$$
$$k=3,\ 24^2+7^2=25^2$$
$$\cdots$$

이므로

$$(4,\ 3,\ 5),\ (12,\ 5,\ 13),\ (24,\ 7,\ 25),\ \cdots$$

등의 피타고라스수를 찾을 수 있다. 이들 중에서

$$(4,\ 3,\ 5),\ (12,\ 5,\ 13)$$

은 '수학자의 생각 5.4'에 제시된 것이 아니다.

5.6 수학자의 생각

공식

$$(2n)^2 + (n^2 - 1)^2 = (n^2 + 1)^2$$

을 증명하여라. n을 임의의 양의 정수라 하면 이 공식은 피타고라스수

$$(2n,\ n^2 - 1,\ n^2 + 1)$$

을 만든다. 이 공식에 의한 피타고라스수로서 '수학자의 생각 5.5'에서 찾은 피타고라스수와 다른 예를 찾아라.

수학사적 풀이

$$n = 3;\ (3,\ 4,\ 5),\ (6,\ 8,\ 10),\ \cdots$$
$$n = 4;\ (8,\ 15,\ 17),\ \cdots$$
$$n = 5;\ (5,\ 12,\ 13),\ (10,\ 24,\ 26),\ \cdots$$
$$\cdots$$

이므로

$$(8,\ 15,\ 17)$$

은 '수학자의 생각 5.5'의 방법으로 구한 것이 아닌 다른 것이다.

5.3 제곱수

아래의 [그림 5.7]의 곱셈표를 참고하여 1, 2, 3, ⋯ 의 배수를 모아보기로 하자.

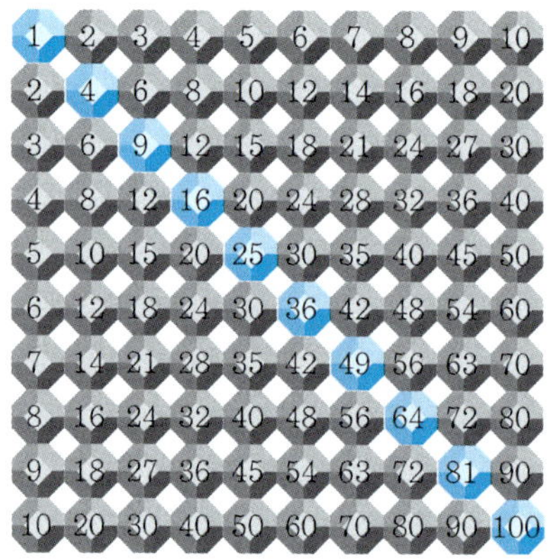

▶그림 5.7 곱셈표

위의 [그림 5.7]의 주대각선에는 **제곱수**가 배열되어 있음을 알 수 있다([그림 5.8] 참조).

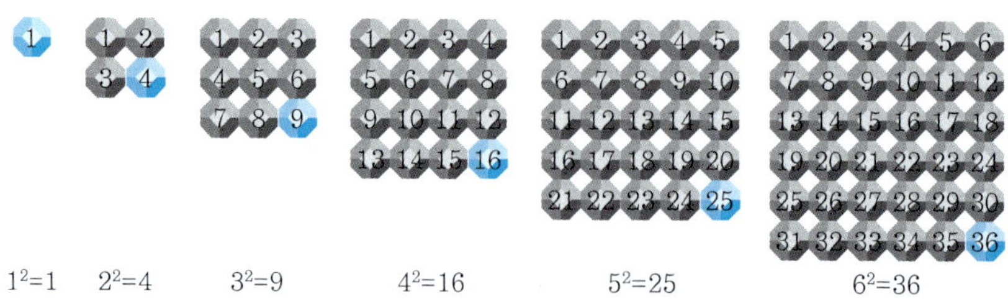

▶그림 5.8 제곱수

그렇다면 제곱수는 어떤 잉여류에 포함되어 있을까? (잉여류에 관해서는 8.4절에서 다시 자세히 다룰 것이다.) 아래의 [그림 5.9]는 5, 7, 8 을 법modulus

으로 했을 경우에 제곱수는 어떤 잉여류에 포함되는지를 보여준다. 더욱이 아래의 [그림 5.9]의 오른쪽을 보면 다음을 예상할 수 있다.

> 홀수인 제곱수는 8을 법으로 1과 합동이다.

이 예상이 옳음은 삼각수를 이용하여 훨씬 알기 쉬운 방법으로 보일 수 있다. 이것에 대해서는 뒤에서 다시 다룰 것이다.

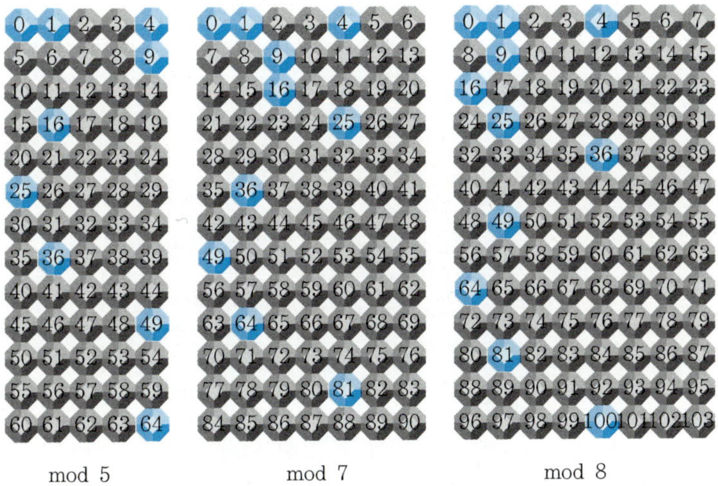

▶ 그림 5.9 제곱수를 품는 잉여류

아래의 [그림 5.10]은 5를 법으로 하면 어떤 제곱수도 0, 1, 4 중의 어느 하나와 합동임을 나타내고 있다. (청색의 입자를 헤아려볼 것)

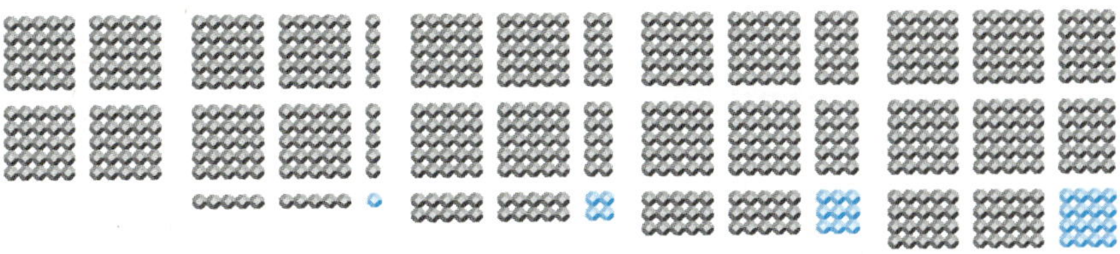

▶ 그림 5.10 5를 법으로 하는 제곱수

위의 [그림 5.9]를 보고 제곱수는 적당한 포물선(이차함수의 그래프 중의 하나)위에 놓여 있음을 예상할 수 있다. 나아가 제곱수나 삼각수는 물론이고 앞으로 소개할 2차원적인 배치에 대응하는 수를 식으로 나타내면 이차식으로 되기 때문에 그와 같은 수도 적당한 포물선위에 배열되어 있음은 이미 잘 알려져 있다.

고대 그리스에서는 어떤 도형을 추가하여 그것과 같은 모양의 좀 더 큰 도형을 만드는데 필요한 부품을 **그노몬**[9]그리스어:gnomon이라 불렀다. 아래의 [그림 5.11]의 그노몬은 처음 n 개의 홀수의 총합은 n 번째의 제곱수 n^2 이 됨을 보이고 있다.

▶그림 5.11 같은 색의 입자를 홀수 개 품고 있는 그노몬

더욱이 그노몬을 하나 추가한다는 것은 아래의 등식에 대응한다.

$$n^2 + (2n+1) = (n+1)^2$$

9 그노몬은 고대 바빌로니아와 이집트에서 쓰던 해시계의 바늘을 말하며, 이것과 모양이 닮아서 그렇게 부르고 있다고 한다.

5.4 삼각수

먼저 옆으로 배열된 개수를 늘려가면서 아래의 [그림 5.12]와 같은 모양으로 수를 나열해 보자.

▶그림 5.12

다음으로 옆으로 배열한 한 줄 분이 어떤 수의 그노몬이 되도록 아래 [그림 5.13]과 같이 나열해 보자. ([그림 5.13] 참조) 이렇게 얻어진 수를 삼각수라 한다.

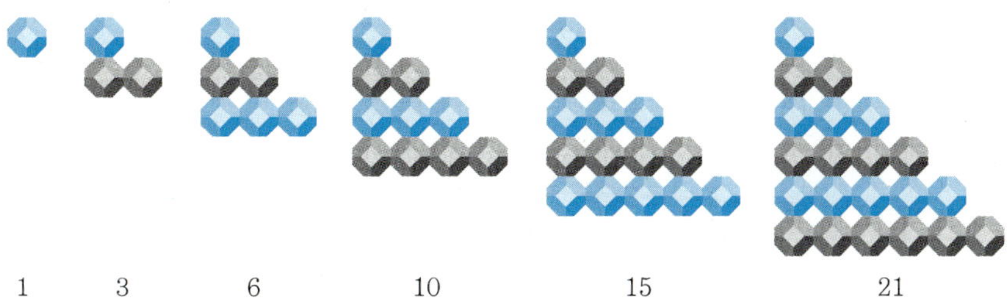

▶그림 5.13 삼각수

이제 'n 번째의 삼각수 $\triangle_n$ 은 얼마일까?'에 대해 생각해보자. n 번째의 삼각수를 두 개 합치면 $(n+1)\times n$ 인 직사각형이 되므로([그림 5.14] 참조), 그 답은

$$\triangle_n = \frac{1}{2}n(n+1)$$ [10]

이다.

▶그림 5.14 $2\triangle_n = n(n+1)$

위의 등식

$$1+2+\cdots+n = \frac{1}{2}n(n+1)$$

을 수학적 귀납법을 사용하여 대수적으로 증명할 수도 있다. 그 증명방법을 따라가보자.

먼저 초기치를 확인한 후에

$$1+2+\cdots+(n-1) = \frac{1}{2}(n-1)n = \frac{1}{2}n^2 - \frac{1}{2}n$$

이 성립한다고 가정한다. 이때 이 양변에 n 을 더하면

10 연속하는 2 개의 정수의 곱 $n(n+1)$ 은 2 의 배수이다.

$$1+2+\cdots+(n-1)+n=\left(\frac{1}{2}n^2-\frac{1}{2}n\right)+n=\frac{1}{2}n^2+\frac{1}{2}n$$
$$=\frac{1}{2}n(n+1)$$

으로 구하고자 하는 등식이 성립함을 알 수 있다.

최초의 n 개의 홀수의 총합은 n^2 임을 다음과 같은 방법으로도 증명할 수 있다.

$$1+3+5+\cdots+(2n-1)=n^2$$

을 가정하면

$$1+3+5+\cdots+(2n-1)+(2n+1)=n^2+2n+1=(n+1)^2$$

이 성립한다. 또한 위의 [그림 5.14]와 같은 방법으로 아래의 [그림 5.15]를 이용하여 이 사실을 보일 수도 있다.

▶그림 5.15 최초의 n 개의 홀수의 총합 = 제곱수 n^2

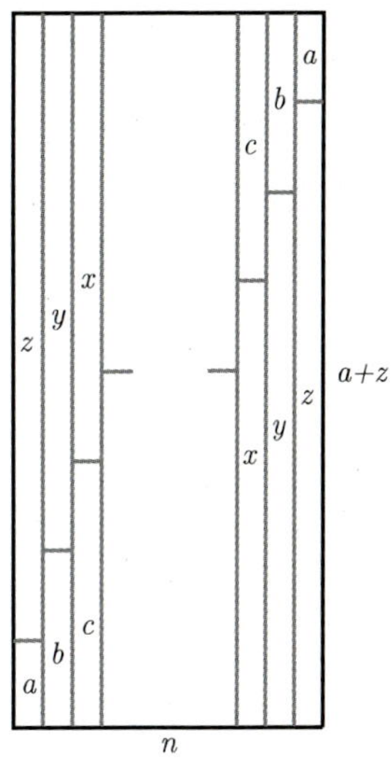

▶그림 5.16 $(a+z)\cdot n$ 인 직사각형

사실 [그림 5.14]와 [그림 5.15]에서처럼 이 '파이프오르간 법'은 어떤 등차수열, 즉 같은 간격으로 배열된 n 개의 수

$$a,\ b,\ c,\ \cdots,\ x,\ y,\ z$$

의 총합을 구하는 문제에도 적용할 수 있다. ([그림 5.16] 참조)

> 같은 간격으로 배열된 n 개의 수의 첫째항을 a, 끝항을 z 라 할 때, 이 n 개의 수의 총합은 그 평균 $\dfrac{a+z}{2}$ 의 n 배, 즉 $n \cdot \dfrac{a+z}{2}$ 이다.

아래의 [그림 5.17]의 (a)에서처럼 1 부터 시작하는 연속된 홀수를

$$1\text{ 개},\quad 2\text{ 개},\quad 3\text{ 개},\quad 4\text{ 개},\quad \cdots$$

을 더해 가면 그것은 모두 제곱수가 됨을 확인할 수 있다(이 사실은 이미 앞에서 확인한 바 있지만). 그리고 아래의 [그림 5.17]의 (b)에서처럼 모든 행을 1 부터 시작하지 않고 그 다음 수부터 더해 가면 세제곱수가 된다.

실제로 [그림 5.17]의 (b)의 최초의 n 번째 행의 첫 번째 홀수는

$$1+n(n-1)$$

이며, 마지막 홀수는

$$1+n(n-1)+2(n-1)=n^2+n-1$$

이다. 그러므로 최초의 n 번째 행의 총합은

$$\frac{n\{1+n(n-1)+n^2+n-1\}}{2}=n^3$$

임을 알 수 있다.

$$\begin{array}{llll}
1 & = 1^2 & 1 & = 1^3 \\
1+3 & = 2^2 & 3+5 & = 2^3 \\
1+3+5 & = 3^2 & 7+9+11 & = 3^3 \\
1+3+5+7 & = 4^2 & 13+15+17+19 & = 4^3 \\
1+3+5+7+9 & = 5^2 & 21+23+25+27+29 & = 5^3 \\
1+3+5+7+9+11 & = 6^2 & 31+33+35+37+39+41 & = 6^3 \\
1+3+5+7+9+11+13 & = 7^2 & 43+45+47+49+51+53+55 & = 7^3 \\
\text{(a)} & & \text{(b)} &
\end{array}$$

▶그림 5.17 홀수의 합

다시 말해서 위의 [그림 5.17]의 (b)의 최초의 n 번째 행까지에 포함되어 있는 홀수를 모두 더함으로써, 최초의 n 개의 세제곱수의 총합은 1 부터 $\triangle_n$ 번째의 홀수

$$2\triangle_n - 1 = 2 \cdot \frac{n(n+1)}{2} - 1 = n^2 + n - 1$$

까지 합인 $\triangle_n^2$ 과 같음을 알 수 있다. 따라서 다음과 같은 공식을 얻을 수 있다.

$$1^3 + 2^3 + 3^3 + \cdots + n^3 = \left\{\frac{1}{2}n(n+1)\right\}^2$$

그림을 보고 이렇게 될 것을 예상할 수 있다면 수학적 귀납법으로도 위의 등식을 증명할 수 있다.

지금부터 위 등식을 수학적 귀납법으로 증명해보자. 먼저

$$1^3 + 2^3 + 3^3 + \cdots + (n-1)^3 = \left\{\frac{1}{2}(n-1)n\right\}^2$$

을 가정하면

$$\begin{aligned}
1^3 + 2^3 + 3^3 + \cdots + (n-1)^3 + n^3 &= \left\{\frac{1}{2}(n-1)n\right\}^2 + n^3 \\
&= \frac{1}{4}n^4 - \frac{1}{2}n^3 + \frac{1}{4}n^2 + n^3 \\
&= \frac{1}{4}n^4 + \frac{1}{2}n^3 + \frac{1}{4}n^2 = \left\{\frac{1}{2}n(n+1)\right\}^2
\end{aligned}$$

이 성립한다. 아래의 [그림 5.18]은 연속하는 두 삼각수의 합은 제곱수임을 말하고 있다.

▶그림 5.18 연속하는 두 삼각수의 합

아래의 [그림 5.19]는 두 가지 방법으로 색칠이 되어 있는데, 한쪽은 두 개의 삼각수의 합을 나타낸 것이며, 다른 한쪽은 그것이 사실은 연속하는 홀수의 합으로 표현됨을 보이고 있다. 다시 말해서

$$\begin{aligned}\Delta_n + \Delta_{n-1} &= 1 + 2 + 3 + \cdots + n \\ &\quad + 1 + 2 + \cdots + (n-1) \\ &= 1 + 3 + 5 + \cdots + (2n-1)\end{aligned}$$

이다. 이와 같은 패턴은 나중에 최초의 n 개의 제곱수의 총합과 세제곱수의 총합을 구하는 데 사용된다.

▶그림 5.19 제곱수로 구성된 계단

아래의 [그림 5.20]과 [그림 5.21]은 삼각수끼리의 관계를 나타낸다. 특히 [그림 5.21]은 홀수인 제곱수는 8을 법으로 1과 합동임을 말하고 있다.

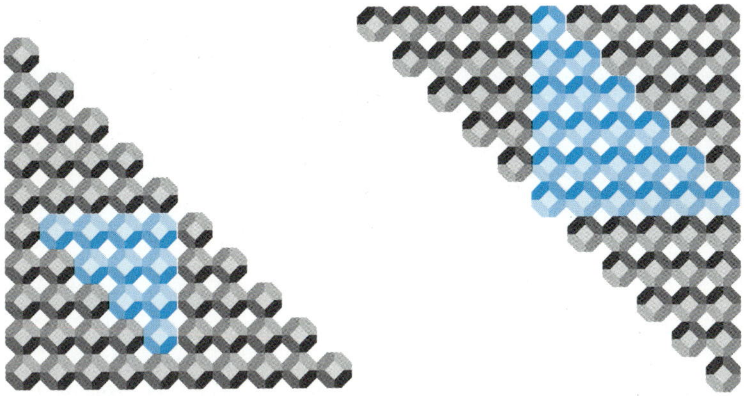

▶그림 5.20 $3\Delta_n + \Delta_{n-1} = \Delta_{2n}$ $3\Delta_n + \Delta_{n+1} = \Delta_{2n+1}$

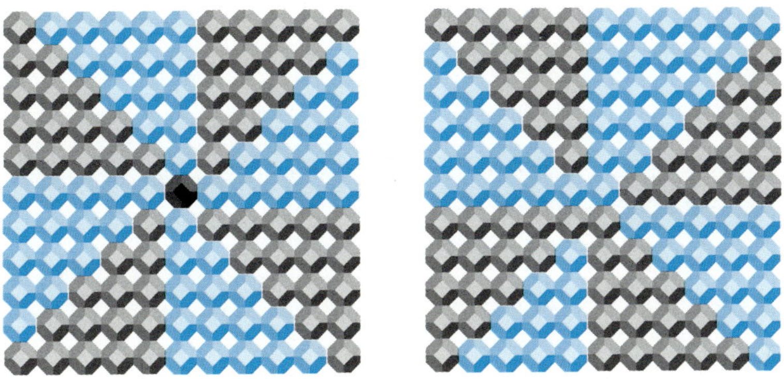

▶그림 5.21 $(2n+1)^2 = 8\Delta_n + 1 = \Delta_{n-1} + 6\Delta_n + \Delta_{n+1}$

그렇다면 이런 의문도 가져볼 수 있다. 예를 들어

$$0,\ 1,\ 36(=\Delta_8 = 6^2),\ 1225(=\Delta_{49} = 35^2),\ \cdots ?$$

처럼 삼각수로서 제곱수이기도 한 수는 어떤 것이 있을까?

이 물음에 대한 답은 펠[11]의 방정식Pell equation을 학습할 때까지 다음 기회로 미루기로 한다.

5.5 다각수

1부터 시작하는 등차수열의 제 n 항까지의 합을 구해보면 여러 가지 다각수를 얻을 수 있다.

- $1+1+1+1+1+\cdots$ 으로부터는 자연수가 얻어짐 :
  $1,\ 2,\ 3,\ 4,\ 5,\ \cdots$
- $1+2+3+4+5+\cdots$ 으로부터는 삼각수가 얻어짐 :
  $1,\ 3,\ 6,\ 10,\ 15,\ \cdots$
- $1+3+5+7+9+\cdots$ 으로부터는 사각수가 얻어짐 :
  $1,\ 4,\ 9,\ 16,\ 25,\ \cdots$
- $1+4+7+10+13+\cdots$ 으로부터는 오각수가 얻어짐 :
  $1,\ 5,\ 12,\ 22,\ 35,\ \cdots$
- $1+5+9+13+17+\cdots$ 으로부터는 육각수가 얻어짐 :
  $1,\ 6,\ 15,\ 28,\ 45,\ \cdots$
- $1+6+11+16+21+\cdots$ 으로부터는 칠각수가 얻어짐 :
  $1,\ 7,\ 18,\ 34,\ 55,\ \cdots$
- $1+7+13+19+25+\cdots$ 으로부터는 팔각수가 얻어짐 :
  $1,\ 8,\ 21,\ 40,\ 65,\ \cdots$

위의 세 번째까지는 이미 앞에서 소개한 것이다.

11 John Pell(1611–1685), 영국 수학자

그리고 각 다각형의 변의 개수는 계차수열의 공차보다 2 만큼 크다는 사실이 아주 흥미롭다(그림 5.22 참조). 예를 들어, 삼각형의 변의 개수 3은 1, 3, 6, 10, 15, ⋯의 계차수열의 공차 1보다 2만큼 크다.

나도 수학자

위에 주어진 어느 다각수에 대해서도 제3 항은 3 으로 나누어떨어지며, 제5 항은 5 로 나누어떨어진다. 그렇다면 제7 항도 모두 7 로 나누어떨어지는가?

다각수란 이름은 아래의 [그림 5.22]와 같은 모양의 점의 배치에서 유래된 것으로, 피타고라스의 시대에 이미 연구되고 있었다고 한다.

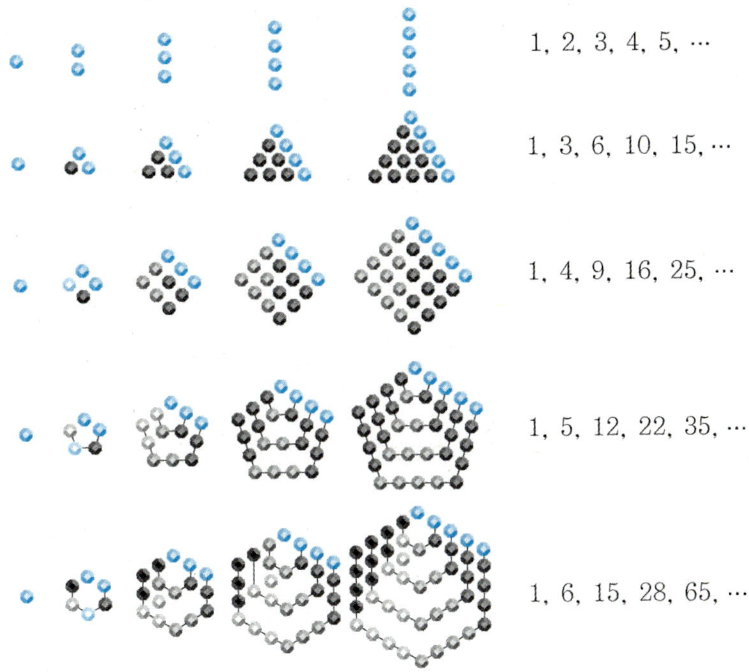

▶ 그림 5.22 다각수

위의 [그림 5.22]의 어느 열도 그 위의 다각형의 왼쪽에 Δ_{n-1}개의 새로운 색의 점으로 된 삼각형을 추가하여 만들 수 있다. 다각수는 두 가지 방법으로 만들어 나갈 수 있다. 각 행의 배열을 좌측에서 우측으로 차례로 살펴보면 그노몬이 추가되면서 한 변에 놓인 입자가 늘어가고 있다. 각 열의 배열을 위에서 아래로 살펴보면 삼각형이 추가되면서 변의 수가 늘어가고 있다. 흑색은 삼각형을 만들고, 열은 청색이 추가되면서 정사각형으로, 열은 흑색이 추가되면서 오각형으로, 짙은 흑색이 추가되면서 육각형이 된다.

앞에서 살펴본 사실을 종합하면 다음과 같다.

$$n + \Delta_{n-1} = \Delta_n \qquad ;\ \text{삼각수의 제}\ n\ \text{항},$$

$$\Delta_n + \Delta_{n-1} = n + 2\Delta_{n-1} = n^2 \qquad ;\ \text{사각수의 제}\ n\ \text{항},$$

$$n^2 + \Delta_{n-1} = n + 3\Delta_{n-1} = \frac{1}{2}n(3n-1) \qquad ;\ \text{오각수의 제}\ n\ \text{항},$$

$$n + 4\Delta_{n-1} = n(2n-1) \qquad ;\ \text{육각수의 제}\ n\ \text{항},$$

$$\vdots$$

각 변에 n개의 점이 배열되어 있는 p각수는 다음과 같이 나타낼 수 있다.

$$n + (p-2)\Delta_{n-1} = \frac{1}{2}pn(n-1) - n(n-2)$$

나도 수학자

현행 중학교 수학 교과서들에서 규칙성 찾기를 조사하여 위에서 배운 내용들이 어느 정도까지 소개되어 있는지 조사해보자.

문제 아래의 [그림 5.23]으로부터 어느 육각수도 삼각수임을 예상할 수 있다. 이 예상이 옳음을 보여라.

증명 아래의 [그림 5.23]으로부터

$$n\ \text{번째의 육각수} = 3\Delta_{n-1} + \Delta_n = \Delta_{2n-1} = n(2n-1).$$

$3\Delta_{n-1}+\Delta_n$

Δ_{2n-1}

$n(2n-1)$

▶ 그림 5.23 육각수와 삼각수

5.6 피타고라스와 도형

피타고라스학파는 유명한 피타고라스의 정리 이외에도 도형에 관한 많은 연구를 수행하였다. 한 변의 길이가 1인 정사각형의 대각선의 길이는 유리수로서는 즉 비比로서는 절대로 나타낼 수 없는

'무리수 $\sqrt{2}$'

이라는 사실도 피타고라스학파가 발견한 것으로 전해지고 있다.

더욱이 그들이 남긴 업적 중에 하나는

'한 변의 길이를 주고 정오각형을 작도하는 방법'

을 발견한 것이다.

이제 정오각형 작도에 대해 알아보자.

아래의 [그림 5.24]와 같은 정오각형 $ABCDE$ 에서 대각선 AC 와 BE 의 교점을 P 라 한다.

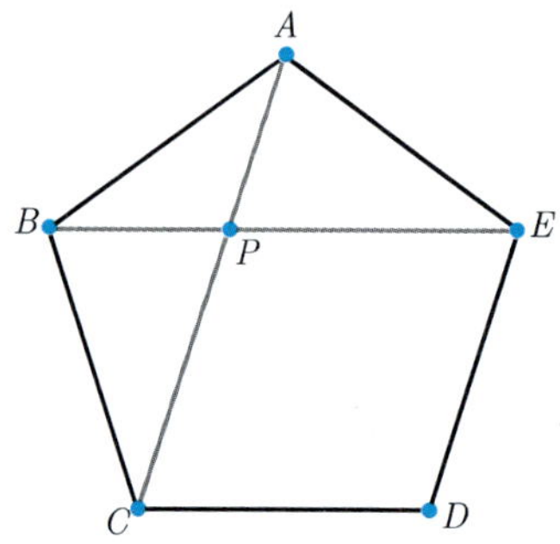

▶그림 5.24 정오각형

정오각형의 한 내각의 크기는 공식 $\frac{(n-2)\times 180^\circ}{n} = 180^\circ - \frac{360^\circ}{n}$에 $n=5$를 대입하여 얻은 값

$$180^\circ - \frac{360^\circ}{5} = 108^\circ$$ [12]

이다. 따라서

$$\angle BAC = \angle ABE = \angle BCA = 36^\circ.$$

$$\therefore \angle PBC = \angle BPC = 72^\circ$$

그러므로 $\overline{BC} = \overline{PC}$.

한편 $\triangle ABP$와 $\triangle ACB$는 모두 밑각의 크기가 36°인 이등변삼각형이므로

$$\triangle ABP \backsim \triangle ACB.$$

따라서

$$\frac{\overline{AB}}{\overline{AP}} = \frac{\overline{AC}}{\overline{BC}}, \quad \text{즉} \quad \overline{AB}\cdot\overline{BC} = \overline{AP}\cdot\overline{AC}.$$

12 정n각형의 한 내각의 크기는 $180^\circ \times \frac{n-2}{n}$이다.

그런데 $\overline{AB} = \overline{BC} = \overline{CP}$ 이므로

$$\overline{CP}^2 = \overline{AP} \cdot \overline{AC} \qquad \cdots\cdots\cdots \ (5.1)$$

이다. 그러므로 정오각형의 한 변의 길이를 a, 대각선의 길이를 x 라 하면, 위의 등식 (5.1)로부터

$$a^2 = (x - a)x, \quad \text{즉} \quad x^2 - ax - a^2 = 0$$

을 만족한다. x 에 관한 위의 이차방정식을 풀면 $x > 0$ 이므로

$$x = \frac{\sqrt{5}}{2}a + \frac{1}{2}a = \frac{\sqrt{5}+1}{2}a.$$

피타고라스 학파는 이 사실을 이용하여 다음과 같이 정오각형을 작도하였다.

먼저 아래의 [그림 5.25]와 같이 주어진 길이 a 를 갖는 선분 CD 를 긋고, 그 중점 L 에서 $\overline{CD}$ 에 수선을 세운 후 그 수선위에 $\overline{LM} = a$ 를 만족하는 점 M 을 잡는다. 이때 피타고라스의 정리로부터

$$\overline{CM} = \frac{\sqrt{5}}{2}a$$

이다.

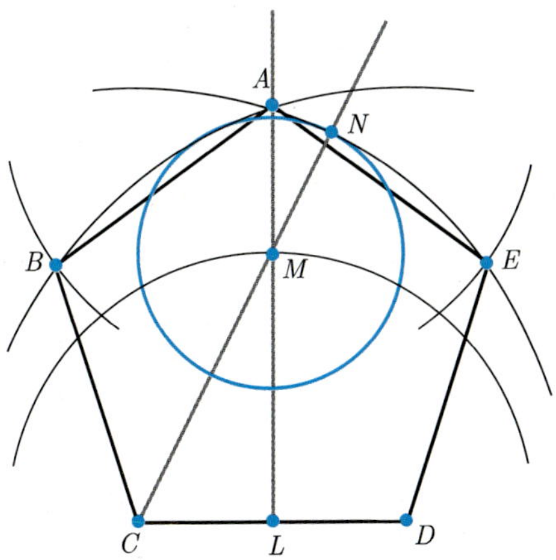

▶그림 5.25 정오각형 작도

다음으로 선분 CM의 점 M쪽으로 연장한 연장선상에 $\overline{MN} = \frac{1}{2}a$를 만족하는 점 N을 잡으면

$$\overline{CN} = \frac{\sqrt{5}}{2}a + \frac{1}{2}a$$

로 정오각형의 대각선의 길이이다. 그러므로 점 C를 중심으로 반지름의 길이가 $\overline{CN}$인 원을 그려 $\overline{LM}$의 연장선과 만나는 점을 A라 하면, 점 A는 찾고자 하는 정오각형의 한 꼭짓점이다. 따라서 정오각형 $ABCDE$를 위의 [그림 5.25]처럼 작도할 수 있다[13].

피타고라스 학파는 정오각형에 대단한 매력을 느꼈는지 아래의 [그림 5.26]과 같은 별모양의 오각형을 자기들의 로고로 사용했다.

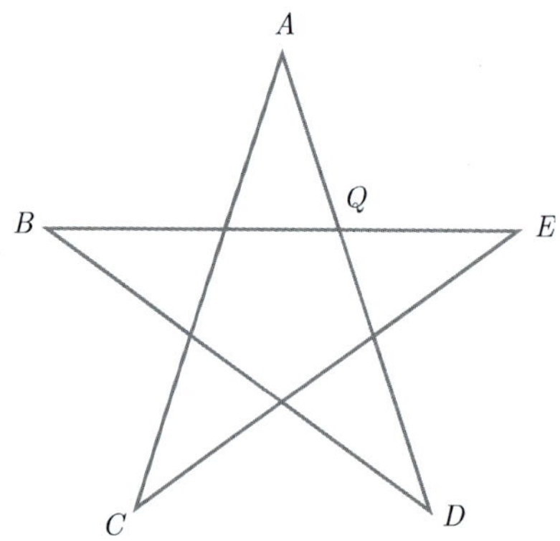

▶그림 5.26 피타고라스 학파의 로고

위에서 살펴보았듯이 정오각형 $ABCDE$의 대각선, 예를 들어 $\overline{BE}$와 $\overline{AD}$의 교점을 Q라 하면 항상

13 고대 그리스인들은 이처럼 먼저 정오각형이 그려졌다고 가정한 것으로 생각된다. 이것은 그리스인들의 문제해법의 상습적인 수단으로 '해석'이라 불렀다. 근대 이후에는 '해석'을 미적분학을 일컫는 것으로 받아들였지만, 본래는 문제가 풀렸다고 가정해서 그 해법을 탐구하는 것을 뜻하였다. 그러나 유클리드의 《원론》에는 이 '해석' 부분은 없고 '작도'와 '증명'만 있는 것으로 알려져 있다.

$$\overline{BQ}^2 = \overline{BE} \cdot \overline{QE} \qquad \cdots\cdots\cdots \ (5.2)$$

가 성립한다. (등식 (5.1) 참조)

일반적으로 주어진 선분 BE 위에 등식 (5.2)를 만족하도록 점 Q를 잡는 것을 선분 BE를 **황금분할한다**고 말한다.

주어진 선분 BE의 길이를 l이라 하고 $\overline{BQ} = x$ 라 하면 (5.2)는

$$x^2 = l(l-x), \text{ 즉 } x^2 + lx - l^2 = 0$$

로 표현된다. 이것을 풀면 $x > 0$ 이므로

$$x = \frac{\sqrt{5}}{2}l - \frac{1}{2}l = \frac{\sqrt{5}-1}{2}l$$

을 얻는다.

이로부터 황금분할에 관한 다음과 같은 작도법을 생각할 수 있다.

먼저 아래의 [그림 5. 27]과 같이 점 E에서 $\overline{BE} = l$인 선분 BE에 수선을 세워 그 위에 $\overline{EF} = \frac{1}{2}l$을 만족하는 점 F를 잡는다. 이때 피타고라스의 정리로부터

$$\overline{BF} = \frac{\sqrt{5}}{2}l$$

이다.

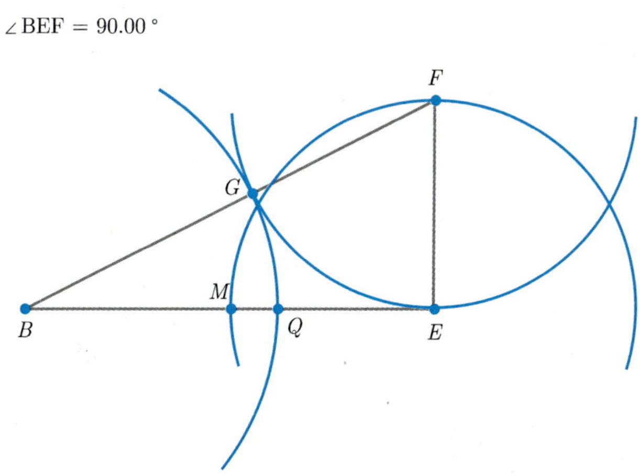

▶그림 5.27 황금분할 점 작도

따라서 점 F를 중심으로 $\overline{FE}$를 반지름의 길이로 하는 원을 그려 $\overline{BF}$와의 교점을 G라 하면

$$\overline{BG}=\frac{\sqrt{5}}{2}l-\frac{1}{2}l$$

이다.

그러므로 점 B를 중심으로 $\overline{BG}$를 반지름의 길이로 하는 원을 그려 $\overline{BE}$ 와의 교점을 Q라 하면, 점 Q가

$$\overline{BE}$$

를 황금분할하는 점이다.

나도 수학자 >>>

아래의 그림은 선분 BE를 황금분할하는 점 Q를 작도한 것이다.

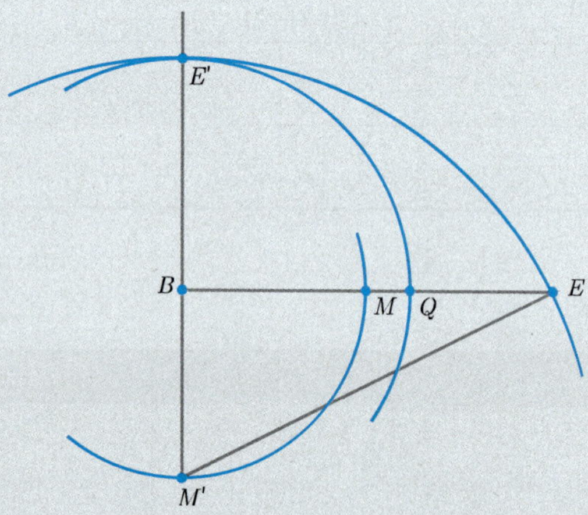

어떤 순서로 어떻게 작도했는지 설명해 보자.
(단, 점 M은 $\overline{BE}$의 중점이다. 그리고 점 M' 은 점 B에서 세운 $\overline{BE}$의 수선과 점 B를 중심으로 반지름의 길이가 $\overline{BM}$ 인 원과의 교점이며, 점 E' 은 이 수선과 점 M' 을 중심으로 반지름의 길이가 $\overline{M'E}$인 원과의 교점이다.)

피타고라스 학파가 발견한 황금분할은 그 이후 주어진 선분을 두 부분으로 가장 아름답게 나누는 방법으로 여겨져 회화, 조각, 건축 등에 폭넓게 활용되고 있다.[14]

5.7 황금비

앞에서 알아보았듯이 선분 AB를 점 P에서 황금분할한다는 것은

$$\overline{AP}^2 = \overline{AB} \cdot \overline{BP}$$

를 만족하는 점 P를 찾는 것이다.

이 등식을 비례식으로 고쳐 쓰면

$$\frac{\overline{AP}}{\overline{BP}} = \frac{\overline{AB}}{\overline{AP}}$$

이다. 이 비의 값을 ρ로 나타내고 **황금비율**이라 부른다.

한편 $\overline{AB} = l$ 이라 하면

$$\overline{AP} = \frac{\sqrt{5}-1}{2} l$$

이므로

$$\rho = \frac{\overline{AP}}{\overline{BP}} = \frac{\overline{AB}}{\overline{AP}} = l \div \frac{\sqrt{5}-1}{2} l = \frac{2}{\sqrt{5}-1} = \frac{\sqrt{5}+1}{2}.$$

또,

$$\rho^2 = \left(\frac{\sqrt{5}+1}{2}\right)^2 = \frac{3+\sqrt{5}}{2} = \frac{1+\sqrt{5}}{2} + 1 = \rho + 1,$$

14 케플러(Kepler, J., 1571–1630)는 “기하학에는 2가지 큰 보물이 있다. 그 중 하나는 피타고라스의 정리이고, 또 하나는 황금분할이다.”라는 말을 남겼다고 한다.

즉 ρ는 이차방정식

$$\rho^2 - \rho - 1 = 0$$

의 양수인 해이다. 따라서

$$\frac{1}{\rho} = \rho - 1 = \frac{\sqrt{5}+1}{2} - 1 = \frac{\sqrt{5}-1}{2}.$$

한편 황금비율 ρ의 정의로부터

$$\overline{AB} = \rho\overline{AP}, \quad \overline{AP} = \rho\overline{BP} \qquad \cdots\cdots\cdots (5.3)$$

가 성립하지만

$$\overline{BP} = \overline{AB} - \overline{AP} = (\rho - 1)\overline{AP} = \frac{1}{\rho}\overline{AP}$$

이므로, (5.3)의 오른쪽 식은 왼쪽 식을 이용하여 얻을 수 있음을 알 수 있다. 이것과 같은 방법으로 선분 AB 상에

$$\overline{AQ} = \overline{BP}$$

를 만족하는 점 Q를 잡으면

$$\overline{PQ} = \overline{AP} - \overline{AQ} = \rho\overline{BP} - \overline{BP} = (\rho - 1)\overline{BP} = \frac{1}{\rho}\overline{AQ}.$$

따라서 $\overline{AQ} = \rho\overline{PQ}$로 되어 $\overline{AP}$는 점 Q에 의해 황금분할된다.

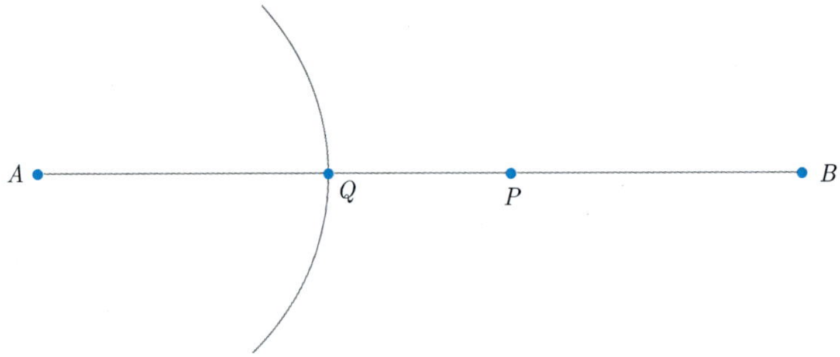

이와 같은 조작을 반복 시행함으로써 주어진 선분 AB 상에서 선분을 황금분할하는 점의 무한 열을 간단히 만들 수 있다.

먼저 선분 AB를 황금분할하는 점을 P_1이라 한다.

$$\overline{AP_1} > \overline{BP_1}$$

이라 할 때, 다음으로

$$\overline{AP_1} \text{ 상에 } \overline{AP_2} = \overline{BP_1} \text{ 을 만족하는 점 } P_2$$

를 잡고, 이어서

$$\overline{AP_2} \text{ 상에 } \overline{AP_3} = \overline{P_1P_2} \text{ 를 만족하는 점 } P_3,$$

$$\overline{AP_3} \text{ 상에 } \overline{AP_4} = \overline{P_2P_3} \text{ 를 만족하는 점 } P_4,$$

$$\vdots$$

$$\overline{AP_n} \text{ 상에 } \overline{AP_{n+1}} = \overline{P_{n-1}P_n} \text{ 을 만족하는 점 } P_{n+1}$$

을 잡는다.

이와 같이 하면 점 P_{n+1}은 항상 $\overline{AP_n}$을 황금분할한다.

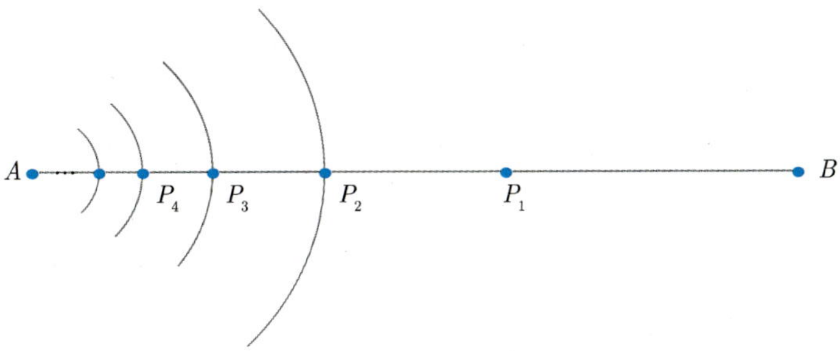

5.8 황금사각형

아래의 [그림 5.28]은 선분 AB를 황금분할하는 점 P를 앞에서와 같은 방법(5.6절의 [그림 5.27]과 그 아래의 '나도 수학자' 참고)으로 작도한 것이다.

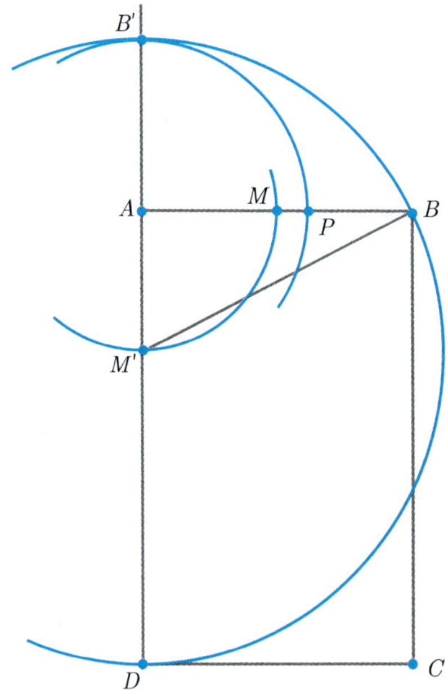

▶그림 5.28 황금사각형 $ABCD$

실제로 선분 AB의 중점을 M이라 하고, 점 A에서 세운 $\overline{AB}$의 수선 위에 $\overline{AM} = \overline{AM'}$을 만족하는 점 M'을 잡는다. 이때 피타고라스의 정리로부터

$$\overline{BM'} = \frac{\sqrt{5}}{2} \cdot \overline{AB}$$

임을 알 수 있다. 점 M'을 중심으로 반지름의 길이가 $\overline{BM'}$인 원을 그려,

점 A에서 세운 $\overline{AB}$의 수선과 만나는 점을 B'이라 하면

$$\overline{AB'} = \overline{M'B'} - \overline{M'A} = \frac{\sqrt{5}-1}{2} \cdot \overline{AB}$$

이다. 그러므로 점 A을 중심으로 반지름의 길이가 $\overline{AB'}$인 원을 그려 $\overline{AB}$와 만나는 점을 P라 하면, 점 P는 $\overline{AB}$를 황금분할한다.

이를 이용하여 [그림 5.28]에 그려진 특별한 직사각형 $ABCD$를 만들어 보기로 하자.

선분 AM'을 점 M'쪽으로 연장한 선상에 $\overline{M'D} = \overline{M'B}$를 만족하는 점 D를 잡아 $\overline{AB}$, $\overline{AD}$를 이웃하는 두 변으로 하는 직사각형 $ABCD$를 만들면

$$\overline{BC} = \overline{AD} = \overline{AM'} + \overline{M'D} = \frac{\sqrt{5}+1}{2} \cdot \overline{AB} = \rho\,\overline{AB}$$

(ρ는 황금비율)

이 성립한다. 다시 말해서 직사각형 $ABCD$에서

$$\overline{BC} = \rho\,\overline{AB}\ ,$$

(긴 변의 길이) = $\rho \times$ (짧은 변의 길이)

가 성립한다. 이와 같은 직사각형을 **황금사각형**이라 한다.

황금사각형은 예술적으로도 아름다운 것으로 여겨지고 있지만 수학적으로도 재미있는 성질을 갖고 있는 도형이다. 황금사각형에 대한 수학자들의 생각에 대해 알아보기로 하자.

5.7 수학자의 생각

아래의 [그림 5.29]처럼 황금사각형 $ABCD$에서, 짧은 변을 한 변으로 하는 정사각형을 잘라 내고 남은 직사각형 $ECDF$도 황금사각형임을 보여라.

수학사적 풀이

아래의 [그림 5.29]에서 $\overline{BC} = \rho\overline{AB}$ 이고 $\rho = \dfrac{1}{\rho} + 1$ 이므로

$$\rho\overline{BC} = (\rho + 1)\overline{AB}$$

이다. 따라서

$$\rho(\overline{BC} - \overline{AB}) = \overline{AB},\ \text{즉}\ \overline{DC} = \rho\overline{EC}.$$

그러므로 직사각형 $ECDF$은 황금사각형이다.

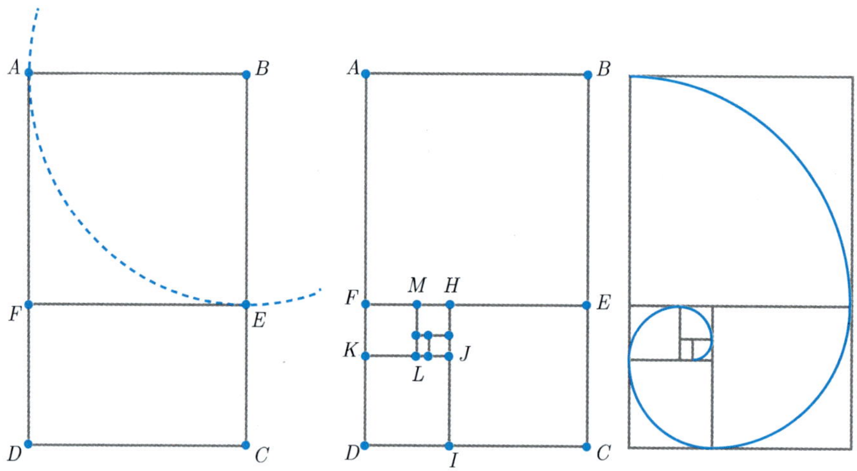

▶ 그림 5.29 황금사각형의 반복

5.8 수학자의 생각

유클리드(Euclid, B.C. 365? – B.C. 275?)의 《원론》에 "주어진 선분을 두 부분으로 나누어, 그 한쪽 선분과 원래의 선분을 이웃하는 두 변으로 하는 직사각형의 넓이가 남은 한쪽 선분을 한 변으로 하는 정사각형의 넓이와 같도록 하라."라는 작도문제가 있다. 어떻게 하면 될까?

수학사적 풀이

주어진 선분을 $\overline{AB}$, 이것을 두 부분으로 나누는 점을 H라 하면, 이

문제는

$$\overline{AB} \cdot \overline{BH} = \overline{AH}^2$$

을 만족하는 점 H를 구하는 것이다. 다시 말해서 $\overline{AB}$를 황금분할하는 점 H를 작도하는 것이다.

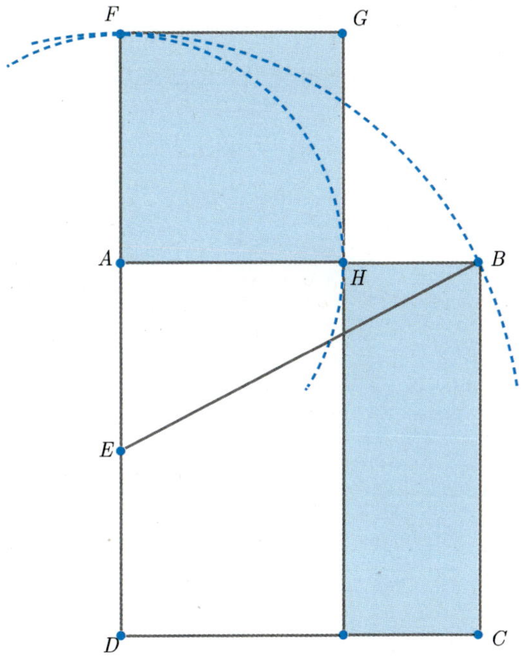

▶그림 5.30 $\overline{AB} \cdot \overline{BH} = \overline{AH}^2$

① $\overline{AB}$를 한 변으로 하는 정사각형 $ABCD$를 그린다.

② $\overline{AD}$의 중점을 E라 하고, $\overline{AD}$를 점 A 쪽으로 연장한 선상에 $\overline{EB} = \overline{EF}$를 만족하는 점 F를 잡는다.

③ $\overline{AF}$를 한 변으로 하는 정사각형 $AFGH$를 점 H가 $\overline{AB}$ 위에 오도록 그리면, H가 조건 $\overline{AB} \cdot \overline{BH} = \overline{AH}^2$을 만족하는 점이다.

④ 음영이 주어진 두 사각형의 넓이는 같다.

또 다른 풀이

'수학자의 생각 5.8'에서 $\overline{AB}$를 두 부분으로 나누는 점을 H라 할 때, 이 문제는

$$\overline{AB} \cdot \overline{AH} = \overline{BH}^2$$

을 만족하는 점 H를 구하는 것으로도 볼 수 있다. 이 경우에는 $\overline{BC}$의 중점을 잡아 '수학자의 생각 5.8'의 '수학사적 풀이' 내의 ②, ③과 같은 방법으로 구할 수 있다(아래의 [그림 5.31] 참조).

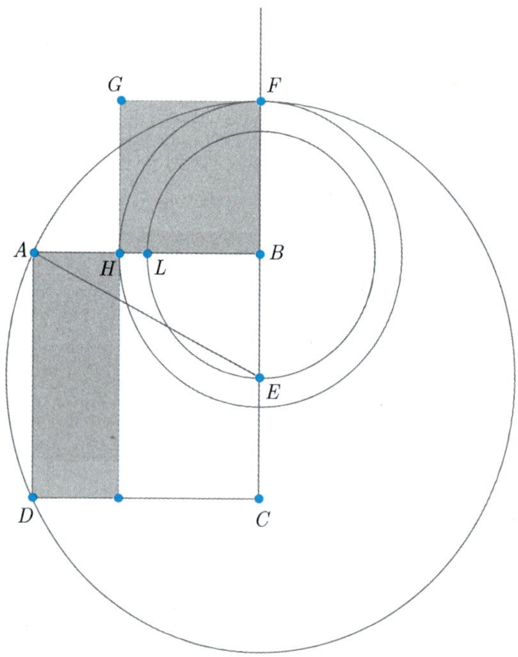

▶ 그림 5.31 $\overline{AB} \cdot \overline{AH} = \overline{BH}^2$

문제 단위길이 1이 주어져있다고 하자. 직사각형의 짧은 변을 한 변으로 하는 정사각형을 잘라내고 남은 직사각형이 원래의 직사각형과 닮은꼴이 되는 직사각형을 작도하여라. (짧은 변의 길이를 1이라 하자.) 실제로 이와 같은 직사각형은 황금사각형이다.

풀이 직사각형의 긴 변의 길이를 x 라 하면

$$1 : x = x - 1 : 1$$

이 성립하므로 x 는 이차방정식 $x^2 - x - 1 = 0$ 의 해이다.

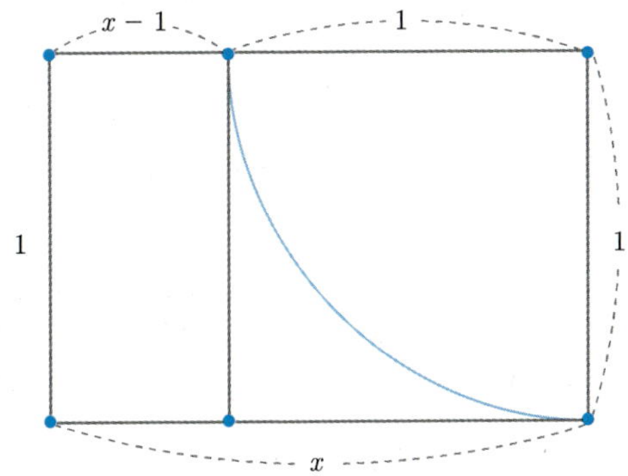

따라서

$$x = \frac{1 + \sqrt{5}}{2}.$$

그러므로 구하는 직사각형은 황금사각형이다.

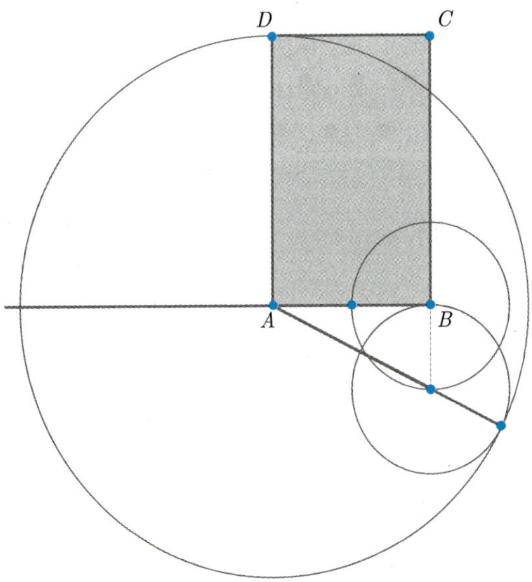

▶ 그림 5.32 $\overline{AB} = 1$ 인 황금사각형 $ABCD$ 의 작도

5.9 수학자의 생각

$\triangle ABC$에서 $\overline{AB} = \overline{AC}$, $\angle A = 36°$라 한다. 이때 $\overline{AB}$상에 $\overline{CB} = \overline{CD}$를 만족하는 점 D를 잡으면

$$\overline{AD} = \overline{CD},$$

$$\overline{AD}^2 = \overline{AB} \cdot \overline{BD} \text{ (즉, 점 } D \text{는 } \overline{AB} \text{를 황금분할함)}$$

임을 보여라.

수학사적 풀이

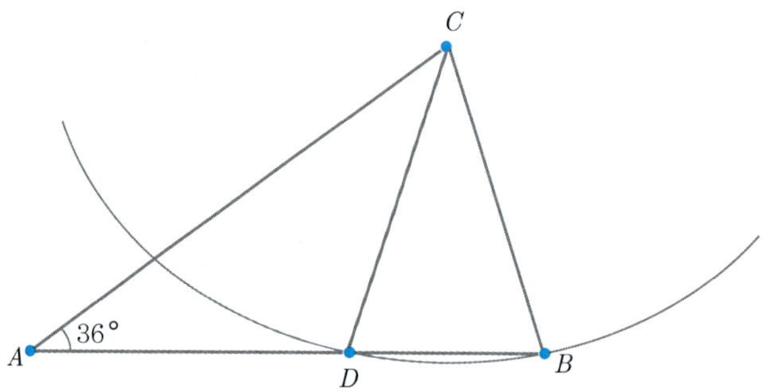

$\overline{AB} = \overline{AC}$, $\angle A = 36°$이므로 $\angle B = \angle C = 72°$. 또, $\overline{CB} = \overline{CD}$이므로 $\angle CDB = \angle B = 72°$. 따라서 $\angle BCD = \angle ACD = 36°$.

$$\therefore \overline{AD} = \overline{CD}$$

더욱이 $\triangle ABC \backsim \triangle CDB$이므로 $\dfrac{\overline{AB}}{\overline{BC}} = \dfrac{\overline{CD}}{\overline{DB}}$.

$$\therefore \overline{AB} \cdot \overline{DB} = \overline{CD} \cdot \overline{BC} = \overline{AD}^2$$

나도 수학자

'수학자의 생각 5.9'의 역이 성립하는지를 설명해보자.

위의 '나도 수학자'에서 고민한 것을 지금부터 같이 생각해보기로 하자.

5.10 수학자의 생각

점 D는 $\overline{AB}$를 황금분할하고 $\overline{AD} > \overline{BD}$ 라 한다. 즉 $\overline{AD}^2 = \overline{AB} \cdot \overline{BD}$. 이때 $\overline{AB}$ 위에 놓여있지 않는 점 C로서 $\overline{AD} = \overline{DC} = \overline{BC}$를 만족하는 것을 잡으면

$$\overline{AB} = \overline{AC}, \ \angle A = 36°$$

임을 보여라.

수학사적 풀이

$\overline{AD}^2 = \overline{AB} \cdot \overline{BD}$로부터 $\dfrac{\overline{AD}}{\overline{BD}} = \dfrac{\overline{AB}}{\overline{AD}}$ 이고, $\overline{AD} = \overline{DC} = \overline{BC}$ 이므로

$$\frac{\overline{DC}}{\overline{BD}} = \frac{\overline{AB}}{\overline{BC}}, \ \angle ABC = \angle CDB.$$

$$\therefore \ \triangle ABC \backsim \triangle CDB$$

따라서 $\dfrac{\overline{AB}}{\overline{AC}} = \dfrac{\overline{CD}}{\overline{CB}} = 1$, 즉 $\overline{AB} = \overline{AC}$.

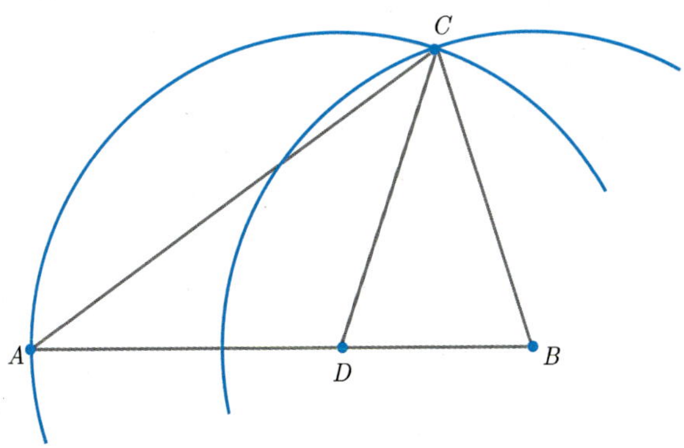

한편 $\angle A = \alpha$ 라 하면

$$\angle ACD = \alpha, \ \angle ACB = \angle ABC = \angle CDB = 2\alpha.$$

그런데 $\triangle ABC$ 의 내각의 합은

$$\alpha + 2\alpha + 2\alpha = 5\alpha = 180^\circ$$

이므로

$$\alpha = 36^\circ.$$

$\triangle ABC$ 가 예각삼각형인 경우를 다룬 '수학자의 생각 5.9'는 둔각삼각형일 때도 성립할까? 이에 대해 알아보기로 하자.

5.11 수학자의 생각

① $\overline{AB} = \overline{AC}$ 이고 $\angle A = 36^\circ$ 인 이등변삼각형 ABC 에서

$$\overline{BC} = \frac{1}{\rho}\overline{AB}$$

임을 보여라. (단, 여기서 ρ 는 황금비율이다.)
② ①에서 만약 $\angle A = 108^\circ$ 이면

$$\overline{BC} = \rho\overline{AB}$$

임을 보여라.

수학사적 풀이

① '수학자의 생각 5.9'로부터 쉽게 얻을 수 있다.

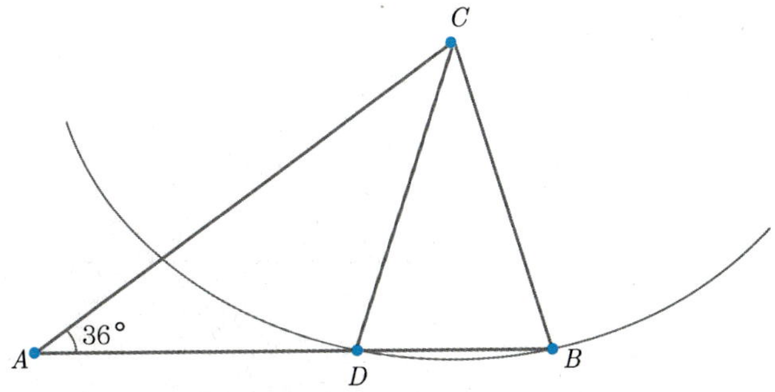

② 아래의 그림처럼 $\overline{AB}$를 점 A쪽으로 연장한 선상에 $\overline{CA} = \overline{CD}$ 를 만족하는 점 D를 잡으면 $\angle BDC = \angle BCD = 72°$. 따라서

$$\overline{BD} = \overline{BC},\ \angle B = 36°,\ \overline{AB} = \overline{AC} = \overline{CD}.$$

그러므로 '수학자의 생각 5.9'로부터 점 A는 $\overline{BD}$를 황금분할한다.

$$\therefore\ \overline{CD} = \frac{1}{\rho}\overline{BC},\ 즉\ \overline{BC} = \rho\,\overline{CD} = \rho\,\overline{AB}.$$

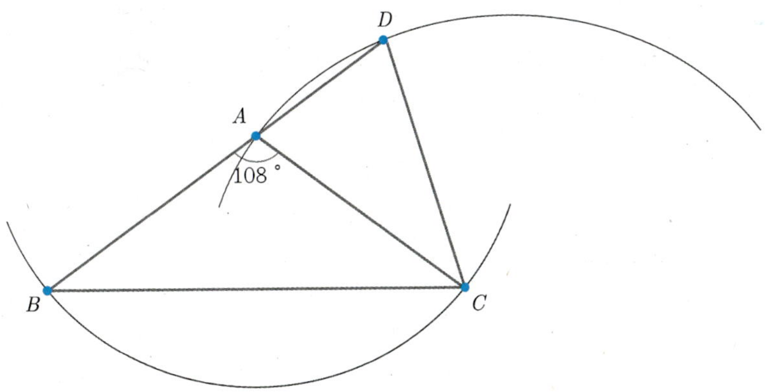

5.12 수학자의 생각

반지름의 길이가 r인 원에 내접하는 정십각형의 한 변을 $\overline{AB}$라 하면 $\overset{\frown}{AB}$에 대한 중심각의 크기는 36°이므로 '수학자의 생각 5.11'의 ①에 의해

$$\overline{AB} = \frac{1}{\rho}r = \frac{\sqrt{5}-1}{2}r$$

이다. (단, ρ는 황금비율)

아래의 [그림 5.33]의 왼쪽 그림은 이 사실을 이용하여 반지름의 길이가 r인 원에 내접하는 정십각형 및 정오각형의 한 변을 구하는 작도를 보인 것이다.

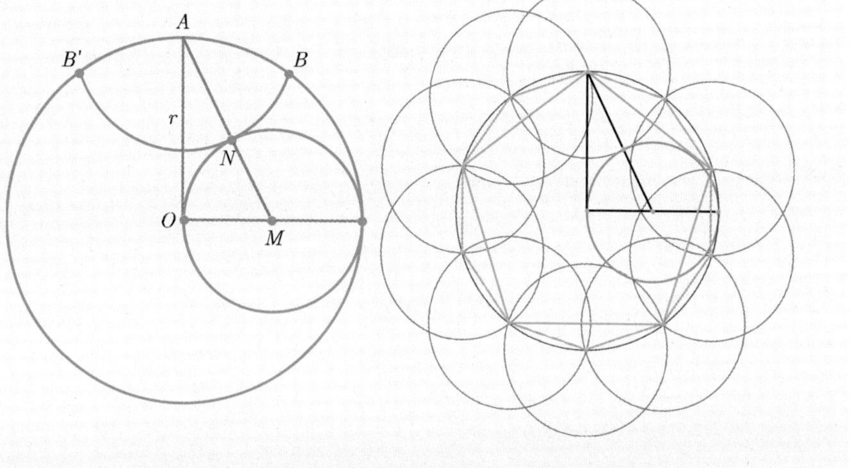

▶그림 5.33 원에 내접하는 정십각형 및 정오각형 작도

[그림 5.33]에서 점 O는 반지름의 길이가 r인 원의 중심, A는 원주 위의 한 점, M은 $\overline{OA}$에 수직인 반지름의 중점, N은 점 M을 중심으로 반지름의 길이가 $\frac{r}{2}$인 원과 $\overline{AM}$의 교점이다. 이때 점 A를 중심으로 반지름의 길이가 $\overline{AN}$인 원과 원래의 원과의 교점을 B, B'이라 하면 $\overline{AB}$, $\overline{BB'}$은 각각 주어진 원에 내접하는 정십각형, 정오각형의 한 변이 된다.

그 이유를 말하여라.

수학사적 풀이

피타고라스의 정리로부터

$$\overline{AM}^2 = \overline{AO}^2 + \overline{OM}^2 = r^2 + \left(\frac{r}{2}\right)^2 = \frac{5}{4}r^2.$$

$$\therefore \ \overline{AM} = \frac{\sqrt{5}}{2}r$$

그러므로

$$\overline{AN} = \overline{AM} - \overline{MN} = \frac{\sqrt{5}}{2}r - \frac{1}{2}r = \frac{\sqrt{5}-1}{2}r = \overline{AB}.$$

따라서 $\overline{AB}$는 주어진 원에 내접하는 정십각형의 한 변의 길이가 된다. 아울러 위의 [그림 5.33]에서 점 B', A, B를 내접하는 정십각형의 세 꼭짓점으로 본다면 $\overline{BB'}$은 내접하는 정오각형의 한 변의 길이가 된다.

5.13 수학자의 생각

정오각형 $ABCDE$의 모든 대각선을 아래의 [그림 5.34]처럼 나타내면 내부에 오각형 $PQRST$가 생긴다.

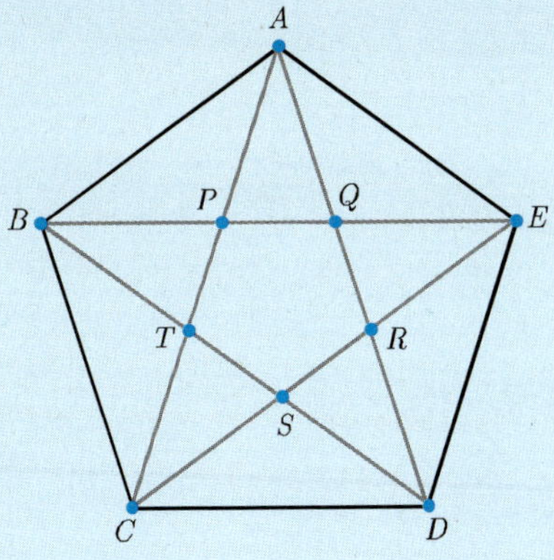

▶그림 5.34 정오각형 내의 정오각형

이때 오각형 $PQRST$는 정오각형이며

$$\overline{AB} = \rho^2 \overline{PQ}$$

임을 보여라. (단, ρ는 황금비율)

수학사적 풀이

$\triangle ABQ$에서

$$\angle ABQ = 36°, \ \angle BAQ = \angle BQA = 72°.$$

또,

$$\angle BAP = \angle QAP = 36°.$$

따라서 '수학자의 생각 5.11'의 ①로부터

$$\overline{PQ} = \frac{1}{\rho}\overline{AQ} = \frac{1}{\rho}\left(\frac{1}{\rho}\overline{AB}\right) = \frac{1}{\rho^2}\overline{AB}, \text{ 즉 } \overline{AB} = \rho^2\overline{PQ}.$$

오각형 $PQRST$의 어느 변에 대해서도 이와 같은 결과가 성립하며, 더욱이 각 내각도 모두 108°이므로 오각형 $PQRST$는 정오각형이다.

5.14 수학자의 생각

유클리드는 자신의 《원론》, 제4권의 명제 10에서

'밑각의 크기가 꼭지각의 크기의 2배인 이등변삼각형의 작도'

를 아래와 같이 보이고 있다.

(a) 선분 AB를 긋는다.

(b) 선분 AB를 황금분할하는 점 P를 잡는다. (제2권의 명제 11)

(c) 점 A를 중심으로 반지름의 길이가 $\overline{AB}$인 원을 그린다.

(d) 이 원주 위에서 $\overline{AP} = \overline{BC}$ 를 만족하는 점 C를 잡는다.

이때 $\triangle ABC$가 구하고자하는 이등변삼각형이다. 왜일까?

수학사적 풀이

점 P는 선분 AB를 황금분할하므로

$$\overline{AP}^2 = \overline{AB} \cdot \overline{BP}$$

가 성립한다. 그런데 $\overline{AP} = \overline{BC}$이므로([그림 5.35] 참조)

$$\overline{BC}^2 = \overline{AB} \cdot \overline{BP}.$$

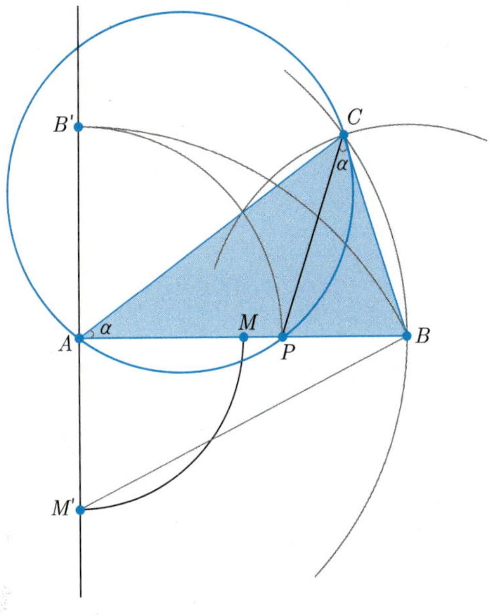

▶그림 5.35 $\angle B = \angle C = 2\angle A$인 이등변삼각형 ABC

따라서 직선 BC는 $\triangle ACP$의 외접원에 접한다. ('원에 관한 멱의 정리'라

부르고 있는 것의 역을 이용하였음. 이 정리 역시 제3권의 명제 37에서 증명되어 있음) 따라서

$$\angle BAC = \angle BCP.$$

$$\therefore \quad \triangle ABC \backsim \triangle CBP$$

그런데 $\triangle ABC$는 이등변삼각형이므로 $\triangle CBP$도 이등변삼각형이다. 그러므로

$$\overline{BC} = \overline{CP} = \overline{AP}.$$

$$\therefore \quad \angle ACP = \angle CAP$$

따라서

$$\angle ABC = \angle ACB = 2\angle A.$$ ●

문제 밑각의 크기가 꼭지각의 크기의 2배인 이등변삼각형이 작도 가능하므로 정오각형의 작도도 가능하다.

실제로 다음 순서대로 작도하여라. (아래의 그림 참조)

① 밑각의 이등분선을 각각 긋는다.

② 이들 이등분선위에서

$$\overline{BD} = \overline{AB}, \ \overline{CE} = \overline{AB}$$

를 만족하는 점 D, E를 각각 잡는다.

③ 점 A, D, C, B, E, A를 차례로 이으면 정오각형을 얻을 수 있다.

왜일까?

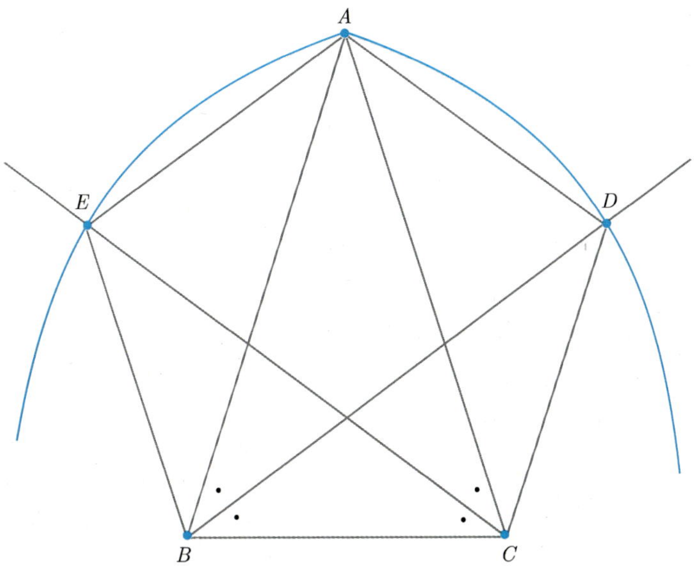

피타고라스학파는 다음과 같은 **타일**tile**붙이기 문제**도 해결했다. 피타고라스학파가 해결한 '타일 붙이기 문제'에 대해 알아보자.

5.15 수학자의 생각

모양과 크기가 같은 정다각형 타일을 한 점 둘레에 모아서 평면을 빈틈없이 덮으려면 정삼각형, 정사각형, 정육각형 타일 중의 어느 하나만을 사용해야 한다. 왜일까?

수학사적 풀이

정n각형의 한 내각의 크기는 $\dfrac{180° \times (n-2)}{n} = \left(2 - \dfrac{4}{n}\right)\angle R$이므로, 정$n$각형($n \geq 3$) 타일을 한 점 둘레에 m개 모아서 평면을 빈틈없이 덮기 위한 필요충분조건은

$$m\left(2 - \frac{4}{n}\right)\angle R = 4\angle R,\ \text{즉}\ (m-2)(n-2) = 4$$

이다. 따라서 $n-2$는 4의 약수이다.

한편 $n \geq 3$이므로 $n-2 \geq 1$이다. 그러므로

$$\begin{cases} n-2 = 1,\ 2,\ 4 \\ m-2 = 4,\ 2,\ 1 \end{cases},\ \text{즉}\ \begin{cases} n = 3,\ 4,\ 6 \\ m = 6,\ 4,\ 3 \end{cases}$$

이다. ●

끝으로 중학교 수학에서 다루는 '정다면체는 5종류뿐이다'라는 사실을 증명해 보자.

5.16 수학자의 생각

정다면체 중에 정삼각형을 면으로 갖는 것은 한 꼭짓점에 정삼각형이 3개, 4개 또는 5개 모인 것에 한하고, 정사각형을 면으로 갖는 것은 한 꼭짓점에 정사각형이 3개 모인 것에 한하며, 정오각형을 면으로 갖는 것은 한 꼭짓점에 정오각형이 3개 모인 것에 한함을 보여라. 아울러 정다면체는 정사면체, 정팔면체, 정이십면체, 정육면체, 정십이면체로 5종류뿐임을 보여라. ([그림 5.36] 참조)

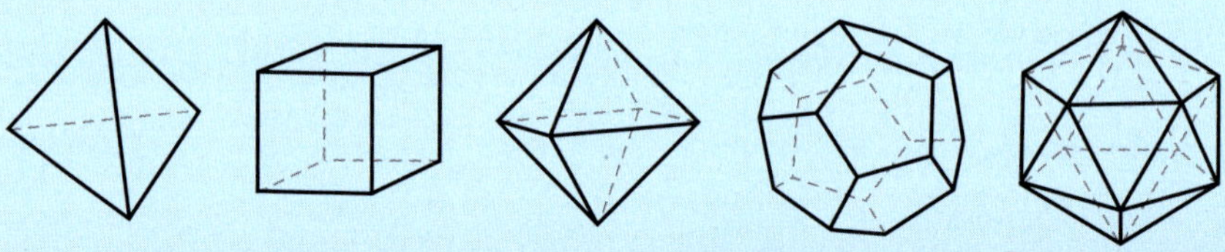

▶그림 5.36 정다면체

수학사적 풀이

정다면체의 한 꼭짓점 둘레에 정n각형을 m개 모아서(단, $n \geq 3,\ m \geq 3$) $4\angle R$보다 작게 해야만 한다. 따라서 정n각형의 한 내각의 크기는 $\left(2-\frac{4}{n}\right)\angle R$이므로

$$m \cdot \left(2-\frac{4}{n}\right)\angle R < 4\angle R,\ \text{즉}\ (m-2)(n-2) < 4.$$

한편 $m-2 \geq 1$, $n-2 \geq 1$이므로

$$1 \leq (m-2)(n-2) < 4.$$

(a) $(m-2)(n-2)=1$ 인 경우:

$$n-2=1,\ m-2=1.$$

따라서 $n=3$, $m=3$, 즉 정삼각형이 각 꼭짓점에 3개 모여 있는 정사면체이다.

(b) $(m-2)(n-2)=2$ 인 경우:

$$\begin{cases} n-2=1,\ 2 \\ m-2=2,\ 1 \end{cases}, \quad 즉 \begin{cases} n=3,\ 4 \\ m=4,\ 3 \end{cases}.$$

따라서 정삼각형이 각 꼭짓점에 4개(이 경우에 정팔면체가 얻어짐) 또는 정사각형이 각 꼭짓점에 3개(이 경우에는 정육면체가 얻어짐) 모인 2가지를 생각할 수 있다.

(c) $(m-2)(n-2)=3$ 인 경우:

$$\begin{cases} n-2=1,\ 3 \\ m-2=3,\ 1 \end{cases}, \quad 즉 \begin{cases} n=3,\ 5 \\ m=5,\ 3 \end{cases}.$$

따라서 정삼각형이 각 꼭짓점에 5개(이 경우에 정이십면체가 얻어짐) 또는 정오각형이 각 꼭짓점에 3개(이 경우에는 정십이면체가 얻어짐) 모인 2가지를 생각할 수 있다.
그러므로 (a), (b), (c)에 의해 정다면체는 위의 [그림 5.36]과 같이 5가지뿐임을 알 수 있다.[15] ●

15 실제로는 위의 각각의 경우에 대해서 정다면체를 만들 수 있음을 보여야한다. 따라서 위에서 열거한 것은 필요조건이다.
정다면체는 5개뿐임을 그리스의 철학자 플라톤(Platon, B.C. 427? ~ B.C. 347?)은 이미 알고 있었다. 플라톤은 소크라테스(Sōkratēs B.C. 469? ~ B.C. 399?)와의 대화형식으로 많은 철학서를 집필했는데, 그 중의 《티마이오스(Timaeus, Greek: Τίμαιος, Timaios)》에서는 우주

▶ 표 5-2 5장의 수학사 보충 자료

수학자	국적	연도	주요 업적
피타고라스 Pythagoras	그리스 Greece	B.C. 570? ~ B.C. 495?	• 수에 관한 연구: 홀수, 짝수, 완전수, 삼각수, 사각수, 피타고라스수 • 피타고라스의 정리 • 황금분할 방법 연구 • 비례와 평균의 연구: 산술평균, 조화평균 • 정다면체의 연구 • 무리수의 발견
플라톤 Platon	그리스 Greece	B.C. 427? ~ B.C. 347?	• 진리를 알기 위하여 수학의 중요성을 역설 • 신은 끊임없이 기하학화한다 • 점은 선의 시작이다

MEMO

(cosmos)의 생성과 자연에 관해서 논하고 있다. 여기서 플라톤은 우주의 모든 사물은 화(火), 토(土), 수(水), 공기로 조립되어 있으며, 이들 4개의 요소는 미세한 형태로 되어있다고 말했다. 그리고 그 형태로서 화(火)는 정사면체, 토(土)는 정육면체, 수(水)는 정이십면체, 공기는 정팔면체인 꼴이라 생각했다. 남은 정십이면체는 우주를 나타내고 있는 것으로 생각한 듯하나, 《티마이오스》에서는 "아직 또 하나의 구성물(정십이면체를 말함)이 남아있지만, 신은 이것을 만물을 위해서 그곳에 여러 가지 그림을 그릴 즈음에 사용하였다."라고만 기술하고 있다.

06 궤변학파

▶ 표 6-1 6장의 역사적 내용 개요

역사적 사실	연도	내용 개요
궤변학파	B.C. 480? ~	살라미스 해전의 승리로 그리스 아테네는 정치, 문화 및 학문의 중심지가 되어 소피스트(현자, 궤변가)로 활동

▶ 표 6-2 6장의 수학사적 내용 개요

수학자	연도	설명
히피아스 Hippias	B.C. 470? ~ B.C. 410?	히피아스의 곡선으로 각의 3등분문제 연구
히포크라테스 Hippocrates	B.C. 460? ~ B.C. 377?	입방배적문제 연구
니코메데스 Nicomedes	B.C. 280? ~ B.C. 210?	콘코이드(conchoid)로 각의 3등분 작도문제 연구
파포스 Pappos	A.D. 290? ~ A.D. 350?	저서 《수학집성(Mathematical Collection)》을 남김

B.C. 480년에 일어난 살라미스Salamis(그리스 동남쪽의 섬)의 해전에서 그리스 해군이 페르시아 해군을 격파한 이래 그리스는 오랜 기간 동안의 페르시아의 압박에서 벗어났으며, 특히 아테네는 그리스의 정치, 문화의 중심으로 번영했다. 그래서 아테네의 시민들은 생활에 필요한 노동은 노예한테 맡기고 자신들은 오로지 정치와 학문 연구에만 전념하게 되므로, 소피스트sophist라 부르는 직업적인 교사 집단도 생기게 되었다. Sophia는 지智를, 소피스트는 현자賢者를 뜻하며 소피스트들은 변론술에만 주력했기 때문에 후대 사람들은 그들을 궤변가라 불렀다.

이들 궤변가들의 무리, 즉 궤변학파가 가장 열심히 생각한 '3 대 난제'라 부르는 다음 세 문제는 유명하다.

지금부터 '3대 난제' 중의 하나인 '임의로 주어진 각의 3등분 문제'에 대해 알아보자.

(1) 임의로 주어진 각의 3등분 문제

궤변학파는 임의로 주어진 각을 2 등분하는 문제를 눈금이 없는 자와 컴퍼스로 쉽게 해결할 수 있었다. 그래서 이를 확장하여 임의로 주어진 각을 3등분하는 문제를 역시 눈금이 없는 자와 컴퍼스만으로 풀려고 하였다. 결국 단 한사람도 이 문제를 해결하지 못했으며, 눈금이 없는 자와 컴퍼스만으로 그리는 것을 작도로 정의하였을 때 임의로 주어진 각의 3등분 문제는 오늘날 작도불능임이 밝혀졌다.

그렇다면 '임의의 각의 3등분 문제는 왜 작도불능인가?' 아래 '또 다른 생각'에서 그 이유를 자세히 알아보자.

또 다른 생각 각의 3등분이 작도 불능인 이유

아래의 [그림 6.1]처럼 $\angle XOY$가 직선 OB와 OC에 의해 3등분되었다고 가정하고 그 중 한 각의 크기를 θ라 하자.

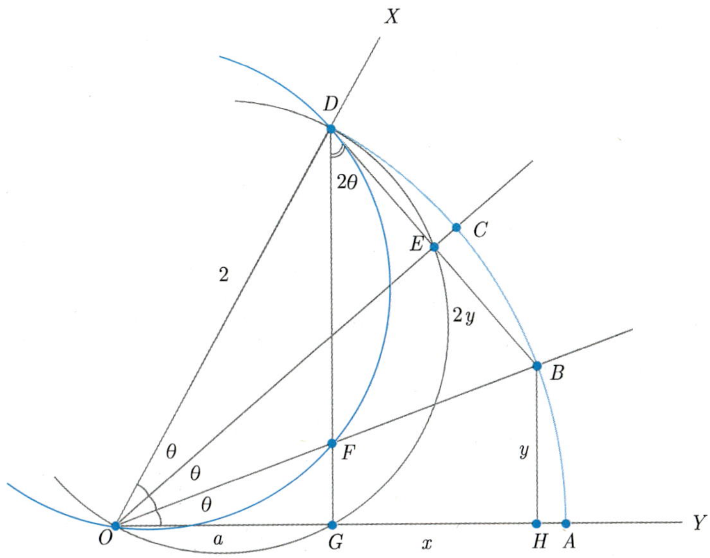

▶**그림 6.1** 각의 3등분을 가정한 경우

이때 점 O를 중심으로 반지름의 길이가 2인 원호 $\widehat{ABCD}$를 그린 후, 두 점 D, B에서 각각 선분 OA에 수선 DG, BH를 내리고 $\overline{DG}$와 $\overline{OB}$의 교점을 F, $\overline{OC}$와 $\overline{DB}$의 교점을 E라 한다.

이제 $\overline{OG}= a$, $\overline{OH}= x$, $\overline{BH}= y$라 하면

$$\triangle OBH \equiv \triangle OBE \equiv \triangle ODE$$

이므로 $\overline{BD}= 2y$ 이다. 또

$$\angle DEO= \angle DGO= 90°$$

이므로 4점 D, E, G, O는 한 원 위에 놓여있다. 따라서

$$\angle EDG= 2\theta$$

이다. 그러므로 $\angle BDF= \angle DOF$가 성립하며, 이는 '접선과 현에 관한 정리의 역'으로부터 직선 BD가 3점 D, F, O를 지나는 원의 접선임을

말하고 있다. 따라서

$$\overline{BD}^2 = \overline{BF} \cdot \overline{BO}$$

가 성립한다. 그런데 $\overline{BO} = 2$, $\overline{BD}^2 = 4y^2$ 이므로

$$\overline{BF} = 2y^2$$

이다.

한편 $\triangle OFG \backsim \triangle OBH$ 이므로 $\dfrac{\overline{OF}}{\overline{OB}} = \dfrac{\overline{OG}}{\overline{OH}}$ 가 성립한다. 여기에

$$\overline{OF} = \overline{OB} - \overline{BF} = 2 - 2y^2,\ \overline{OB} = 2,\ \overline{OG} = a,\ \overline{OH} = x$$

를 대입하면

$$\frac{2-2y^2}{2} = \frac{a}{x},\ \text{즉}\ y^2 = 1 - \frac{a}{x}$$

를 얻을 수 있다.

또, 직각삼각형 BOH 에 피타고라스의 정리를 적용하면

$$\overline{OH}^2 + \overline{BH}^2 = \overline{OB}^2$$

가 성립하므로

$$\overline{OH}^2 = x^2,\ \overline{BH}^2 = y^2 = 1 - \frac{a}{x},\ \overline{OB}^2 = 4$$

를 대입함으로써

$$x^2 + \left(1 - \frac{a}{x}\right) = 4,\ \text{즉}\ x^3 - 3x - a = 0$$

라는 삼차방정식을 얻는다.

한편, 만약 위의 삼차방정식의 해 x 의 값을 길이로 갖는 선분이 작도가능이면, 점 H 의 위치를 정할 수 있다. 따라서 그 결과 각의 3 등분선은 작도가능하게 된다.

그러나 그 해가 사칙연산과 제곱근만을 품는 대수식으로 나타낼 수 있는 경우에만 작도가능이며, 세제곱근 등을 품는 대수식으로 표현되는 경우에는 작도불능이라는 사실로부터 위의 삼차방정식의 일반해는 세제곱근을 품고 있으므로 임의의 각의 3 등분선은 작도불능이다.

다음으로 '3대 난제' 중 '임의로 주어진 정육면체의 2배의 부피를 갖는 정육면체 작도 문제'에 대해 알아보자.

(2) 임의로 주어진 정육면체의 2배의 부피를 갖는 정육면체의 작도 문제[16]

궤변학파는 임의로 주어진 정사각형의 2 배의 넓이를 갖는 정사각형을 작도하는 문제를 아래의 [그림 6.2]와 같이 해결했다. 그래서 이 문제의 확장으로 임의로 주어진 정육면체의 2 배의 부피를 갖는 정육면체의 작도문제를 생각한 듯하다. 그러나 궤변학파는 이 문제를 눈금이 없는 자와 컴퍼스만으로는 어떻게도 해결할 수 없었다.

16 델로스(Delos, 그리스 키클라데스(Cyclades)군도의 작은 섬 중에 하나)의 문제(Delos' problem)라고도 한다. 델로스의 문제가 생기게 된 유래에 관해 다음과 같은 전설이 있다. 오랜 옛날 그리스에 전염병이 유행했는데 계속해서 쓰러지는 사람들을 구하기 위해 그리스인들은 에게 해(Aegean Sea)의 델로스라는 섬에 있는 신에게 기도를 드렸더니, 신이 이르기를 "신전을 크게 고쳐라. 그렇게 하면 전염병이 멈출 것이다. 단, 새 신전은 지금까지의 신전과 같은 모양이면서 부피는 2 배가 되도록 해야 한다."라고 하였다.
처음에는 간단히 생각하고 각 변의 길이를 2 배하여 새 신전을 만들었지만 신의 노여움을 진정시킬 수 없었다. 결국 현인으로 알려진 플라톤에게 그 해결 방법을 묻게 되었으며, 플라톤은 무지한 목수가 저지른 실수를 지적하고 사람들이 학문을 게을리 한 것에 대해 나무랐다고 하며, 그 때부터 이것을 수학문제(델로스의 문제)로 취급하게 되었다고 전해지고 있다.

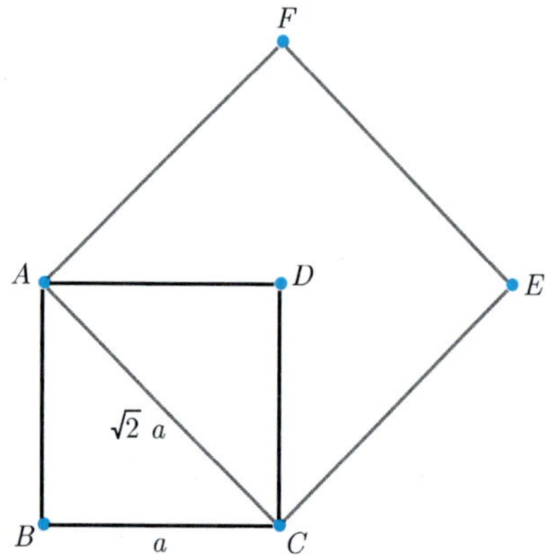

▶그림 6.2 넓이가 2배인 정사각형 작도

끝으로 '3대 난제' 중 임의로 주어진 원과 넓이가 같은 정사각형 작도 문제에 대해 알아보자.

(3) 주어진 원과 넓이가 같은 정사각형의 작도 문제

궤변학파는 주어진 다각형과 넓이가 같은 삼각형을 작도하는 문제를 눈금이 없는 자와 컴퍼스로 해결할 수 있었다. 한 예로 오각형 $ABCDE$와 넓이가 같은 삼각형$AB'E'$을 아래의 [그림 6.3]과 같이 작도할 수 있다.

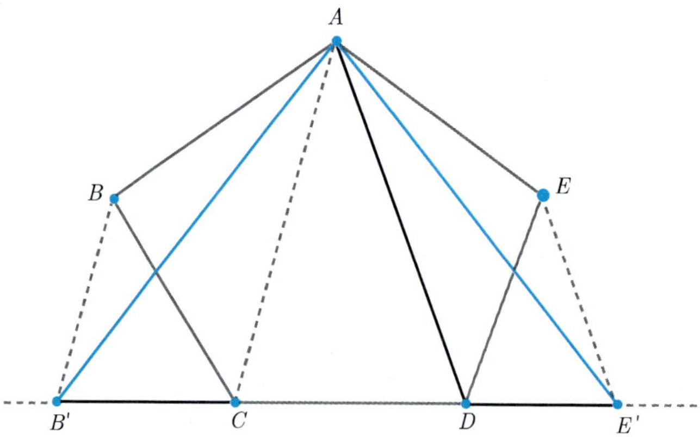

▶그림 6.3 오각형과 넓이가 같은 삼각형 작도

또한 궤변학파는 주어진 삼각형과 넓이가 같은 직사각형을 작도하는 문제를 자와 컴퍼스로 아래의 [그림 6.4]와 같이 해결하였다.

실제로 주어진 삼각형 ABC의 높이의 $\frac{1}{2}$ 을 높이로 하고, 삼각형의 밑변 BC를 밑변으로 하는 직사각형 $EBCD$를 작도하면 된다.

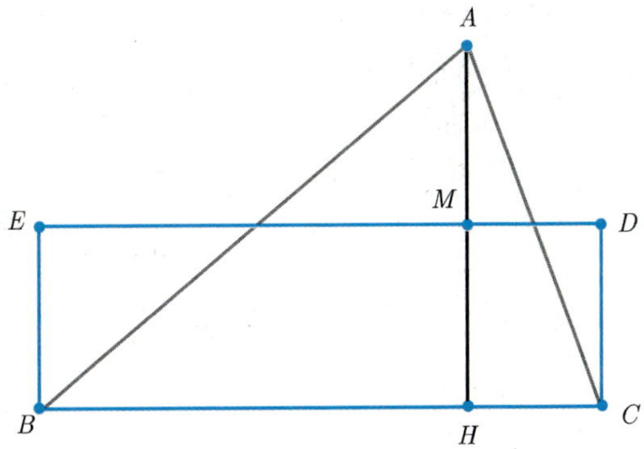

▶**그림 6.4** 삼각형과 넓이가 같은 직사각형 작도

더욱이 궤변학파는 주어진 직사각형과 넓이가 같은 정사각형의 작도문제도 해결하였다.

실제로 아래의 [그림 6.5]의 왼쪽 그림에서처럼 주어진 직사각형 $ABCD$ 의 변 AD 의 연장선상에

$$\overline{DC} = \overline{DE}$$

를 만족하는 점 E 를 잡는다.

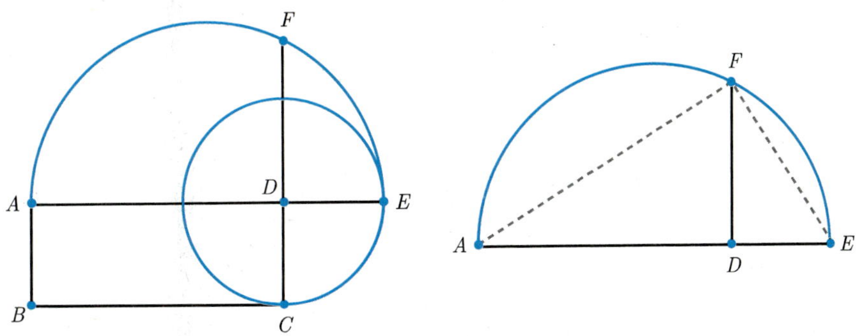

▶**그림 6.5** 직사각형과 넓이가 같은 정사각형 작도

이때 $\overline{AE}$ 를 지름으로 하는 반원과 점 D 에서 세운 $\overline{AE}$ 의 수선과의 교점을 F 라 하면 $\overline{DF}$ 가 찾고자 하는 정사각형의 한 변의 길이가 된다. 왜냐하면 지름위에 선 원주각의 크기는 $90°$ 이므로 $\triangle FAE$ 는 $\angle AFE = 90°$ 인 직각삼각형이다.

한편 $\angle FDE = 90°$ 이므로

$$\overline{FD}^2 = \overline{AD} \cdot \overline{DE} = \overline{AD} \cdot \overline{DC} \qquad \cdots\cdots\cdots \ (6.1)$$

가 성립한다.

그렇다면 주어진 원과 넓이가 같은 정사각형의 작도는 왜 실패했는지에 대해 아래의 '또 다른 생각'을 따라가 보기로 하자.

또 다른 생각

반지름의 길이가 r 인 원의 둘레의 길이를 l, 넓이를 S 라 하면

$$l = 2\pi r, \ S = \pi r^2$$

으로 주어짐을 궤변학파는 이미 알고 있었다. 그렇다면

$$S = \pi r \cdot r$$

로 생각한다면, 원의 넓이 S 는 반원의 둘레의 길이 πr 과 반지름의 길이 r 을 이웃하는 두 변으로 하는 직사각형의 넓이와 같다. 따라서 이 직사각형과 같은 넓이를 갖는 정사각형을 작도하면 위의 문제는 해결될 것이다. 그러나 궤변학파는 반원의 둘레의 길이 πr 을 눈금이 없는 자와 컴퍼스만으로 작도할 수 없었다.

6.1 수학자의 생각

위의 등식 (6.1): $\overline{FD}^2 = \overline{AD} \cdot \overline{DE} = \overline{AD} \cdot \overline{DC}$ 가 성립하는 이유를 설명하여라.

수학사적 풀이

위의 [그림 6.5]의 오른쪽 그림과 같이 $\angle ADF = 90°$ 인 직각삼각형 ADF 와 $\angle FDE = 90°$ 인 직각삼각형 FDE 에서

$$\angle DFE + \angle AFD = 90°, \quad \angle DFE + \angle DEF = 90°$$

로부터

$$\angle AFD = \angle DEF$$

이므로

$$\triangle ADF \backsim \triangle FDE .$$

따라서

$$\frac{\overline{FD}}{\overline{DE}} = \frac{\overline{AD}}{\overline{FD}} .$$

$$\therefore \quad \overline{FD}^2 = \overline{AD} \cdot \overline{DE} = \overline{AD} \cdot \overline{DC}$$

6.2 수학자의 생각

주어진 $\angle XOY$ 의 변 OX 위에 놓여있는 한 점 A 에서 변 OY 에 수선 AB를 내리고, 또 A 에서 변 OY 에 평행인 선분 AC를 긋는다.

만약 꼭짓점 O를 지나는 직선이 $\overline{AB}$, $\overline{AC}$ 와 만나는 점을 각각 P, Q 라 할 때

$$\overline{PQ} = 2\overline{AO}$$

로 되게 할 수 있다면

$$\angle POY = \frac{1}{3} \angle XOY$$

임을 보여라[17]([그림 6.6] 참조).

17 종이접기로 일반각을 3등분할 수 있다(阿部 恒, 数学セミナー, 1980. 참조).

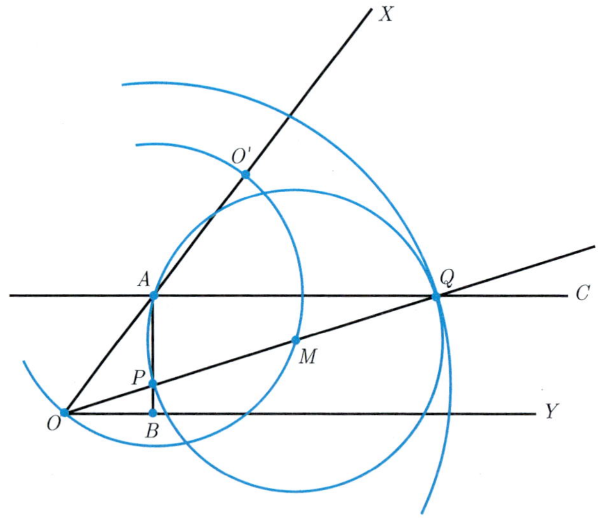

▶그림 6.6 $\angle POY = \frac{1}{3} \angle XOY$

수학사적 풀이

$\overline{PQ}$의 중점을 M이라 하면 $\overline{MA} = \overline{MQ} = \overline{AO}$. 따라서

$$\angle MAQ = \angle MQA.$$

$$\therefore \ \angle AMO = \angle AOM = 2\angle MQA.$$

그러므로 $\angle MOY = \theta$라 하면 $\overline{AC}$와 $\overline{OY}$는 평행이므로

$$\theta = \angle MOY = \angle MQA = \frac{1}{3}\angle XOY.$$

위의 [그림 6.6]은 GSP로 개형을 그린 것이다. 정확한 그림은 콘코이드conchoid를 이용한 '수학자의 생각 6.4'의 '수학사적 풀이'를 참조하기 바란다.

6.3 수학자의 생각

주어진 $\angle XOY$ 의 변 OX 위에 놓여있는 한 점 A 를 중심으로 반지름의 길이가 $\overline{AO}$ 인 원을 그리고, 또 A 에서 변 OY 에 평행인 선분 AC 를 긋는다. 꼭짓점 O 를 지나는 직선이 위의 원과 $\overline{AC}$ 와 만나는 점을 각각 P, Q 라 할 때, 만약

$$\overline{PQ} = \overline{AO}$$

로 되게 할 수 있다면

$$\angle POY = \frac{1}{3} \angle XOY$$

임을 보여라. ([그림 6.7] 참조)

수학사적 풀이

'수학자의 생각 6.2'와 같은 방법으로 보일 수 있으므로 풀이는 생략한다.

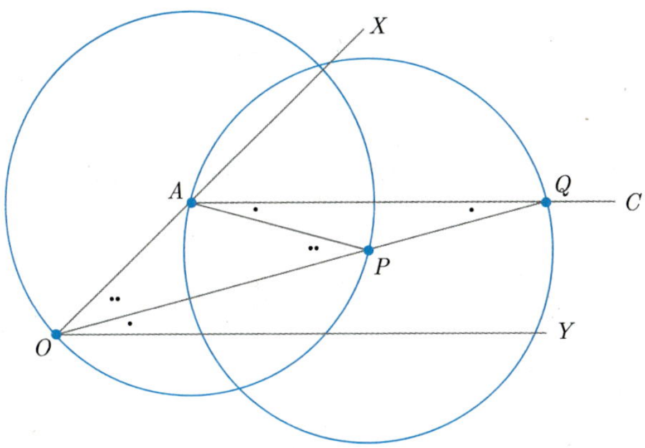

▶그림 6.7 $\angle POY = \frac{1}{3} \angle XOY$

위의 [그림 6.7]은 GSP로 개형을 그린 것임을 밝힌다.

콘코이드
정점 O와 O를 지나지 않는 정직선 MN을 잡는다. 이때 점 O를 지나는 직선이 직선 MN과 만나는 점을 P라 하고, 이 직선 OP 상의 점 Q를, $\overline{PQ}$가 일정 값 b와 같도록 잡는다. 직선 OP를 점 O 둘레로 움직였을 때 점 Q가 그리는 곡선을 **콘코이드**, 또는 **매개변수 b인 콘코이드**라 한다([그림 6.8] 참조).

또 다른 생각

B.C. 250년경, 그리스의 니코메데스는 콘코이드라 부르는 아래 [그림 6.8]과 같은 곡선을 Delian Problem을 풀기 위해 찾았으며, 파포스는 이 곡선을 이용하여 일반각의 3 등분이 작도가능임을 보였다. 그러나 콘코이드를 이용한 작도는 '기계적이다'라는 이유로 평면기하학에서 다루지 않았다.

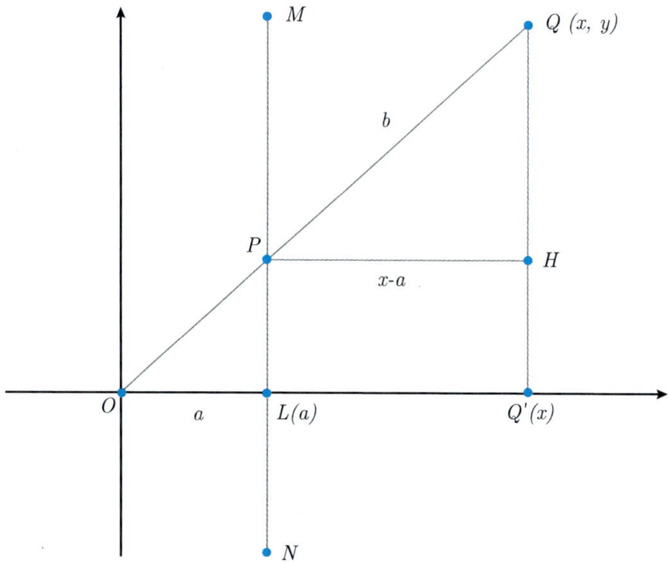

▶ **그림 6.8** 콘코이드

6.4 수학자의 생각

위의 [그림 6.8]처럼 점 O를 지나고 직선 MN에 수직인 직선을 x 축으로, 또 점 O를 지나고 직선 MN에 평행인 직선을 y 축으로 각각 잡으면, 콘코이드의 방정식은

$$(x^2 + y^2)(x - a)^2 = b^2x^2$$

으로 주어짐을 보여라. (단, 여기서 a는 점 O에서 직선 MN에 이르는 거리를 뜻한다.)

수학사적 풀이

위의 [그림 6.8]처럼 점 Q에서 x축에 내린 수선의 발을 Q'이라 하고, 점 P에서 선분 QQ'에 내린 수선의 발을 H라 하면

$$\triangle QPH \backsim \triangle QOQ'.$$

$$\therefore \quad \frac{b}{\sqrt{x^2+y^2}} = \frac{x-a}{x}$$

따라서

$$(x^2+y^2)(x-a)^2 = b^2x^2$$

이 성립한다.

6.5 수학자의 생각

주어진 $\angle LOP$를 콘코이드를 이용하여 다음과 같이 3등분하였다고 한다. 먼저 점 L을 지나고 직선 OL에 수직인 직선을 MN이라 하고 $\overline{OP}=b$라 한다([그림 6.9] 참조). 점 O와 직선 MN에 대해서 매개변수가 $2b$인 콘코이드를 그려, 점 P를 지나고 직선 OL에 평행인 직선이 이 콘코이드와 만나는 점을 Q라 하면

$$\angle LOQ$$

는 $\angle LOP$를 3등분한다. 그 이유를 설명하여라.

수학사적 풀이

아래의 [그림 6.9]처럼 점 P를 중심으로 반지름의 길이가 $b=\overline{OP}$인 원을 그려 선분 OQ와의 교점을 R이라 하면, 점 R은 직각삼각형 QPP'의 빗변 QP'의 중점이다('수학자의 생각 6.2' 참조). 따라서

$$\overline{OP}=\overline{PR}=\overline{RQ}=\overline{RP'}.$$

그러므로

$$\angle POQ = 2\angle QOL$$

이 성립한다.

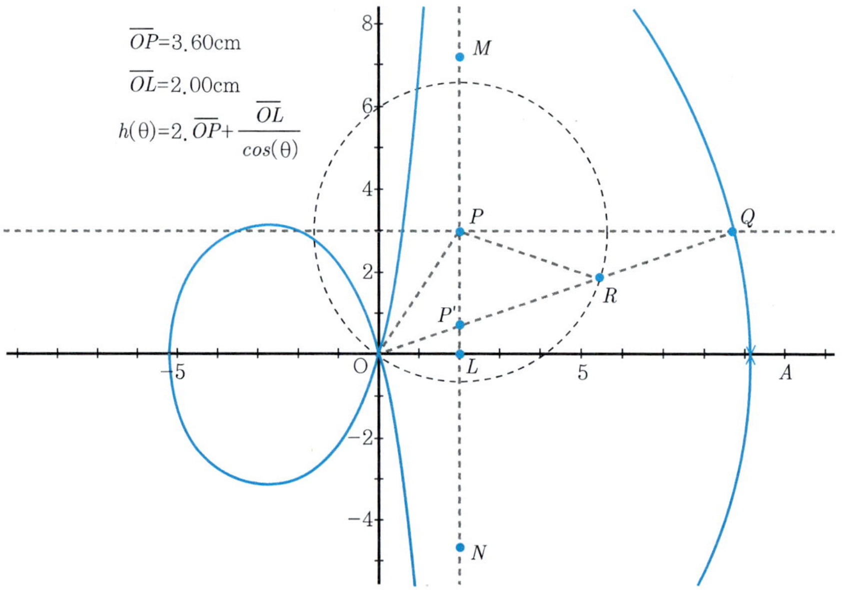

▶그림 6.9

위의 [그림 6.9]는 함수 $(x^2+y^2)(x-a)^2 = b^2x^2$을 극형식 $r = b + \dfrac{a}{\cos\theta}$로 고친 후 GSP를 이용하여 그린 것이다.

(단, $a = \overline{OL}$, $b = 2 \cdot \overline{PO}$)

요즈음은 이렇게

니코마데스의 콘코이드를 동적기하프로그램GSP을 이용하여 다음과 같이 간단히 보일 수 있다.

먼저 직선 LM 위에 놓여있는 점 S를 임의로 잡아 반직선 OS 위의 점 T로서

$$\overline{ST} = 2\,\overline{OP}$$

를 만족하는 것을 잡는다. 이때 점 S 에는

‘[보기(D)]↘점에 애니메이션 주기(A)’

를 명령하고 점 T 에는

‘[보기(D)]↘점의 흔적남기기(T)’

를 명령하여 실행하면 우리가 원하는 콘코이드를 얻을 수 있다. 실제로 이 콘코이드와 직선 AP 와의 교점을 Q 라 하고, 또 선분 OQ 와 직선 LM 과의 교점을 P', 선분 $P'Q$ 의 중점을 R 이라 하면

$$\overline{OP} = \overline{P'R} = \overline{RQ} = \overline{PR}$$

이 성립한다.

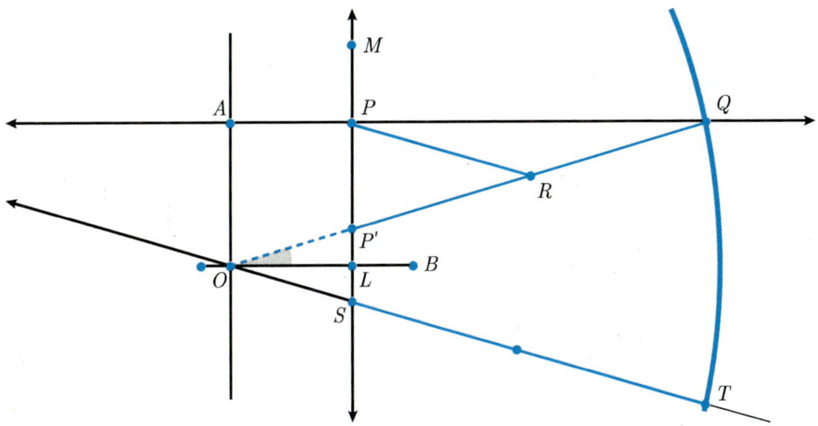

또 다른 생각

일반각의 3 등분문제에 관한 해법으로 이외에도 기계적인 작도(원 이외의 곡선이나 기계를 사용하는 작도를 말함)라 하여 무시당한 것이 몇 가지 더 있다.

예를 들면 히피아스는 다음과 같은 방법을 생각했다.

먼저 정사각형 $ABCD$ 에서, 변 AB 는 점 A 의 둘레를 등속도로 회전하여 일정 시간 내에 변 AD 에 포개어지며, 변 CB 는 자기 자신에 평행하게 등속도로 이동하여 같은 시간 내에 변 DA 에 포개어지는 것으로 해서, $\overline{AB}$ 의 일반적인 위치 $\overline{AQ}$ 와 $\overline{CB}$ 의 일반적인 위치 $\overline{RS}$ 와의 교점을 P 라 한다. (아래 [그림 6.10]의 왼쪽 그림 참조) 이때 점 P 는 점 B 에서 출발하여 $\overline{DA}$ 상의 한 점 H 에 도달하는 곡선을 그린다. 이 곡선을 **히피아스의 곡선**이라 부른다.

이제 3 등분하고자 하는 $\angle EAB$ 를 아래의 [그림 6.10]의 오른쪽 그림처럼 배치한 후 $\overline{EA}$ 와 히피아스의 곡선과의 교점을 L 이라 한다. 점 L 을 지나고 $\overline{CB}$ 에 평행한 직선과 $\overline{DC}$ 의 교점을 U 라 하고 $\overline{UC}$ 의 3 등분점을 V, W 라 한다. 점 V, W 를 각각 지나고 $\overline{CB}$ 에 평행한 직선이 히피아스의 곡선과 만나는 점을 차례로 M, N 이라 하면 $\overline{AM}$, $\overline{AN}$ 은 주어진 각을 3 등분한다. 그 이유는 히피아스의 곡선의 작도법으로부터 쉽게 알 수 있다.

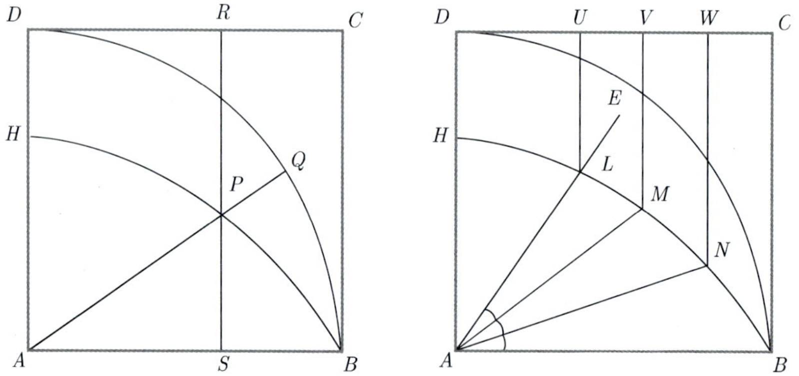

▶그림 6.10 히피아스의 곡선

요즈음은 이렇게

$OC = 5.01\text{cm}$
$OP = 9.13\text{cm}$
$\frac{OC}{OP} = 0.55$
$90^\circ \frac{OC}{OP} = 49.38$

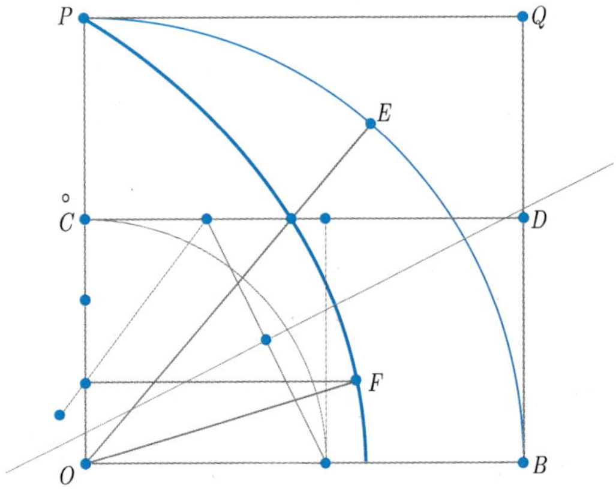

동적기하프로그램인 GSP를 이용하여 히피아스의 곡선을 그려보기로 하자.

먼저 정사각형 $OBQP$ 를 적당한 크기로 그린 다음 4분원 OBP 를 작도한다. 이제 변 OP 위에 놓여있는 점 C 를 임의로 잡아 $90° \times \frac{\overline{OC}}{\overline{OP}}$ 를 계산한다. 이때 점 O 를 중심으로 점 B 를 $90° \times \frac{\overline{OC}}{\overline{OP}}$ 만큼 회전시켜 얻은 점에 '[보기(D)]↘점의 흔적남기기(T)'를 명령하고, 점 C 에는 '[보기(D)]↘점에 애니메이션 주기(A)'를 명령하여 실행하면 우리가 원하는 히피아스의 곡선을 얻을 수 있다. 이것은 직선운동을 원운동으로 나타낸 것에 지나지 않는다. 문제는 이 곡선을 이용하여 주어진 각을 어떻게 3등분할 것인가이다. 이를테면 위의 그림에서처럼 $\angle EOB$ 를 3등분하기 위해 반지름 OE 와 히피아스의 곡선과의 교점을 지나고 변 OB 에 평행인 직선이 변 OP 와 만나는 점을 C 라 하여 선분 OC 를 3등분한다. 여기서 3등분점을 지나고 변 OB 에 평행인 직선이 히피아스의 곡선과 만나는 점 F 를 찾으면

$$\angle FOB = \frac{1}{3} \angle EOB$$

이다. 단, 여기서는 선분 OC 의 3등분점을 종이접기Origamics에서의 Haga의 제1정리를 GSP로 표현함으로써 얻은 것이다. (위의 그림 참조)

히피아스곡선으로 예각이나 직각은 3등분되나 둔각의 3등분은 어떻게 하면 될까? 고대 그리스인들은 직각의 3등분을 쉽게 얻을 수 있음을 감안하여 둔각을 '직각 + 예각'으로 분해함으로써 둔각의 3등분을 시행한 것으로 알려지고 있다. 과연 여러 분들이라면 둔각의 3등분을 어떻게 …?

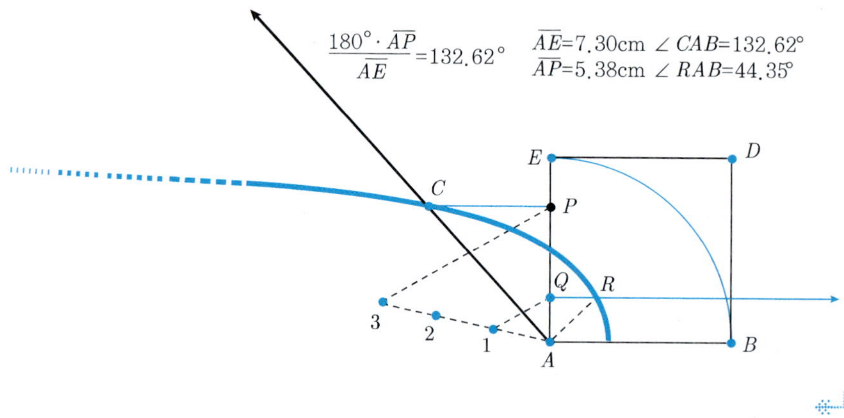

다음으로 아래의 [그림 6.11]과 같은 기계를 생각해낸 사람도 있다. [그림 6.11]에서 점 B, C는 $\overline{AD}$의 3 등분점이며, 그것에 점 C를 중심으로 반지름의 길이가 $\overline{BC}$인 반원이 붙어있다. 또, $\overline{BE}$는 $\overline{AD}$에 수직이다.

이것을 3 등분하고자 하는 각 $\angle XOY$ 위에 [그림 6.11]처럼 올려놓으면 $\overline{OB}$, $\overline{OC}$는 $\angle XOY$를 3 등분한다.

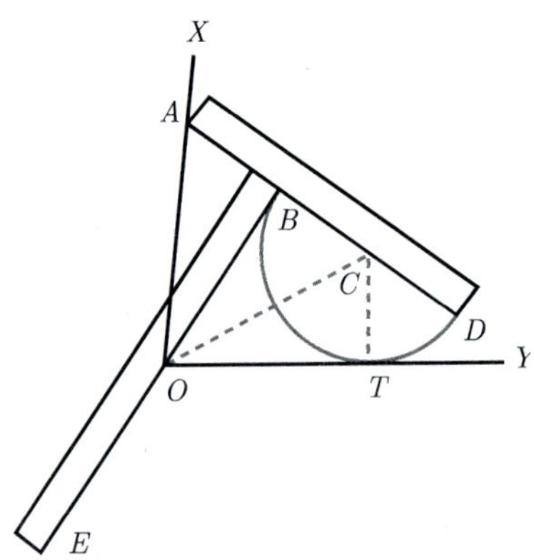

▶그림 6.11 각의 3등분 도구

$\overline{AE} = \overline{EF}$ 를 이용하여 정사각형 $ABCD$에서 $\angle PAB$를 종이접기를 활용하여 3등분해 보자.

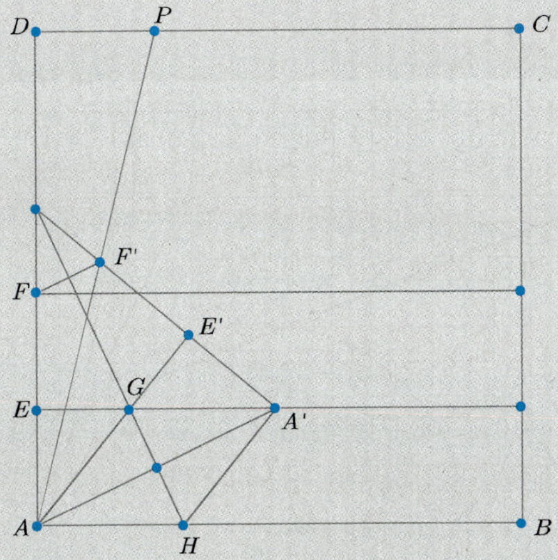

▶그림 6.12 $\overline{AE} = \overline{EF}$를 활용한 각의 3등분

6.6 수학자의 생각

3대 작도 불능 문제 중의 하나인

'임의로 주어진 정육면체의 2배의 부피를 갖는 정육면체의 작도문제'

는 주어진 정육면체의 한 변의 길이를 a라 할 때

$$x^3 = 2a^3$$

을 만족하는 x를 작도하는 것이다. 한편 히포크라테스는

"이 문제는 $a : x = x : y = y : 2a$[18]를 만족하는 x, y를 찾는 것이다."

라고 말했다. 왜일까?

18 일반적으로 두 수 p, q에 대해서 $p : x = x : y = y : q$를 만족하는 x, y를 p와 q의 **비례중항**이라 한다.

수학사적 풀이

주어진 조건을 이용하면

$$a : x = x : y \text{ 로부터 } x^2 = ay,$$

$$a : x = y : 2a \text{ 로부터 } xy = 2a^2$$

을 얻을 수 있으므로, 이들 식을 변끼리 곱하면

$$x^3 y = 2a^3 y, \text{ 즉 } x^3 = 2a^3$$

을 얻는다.[19]

나도 수학자 >>>

'임의로 주어진 정육면체의 2배의 부피를 갖는 정육면체의 작도문제'는 다음 [그림 6.13]의 두 그래프의 교점을 찾는 문제와 같다. 그 이유를 설명해보자.

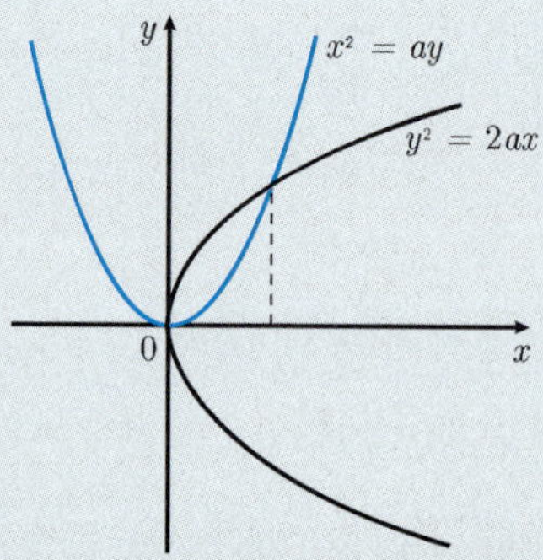

▶그림 6.13 $x^2 = ay$, $y^2 = 2ax$

요즈음은 이렇게

한 변의 길이가 a 인 정육면체의 2 배의 부피를 갖는 정육면체의 한 변의

19 그러나 종이접기로 $\sqrt[3]{2}$ 를 접을 수 있음이 알려져 있다.

길이 x 는 포물선 $x^2 = ay$ 와 $y^2 = 2ax$ 의 그래프의 교점을 좌표평면을 이용하지 않고 GSP로 찾는 방법을 생각해보기로 한다.

먼저 이웃하는 두 변의 길이가 각각 $a = \overline{OC}$, $2a = \overline{OA}$ 인 직사각형 $OABC$ 를 아래의 그림처럼 그린 후, 변 AO 의 연장선 위에 놓여있는 점 D 로 $\overline{OD} = \overline{OC}$ 를 만족하는 것을 잡는다. 다음으로 점 D 를 지나는 반직선 AO 의 수선 상에서 한 점 P 를 임의로 잡아 반직선 CO 상에 내린 수선의 발 Q 를 택해, 지름의 길이가 $\overline{OQ} + \overline{OC}$ (아래의 그림에서는 $\overline{OQ} + \overline{OC} = \overline{OR}$ 임)인 원을 그려 수선 PQ 와의 교점 S, T 를 잡는다.

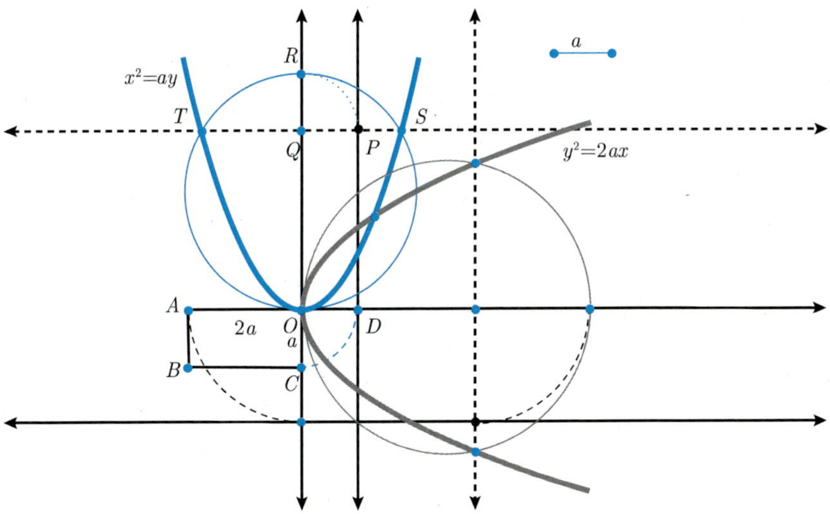

이때 직각삼각형 SRO 에 유클리드의 정리를 적용하면

$$\overline{SQ}^2 = \overline{QR} \cdot \overline{OQ} = a\,\overline{OQ}$$

를 얻는다. 여기서 점 P 에는

'[보기(D)]↘점에 애니메이션 주기(A)'

를 명령하고 점 S, T 에는

'[보기(D)] ↘ 점의 흔적남기기(T)'

를 명령하여 실행하면 포물선 $x^2 = ay$를 얻을 수 있다.

똑같은 방법으로 포물선 $y^2 = 2ax$를 작도할 수 있다.

▶ 표 6-3 6장의 수학사 보충 자료 1

수학자	국적	연도
히피아스 Hippias	그리스 Greece	B.C. 470? ~ B.C. 410?
히포크라테스 Hippocrates	그리스 Larisa, Greece	B.C. 460? ~ B.C. 377?
니코메데스 Nicomedes	그리스 Greece	B.C. 280? ~ B.C. 210?

▶ 표 6-4 6장의 수학사 보충 자료 2

수학자	국적	연도	주요 업적
히포크라테스 Hippocrates	그리스 Greece	B.C. 460? ~ B.C. 377?	• 입방배적문제 연구 • 비례중항을 고안하여 델로스의 문제 해결 시도

MEMO

07 플라톤학파

▶표 7-1 7장의 역사적 내용 개요

역사적 사실	연도	내용 개요
펠로폰네소스 전쟁 Peloponnesian War	B.C. 431? ~ B.C. 404?	그리스가 패배하여 정치적인 힘 상실

▶표 7-2 7장의 수학사적 내용 개요

수학자	연도	내용 개요
에우독소스 Eudoxos	B.C. 409? ~ B.C. 355?	플라톤학파의 인물로 비례론 전개, 피라미드 부피 구하는 방법 등 연구
메나이크모스 Menaichmos	B.C. 380? ~ B.C. 320?	원뿔곡선에 대해 연구

그리스는 펠로폰네소스 전쟁 이후 정치적인 힘은 잃었지만, 그래도 얼마 동안은 학문과 문화의 중심으로 번성하였다고 한다.

이 시대의 플라톤학파의 인물로 비례론을 전개한 에우독소스는 여러 가지 도형의 넓이나 부피를 구한 것으로도 알려지고 있다. 특히 그가 생각한 아래에 소개하는 피라미드의 부피를 구하는 방법은 오늘날의 구분구적법의 모태가 되고 있다.

피라미드는 밑면이 정사각형인 정사면체 모양을 하고 있다. 이제 밑면의

한 변의 길이를 a, 높이를 h 라 한다.

먼저 높이 h 를 n 등분하여, 그 분점을 지나고 밑면에 평행인 평면을 그려 피라미드를 다음 [그림 7.1]처럼 n 등분한다.

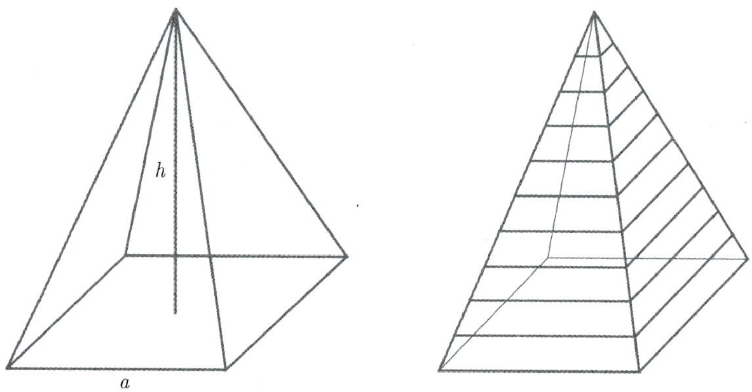

▶그림 7.1 에우독소스의 방법

이때 꼭짓점에서 차례로 첫 번째, 두 번째, ⋯ , $(n-1)$번째 잘린 단면으로 나타나는 정사각형의 한 변의 길이는 각각

$$\frac{1}{n}a,\quad \frac{2}{n}a,\quad \cdots,\quad \frac{n-1}{n}a,\quad \frac{n}{n}a$$

이므로 그 넓이는 각각

$$\frac{1}{n^2}a^2,\quad \frac{2^2}{n^2}a^2,\quad \cdots,\quad \frac{(n-1)^2}{n^2}a^2,\quad \frac{n^2}{n^2}a^2$$

이다.

그런데 이 피라미드의 부피 V 는 첫 번째, 두 번째, ⋯, $(n-1)$번째의 정사각형을 윗면으로 하고 높이가 $\frac{1}{n}h$ 인 정사각기둥의 부피의 합

$$\frac{1}{n^3}a^2h + \frac{2^2}{n^3}a^2h + \cdots + \frac{(n-1)^2}{n^3}a^2h$$

$$= \frac{1}{n^3}\{1^2 + 2^2 + \cdots + (n-1)^2\}a^2h$$

보다는 크고, 첫 번째, 두 번째, ⋯, $(n-1)$번째, n번째의 정사각형을 밑면으로 하고 높이가 $\frac{1}{n}h$ 인 정사각기둥의 부피의 합

$$\frac{1}{n^3}a^2h + \frac{2^2}{n^3}a^2h + \cdots + \frac{(n-1)^2}{n^3}a^2h + \frac{n^2}{n^3}a^2h$$
$$= \frac{1}{n^3}\{1^2 + 2^2 + \cdots + (n-1)^2 + n^2\}a^2h$$

보다는 작다. 따라서

$$\frac{1}{n^3}\{1^2 + 2^2 + \cdots + (n-1)^2\}a^2h < V$$
$$< \frac{1}{n^3}\{1^2 + 2^2 + \cdots + (n-1)^2 + n^2\}a^2h$$

가 성립한다. 그런데

$$1^2 + 2^2 + \cdots + (n-1)^2 = \frac{1}{6}(n-1)n(2n-1),$$
$$1^2 + 2^2 + \cdots + (n-1)^2 + n^2 = \frac{1}{6}n(n+1)(2n+1)$$

이므로 위의 부등식은

$$\frac{1}{6}\left(1-\frac{1}{n}\right)\left(2-\frac{1}{n}\right)a^2h < V < \frac{1}{6}\left(1+\frac{1}{n}\right)\left(2+\frac{1}{n}\right)a^2h$$

로 된다. 여기서 n을 한없이 크게 해나가면

$$\frac{1}{6}\left(1-\frac{1}{n}\right)\left(2-\frac{1}{n}\right)a^2h \to \frac{1}{3}a^2h, \ \frac{1}{6}\left(1+\frac{1}{n}\right)\left(2+\frac{1}{n}\right)a^2h \to \frac{1}{3}a^2h$$

이므로

$$V = \frac{1}{3}a^2h$$

임을 알 수 있다. 넓이나 부피를 구하는 이와 같은 방법을 오늘날 **구분구적법**이라 부르고 있다. 피라미드의 부피에 관한 위의 공식을 특히 **에우독소스의 공식**이라 부르고 있다.

위에서 설명한 구분구적법을 이용하여 직원뿔의 부피를 구해보자.

7.1 수학자의 생각

밑면의 반지름의 길이가 r 이고 높이가 h 인 직원뿔의 부피 V 는

$$V = \frac{1}{3}\pi r^2 h$$

로 주어짐을 보여라.

수학사적 풀이

높이를 n 등분한 각 점을 지나고 밑면에 평행한 평면으로 직원뿔을 잘랐을 때 생기는 단면(원)의 반지름의 길이는 위에서부터 차례로

$$\frac{1}{n}r,\quad \frac{2}{n}r,\quad \cdots,\quad \frac{n-1}{n}r$$

이다. 이들 원을 윗면으로 하는 $(n-1)$개의 내접직원기둥(높이는 모두 $\frac{h}{n}$로 일정함)의 부피의 합을 V_n 이라 하면

$$\begin{aligned}
V_n &= \pi\left(\frac{1}{n}r\right)^2\frac{h}{n} + \pi\left(\frac{2}{n}r\right)^2\frac{h}{n} + \cdots + \pi\left(\frac{n-1}{n}r\right)^2\frac{h}{n} \\
&= \frac{\pi r^2 h}{n^3}\{1^2 + 2^2 + \cdots + (n-1)^2\} \\
&= \frac{\pi r^2 h}{n^3}\cdot\frac{(n-1)n(2n-1)}{6} \\
&= \frac{\pi r^2 h}{6}\cdot\left(1-\frac{1}{n}\right)\left(2-\frac{1}{n}\right).
\end{aligned}$$

다음으로 이들 원을 밑면으로 하는 n개의 외접직원기둥(높이는 모두 $\frac{h}{n}$로 일정함)의 부피의 합을 $V_n{}'$이라 하면

$$V_n{}' = \frac{\pi r^2 h}{n^3}\{1^2 + 2^2 + \cdots + (n-1)^2 + n^2\}$$
$$= \frac{\pi r^2 h}{n^3} \cdot \frac{n(n+1)(2n+1)}{6}$$
$$= \frac{\pi r^2 h}{6}\left(1+\frac{1}{n}\right)\left(2+\frac{1}{n}\right).$$

$$\therefore \quad \frac{\pi r^2 h}{6}\left(1-\frac{1}{n}\right)\left(2-\frac{1}{n}\right) < V < \frac{\pi r^2 h}{6}\left(1+\frac{1}{n}\right)\left(2+\frac{1}{n}\right).$$

여기서 n을 한없이 크게 해나가면

$$\frac{\pi r^2 h}{6}\left(1-\frac{1}{n}\right)\left(2-\frac{1}{n}\right) \to \frac{1}{3}\pi r^2 h, \quad \frac{\pi r^2 h}{6}\left(1+\frac{1}{n}\right)\left(2+\frac{1}{n}\right) \to \frac{1}{3}\pi r^2 h$$

이므로 직원뿔의 부피 V는

$$V = \frac{1}{3}\pi r^2 h$$

임을 알 수 있다.

위에서 설명한 구분구적법을 이용하여 구의 부피를 구해보자.

7.2 수학자의 생각

반지름의 길이가 r인 구의 부피 V는

$$V = \frac{4}{3}\pi r^3$$

임을 보여라.

수학사적 풀이

높이를 n 등분하는 평면으로 이 반구를 잘라, 중심 O를 지나고 밑면에 수직인 반지름 OP_n과 만나는 점을 차례로 $P_1, P_2, \cdots, P_{n-1}$이라 한다. 또, 반지름 OP_n과 밑면의 반지름 OA를 품는 평면으로 잘랐을 때 생기는 단면(반원)과, 점 P_k를 지나고 반지름 OA에 평행인 직선과의 교점을 Q_k $(k=1, 2, \cdots, n-1)$라 하면

$$\overline{OP_k}=\frac{k}{n}r,\ \overline{OQ_k}=r,\ \angle OP_kQ_k=90°$$

이므로 피타고라스의 정리로부터

$$\overline{P_kQ_k}^2=\overline{OQ_k}^2-\overline{OP_k}^2=r^2-\left(\frac{k}{n}r\right)^2=\left(1-\frac{k^2}{n^2}\right)r^2.$$

이제 아래의 [그림 7.2]의 왼쪽 그림과 같이 이 반구에 내접하는 $(n-1)$개의 직원기둥의 부피의 합을 $\frac{1}{2}V_n$이라 하면

$$\begin{aligned}
\frac{1}{2}V_n &= \pi\overline{P_1Q_1}^2\cdot\frac{r}{n}+\pi\overline{P_2Q_2}^2\cdot\frac{r}{n}+\cdots+\pi\overline{P_{n-1}Q_{n-1}}^2\cdot\frac{r}{n}\\
&=\frac{\pi r}{n}\left(\overline{P_1Q_1}^2+\overline{P_2Q_2}^2+\cdots+\overline{P_{n-1}Q_{n-1}}^2\right)\\
&=\frac{\pi r}{n}\left[\left(1-\frac{1^2}{n^2}\right)r^2+\left(1-\frac{2^2}{n^2}\right)r^2+\cdots+\left\{1-\frac{(n-1)^2}{n^2}\right\}r^2\right]\\
&=\frac{\pi r}{n}\left[(n-1)r^2-\frac{r^2}{n^2}\{1^2+2^2+\cdots+(n-1)^2\}\right]\\
&=\pi r^3\left\{\left(1-\frac{1}{n}\right)-\frac{1}{n^3}\cdot\frac{(n-1)n(2n-1)}{6}\right\}\\
&=\pi r^3\left\{\left(1-\frac{1}{n}\right)-\frac{1}{6}\left(1-\frac{1}{n}\right)\left(2-\frac{1}{n}\right)\right\}.
\end{aligned}$$

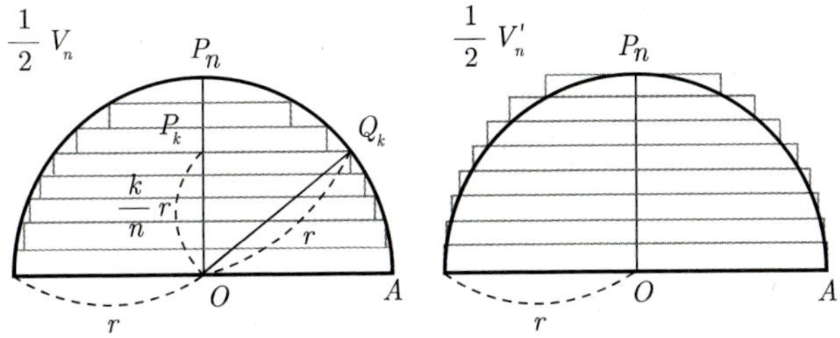

▶**그림 7.2** 반구에 내접하는 $(n-1)$개의 직원기둥의 부피의 합과 외접하는 n 개의 직원기둥의 부피의 합

또, 위의 [그림 7.2]의 오른쪽 그림과 같이 이 반구에 외접하는 n 개의 직원기둥의 부피의 합을 $\frac{1}{2}V_n{}'$ 이라 하면

$$\begin{aligned}\frac{1}{2}V_n{}' &= \pi\overline{OA}^2\cdot\frac{r}{n} + \pi\overline{P_1Q_1}^2\cdot\frac{r}{n} + \pi\overline{P_2Q_2}^2\cdot\frac{r}{n} + \cdots \\ &\qquad + \pi\overline{P_{n-1}Q_{n-1}}^2\cdot\frac{r}{n} \\ &= \frac{\pi r}{n}\left[nr^2 - \frac{r^2}{n^2}\{1^2+2^2+\cdots+(n-1)^2\}\right] \\ &= \pi r^3\left\{1-\frac{1}{6}\left(1-\frac{1}{n}\right)\left(2-\frac{1}{n}\right)\right\}.\end{aligned}$$

$$\begin{aligned}\therefore\ \pi r^3\left\{\left(1-\frac{1}{n}\right)-\frac{1}{6}\left(1-\frac{1}{n}\right)\left(2-\frac{1}{n}\right)\right\} &< \frac{V}{2} \\ &< \pi r^3\left\{1-\frac{1}{6}\left(1-\frac{1}{n}\right)\left(2-\frac{1}{n}\right)\right\}\end{aligned}$$

여기서 n 을 한없이 크게 해나가면

$$\pi r^3\left\{\left(1-\frac{1}{n}\right)-\frac{1}{6}\left(1-\frac{1}{n}\right)\left(2-\frac{1}{n}\right)\right\}\to\frac{2}{3}\pi r^3,$$

$$\pi r^3\left\{1-\frac{1}{6}\left(1-\frac{1}{n}\right)\left(2-\frac{1}{n}\right)\right\}\to\frac{2}{3}\pi r^3$$

이므로 구의 부피 V는

$$\frac{V}{2} = \frac{2}{3}\pi r^3,\ 즉\ V = \frac{4}{3}\pi r^3$$

이다.

플라톤학파의 학자로 에우독소스의 문하생인 메나이크모스는 원뿔곡선이라는 개념을 생각했다. 오늘날 원뿔곡선이라 함은 원뿔을 한 평면으로 잘랐을 때 잘린 단면으로 나타나는 곡선을 말하지만, 메나이크모스는 꼭짓각의 크기가 다른 원뿔을 그 모선에 수직인 평면으로 잘랐을 때 잘린 단면으로 나타나는 곡선으로 생각하였다. ([그림 7.3] 참조)

그래서

- 꼭지각의 크기가 90°보다 작은 직원뿔을 그 모선에 수직인 평면으로 잘랐을 때 잘린 단면으로 나타나는 곡선을 **타원**,
- 꼭지각의 크기가 90°인 직원뿔을 그 모선에 수직인 평면으로 잘랐을 때 잘린 단면으로 나타나는 곡선을 **포물선**,
- 꼭지각의 크기가 90°보다 큰 직원뿔을 그 모선에 수직인 평면으로 잘랐을 때 잘린 단면으로 나타나는 곡선을 **쌍곡선**

이라 각각 불렀다.

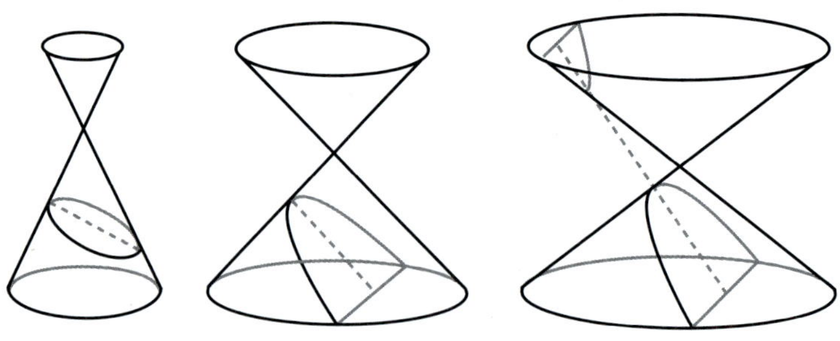

▶그림 7.3 메나이크모스의 원뿔곡선

7.3 수학자의 생각

아래의 [그림 7.4]와 같이 꼭지각의 크기가 90°인 직원뿔을 그 모선에 수직인 평면으로 잘랐을 때 잘린 단면으로 나타나는 곡선이 포물선임을 다음과 같은 단계로 보이기로 한다.

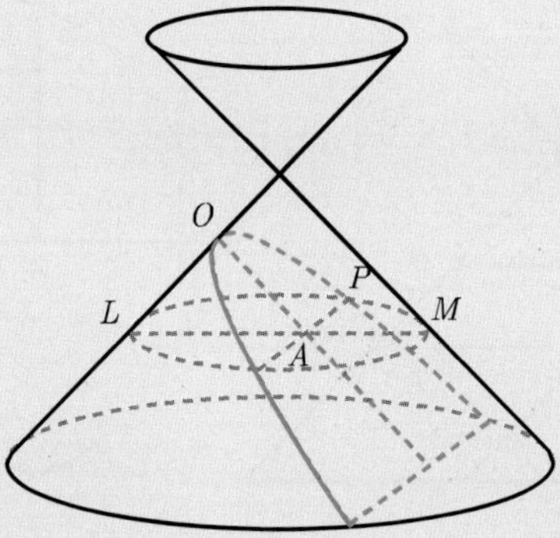

▶그림 7.4 포물선

다음 네 단계를 증명하여라.

(a) $\overline{AP}^2 = \overline{LA} \cdot \overline{AM}$

(b) $\dfrac{\overline{LA}}{\overline{OA}} = k$(상수)

(c) $\overline{AM}$: 상수

(d) $k \cdot \overline{AM} = l$(상수)이라 하면 $\overline{AP}^2 = l \cdot \overline{OA}$

이것은 점 O를 원점으로, 점 O에서 점 A로 향하는 직선을 x축으로 잡으면 포물선의 방정식은

$$y^2 = lx$$

인 꼴로 주어짐을 말하고 있다.

수학사적 풀이

(a) 직원뿔의 꼭짓점을 V, 생각하고 있는 모선을 VL, 모선 VL과 직원뿔의 축을 품는 평면에 의한 단면도는 아래의 [그림 7.5]의 (1)과 같다.

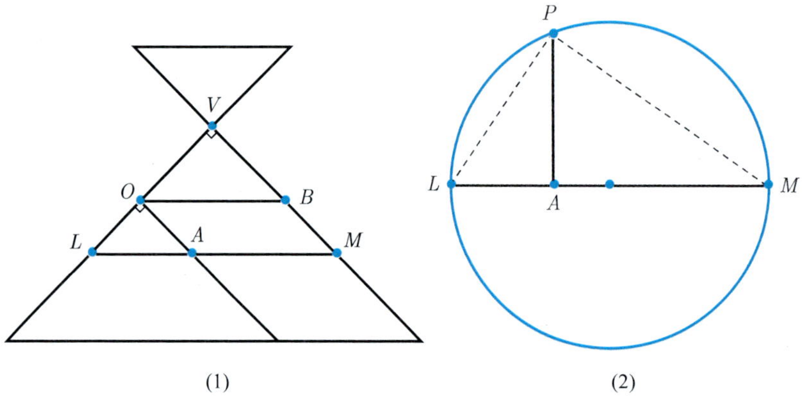

▶그림 7.5 단면도

이때 모선 VL에 수직인 평면은 선분 OA로 표현되며, $\angle V = 90°$, $\overline{OV} \perp \overline{OA}$ 이므로

$$\overline{OA} \mathbin{/\!/} \overline{VM}.$$

한편 위의 [그림 7.4]에서 보면 평면 OAP와 평면 LMP는 모두 직원뿔의 [그림 7.4]가 놓인 지면(紙面)에 수직으로

$$\angle PAO = 90°, \ \angle PAL = 90°.$$

다음으로 위의 [그림 7.5]의 (2)와 같이 평면 LMP에 의한 직원뿔의 단면은 원이며 $\angle PAL = 90°$ 이므로

$$\overline{AP}^2 = \overline{LA} \cdot \overline{AM} \ .$$

(b) $\triangle OLA$는 항상 $\overline{OL} = \overline{OA}$ 인 직각이등변삼각형이므로

$$\frac{\overline{LA}}{\overline{OA}} = \frac{\sqrt{2}}{1},\ \text{즉}\ k = \sqrt{2}$$

이다.

(c) 점 O를 지나고 축에 수직인 평면과 모선 VM이 만나는 점을 B라 하면 사각형 $OAMB$는 평행사변형이므로 $\overline{AM} = \overline{OB}$는 상수이다.

(d) 이제

$$k \cdot \overline{AM} = l$$

이라 두면

$$\overline{AM} = \frac{l}{\sqrt{2}}.$$

또, (a), (b)로부터

$$\overline{AP}^2 = \overline{LA} \cdot \overline{AM} = \sqrt{2} \cdot \overline{OA} \cdot \frac{l}{\sqrt{2}} = l \cdot \overline{OA}.$$

그러므로 $y^2 = lx$이다.

▶ **표 7-3** 제8장의 수학사 보충 자료 1

수학자	국적	연도
에우독소스 Eudoxos	그리스 Greece	B.C. 409? ~ B.C. 355?
메나이크모스 Menaichmos	터키 Turkey	B.C. 380? ~ B.C. 320?

▶표 7-4 제8장의 수학사 보충 자료 2

수학자	국적	연도	주요 업적
에우독소스 Eudoxos	그리스 Greece	B.C. 409? ~ B.C. 355?	• 구의 체적은 반지름의 세제곱에 비례한다 • (각뿔(원뿔)의 부피)= $\frac{1}{3}$ ×(각기둥(원기둥)의 부피)

MEMO

08 알렉산드리아 시대

▶ 표 8-1 8장의 역사적 내용 개요

역사적 사실	연도	내용 개요
알렉산드로스 Alexandros	B.C. 356? ~ B.C. 323?	헬레니즘Hellenism 문화를 탄생시킨 대왕

▶ 표 8-2 8장의 수학사적 내용 개요

수학자	연도	내용 개요
유클리드 Euclid	B.C. 365? ~ B.C. 275?	알렉산드리아 시대 대표 수학자, 13권의 대저서 원론 집필
사케리 Saccheri	A.D. 1667 ~ A.D. 1733	다섯 번째의 공준을 부정한 수학자
람베르트 Lambert	A.D. 1728 ~ A.D. 1777	다섯 번째의 공준을 부정한 수학자
가우스 Gauss	A.D. 1777 ~ A.D. 1855	독일의 수학자, 합동식연구

화려했던 그리스의 문화도 플라톤학파의 시대를 정점으로 점차 쇠퇴해지기 시작해, 마케도니아Macedonia의 왕 필리포스 2세Philippos II, B.C. 382 ~ B.C. 336(영어 명 필립)와의 카이로네이아 싸움Battle of Chaironeia에서 패한 후 아테네는 독립을 잃고 결국 멸망하고 만다.

세계정복을 기도한 필리포스왕의 아들인 알렉산드로스대왕은 결국 동쪽으로는 인도로부터 서쪽으로는 이탈리아에 이르는 대국가를 건설했다. 그러나 그는 무력과 정치뿐만이 아니라 학문과 문화의 발전에도 많은 관심을 보여서 그리스문화를 다른 나라에 전파하고, 동양의 문화를 그리스문화에 접목하는 일에도 공헌했다. 그래서 동양의 문화와 그리스 문화와의 결합으로 생겨난 것이 이른바 헬레니즘Hellenism문화이다.

알렉산드리아시대의 학자라 하면 누구보다 먼저 떠오르는 인물은 유클리드로서, 그의 이름이 불멸인 가장 큰 이유는 그때까지 알려진 거의 모든 수학 지식에 대한 심도 있는 반성과 더불어 이들을 하나의 이론체계로 조직하여 새로이 고쳐 쓴 전 13권으로 된 대저서 《원론Elements》 때문일 것이다. 유클리드는 프톨레마이오스왕의 초대로 알렉산드리아Alexandria로 오게 되었으며, 그의 《원론》은 이 알렉산드리아에서 기원전 300년경에 쓰인 것으로 전해지고 있다.[20]

그러나 유클리드가 어떤 인물인가에 대해서는 거의 알려지고 있지 않는 듯하며, 유클리드의 저서로서는 《원론》 이외에도

《광학》, 《반사광학》, 《천체현상론》, 《음악원론》

이 남아있으며 잃어버린 것으로 전해지고 있는

《오류추리론》, 《곡면자취론》, 《원추곡선론》

등이 있다.

8.1 유클리드의 《원론》

유클리드의 《원론》은 전 13권으로 구성된 방대한 책으로 여기서는 간략하게 소개하기로 한다.

20 프톨레마이오스왕도 유클리드로부터 《원론》을 교재로 기하학을 배웠지만, 엄밀한 이론전개에 지친 나머지 "유클리드, 기하학을 좀 더 쉽게 배우는 방법은 없는가?"라고 하자, 유클리드는 다음과 같이 왕을 나무랐다는 유명한 일화가 전해지고 있다. "기하학을 배우는데 왕도 보통 사람과 마찬가지로 열심이 노력해야만 합니다. 왕을 위한 특별한 방법은 있을 수 없습니다."

유클리드의 《원론》에는 사용할 언어에 대한 확실한 정의가 주어져 있으며, 아울러 이론을 전개해 나갈 때 기초가 되는 5 개의 공리와 5 개의 공준이 적혀있다.

오늘날에는 공리라는 언어와 공준이라는 언어가 거의 같은 의미로 사용되고 있지만, 유클리드의 《원론》에는

- 공리는 수학 일반을 논할 때 논리전개의 기초가 되는 것
- 공준은 기하학을 전개함에 있어서 참으로 가정하여 논리전개의 기초로 하는 것

이라는 의미로 사용하고 있다.

제 1 권은 23 개의 정의와 5 개의 공준과 5 개의 공리로 시작되고 있다. 23 개의 정의 중에는

"직선이란 그 위에 놓여있는 점에 대해서 같은 모양으로 가로누운 선이다."

"도형이란 한 개 또는 두 개 이상의 경계로 둘러싸인 것이다."

등이 포함되어 있다.[21]

공준(요청)으로는 "다음의 사항이 요청되어 있다고 하자."라는 형식으로

"임의의 점에서 임의의 점까지 직선을 긋는 것"

"주어진 직선을 계속해서 똑바로 연장하는 것"

"임의의 점과 거리(반지름의 길이)를 갖고 원을 그리는 것"

"모든 직각은 같다는 것"

"한 직선이 두 직선과 만나는 경우, 같은 쪽의 내각의 합이 2 직각(180°) 보다 작다면 두 직선은, 한없이 연장했을 때, 내각의 합이 2 직각보다 작

21 유클리드의 《원론》에서는 증명 끝에 대부분 "이것이 증명해야 할 것이었다.(그리스어 "ὅπερ ἔδει δεῖξαι(호벨 에디 딕사이)")라고 쓰여 있다. 이것은 라틴어로 "quod erat demonstrandum"으로 번역되었으며, 오늘날 증명이 끝났을 때 "QED"를 붙이는 유래로 전해지고 있다.

은 쪽에서 만난다는 것”

등이 나열되어있다. 이 공준의 다섯 번째 것이 유명한 ‘평행선의 공준’이다.

공리(공통개념)로는

“동일한 것과 같은 것은 또한 서로 같다.”

“서로 같은 것에 동일한 것을 더하더라도 결과는 서로 같다.”

“서로 같은 것에서 동일한 것을 빼더라도 결과는 서로 같다.”

“서로 겹쳐 포갤 수 있는 것은 서로 같다.”

“전체는 부분보다 크다.”

등이 열거되어있다. 이어서 삼각형, 평행선, 평행사변형에 관한 성질이 모두 명제, 증명과 같은 형태로 하나하나 독립된 꼴로 나열되어있다. 제1권에는 평면도형에 관한 모두 48개의 명제가 열거되어 있는데, 그 중 47번째의 것이 피타고라스의 정리이며 48번째의 것은 그 역이다.

제2권에는 선분 연산을 통한 대수적인 연산법칙, 예를 들면

$$(a+b)^2+a^2 = 2(a+b)a+b^2$$

과 같은 결과가 소개되어있다.

제3권에는 원에 관해서 논하고 있으며 제4권에는 원에 내접, 외접하는 다각형의 성질을 주제로 하고 있다. 특히 제4권의 마지막 명제16에는 원에 정십오각형을 내접 및 외접시키는 방법이 쓰여 있다.

제5권에는 비례의 이론이, 제6권에는 비례의 이론을 기초로 닮은 도형의 성질이 33개나 소개되고 있다.

제7권은 수론이다. 제7권의 첫 부분에는 수에 관한 정의가 다음과 같이 적혀있다.

|정의 1| 단위란 존재하는 것의 각각이 1이라 부르는 것이다.

|정의 2| 수란 단위를 모아놓은 것이다.

위 정의들을 시작으로 약수, 배수, 짝수, 홀수, 소수, 서로소인 수 등의 정의가 소개되어 있으며, 끝으로

|정의 3| 완전수란 자기 자신을 제외한 자신의 약수의 합과 같은 수이다.

를 소개하고 있다.

제7권의 명제 2에 유명한 '유클리드의 호제법'이 언급되어 있지만, 대수적인 기호 등은 조금도 보이지 않는다. 이외에도 두 수의 최대공약수, 최소공배수, 약수, 배수 등을 취급하고 있다.

제8권도 수론이다. 예를 들면

명제 13 $a : b = b : c$ 이면, $a^2 : b^2 = b^2 : c^2$ 이며, 또 $a^3 : b^3 = b^3 : c^3$ 으로 된다.

명제 24 $a : b = c^2 : d^2$ 이고 a가 제곱수이면 b도 제곱수이다.

와 같은 것을 취급하고 있다.

제9권도 수론이지만, 제9권에서는

명제 20 소수는 무수히 존재한다.

명제 35 $a_1, a_2, a_3, \cdots, a_n, a_{n+1}$ 이 연비례하면(등비수열로 되어있다면)

$$(a_2 - a_1) : a_1 = (a_{n+1} - a_1) : (a_1 + a_2 + \cdots + a_n)$$

이 성립한다.

등이 열거되어 있다. 그러나 명제 35는 등비수열의 합의 공식에 지나지 않는다.

제10권은 무리량無理量에 관한 것을 주제로 하고 있다. 이 권의 첫머리에 정의로서

> "동일한 척도에 의해서 나누어떨어지는 양은 통약가능한commensurable 양이라 하고, 어떠한 공통인 척도도 가질 수 없는 양은 통약불가능인incommersurable 양이라 부른다."

라고 적혀있다. 1과 $\sqrt{2}$ 는 통약불가능인 양이다. 두 개의 양이 주어졌을 때, 큰 양을 작은 양으로 나누고, 다음으로 작은 양을 그 나머지로 나눈다는 이른바 호제법을 계속해서 시행했을 경우에 아무리 반복 시행하더라도 이 조작이 끝나지 않고 나머지가 남는다면 이 두 수는 통약불가능인 양이 될 것이다.

이 권은 《원론》 중에서 가장 난해한 부분으로 알려져 있다. 실제로 제10권은 《원론》 중에서 가장 두꺼우며 115개의 명제가 실려 있다.

제11권은 입체기하가 취급되어 있으며 입체각, 평행육면체, 직육면체, 각기둥의 성질이 39개의 명제로 정리되어 있다.

제12권은 '떼어 없애는 방법'이라는 것을 이용하여

명제 2 원의 넓이는 지름의 제곱에 비례한다.

명제 10 원뿔의 부피는 같은 높이와 같은 밑면을 갖는 원기둥의 부피의 $\frac{1}{3}$ 이다.

명제 18 구의 부피는 지름의 세제곱에 비례한다.

등이 적혀있다.

마지막 제13권에는 다섯 개의 정다면체의 성질이 소개되어 있다. 명제 13에서 명제 17까지 구에 내접하는 각 정다면체의 변의 길이와 구의 지름의 길이의 비를 순차적으로 보이고 있다.

또한

$$\frac{\text{정다면체의 변의 길이}}{\text{구의 지름의 길이}}$$

의 값은, 예를 들어

$$\text{정사면체; } \sqrt{\frac{2}{3}}, \text{ 정팔면체; } \sqrt{\frac{1}{2}}, \text{ 정육면체; } \sqrt{\frac{1}{3}},$$

$$\text{정이십면체; } \sqrt{\frac{5-\sqrt{5}}{10}}, \text{ 정십이면체; } \frac{\sqrt{5}-1}{2\sqrt{3}}$$

이 됨을 보이고 있다.

그리고 《원론》의 최후의 명제이자, 제13권의 마지막 명제에는 정다면체의 변의 길이의 비교와, 정다면체는 위에서 열거한 다섯 가지뿐임을 보이고 있다('수학자의 생각 5.16' 참조).

8.2 평행선의 공리와 비유클리드 기하

앞에서 이미 소개한 바 있는 다섯 번째의 공준('한 직선이 두 직선과 만나는 경우, 같은 쪽의 내각의 합이 2직각(180°) 보다 작다면 두 직선은, 한없이 연장했을 때, 내각의 합이 2직각보다 작은 쪽에서 만난다는 것')에는 평행선에 대해서 아무런 언급도 없음을 볼 수 있다. 실제로 유클리드의 《원론》 중에서 다섯 번째의 공준과 평행선의 관련성은 다음과 같은 절차를 밟고 있음을 알 수 있다.

먼저 다섯 번째의 공준에 앞서 나온 정의 중에서 평행선에 관한 내용으로는 다음과 같은 것을 볼 수 있다.

|정의 23| 평행선이란 동일한 평면 위에 있으며, 양방향으로 한없이 연장하더라도 어느 방향으로도 서로 만나지 않는 직선이다.

유클리드는 다섯 번째 공준을 사용하지 않은 채, 먼저

'엇각의 크기가 같다' ⇒ '두 직선은 평행하다' ········· (8.1)

임을 '수학자의 생각 8.1과 8.2'를 이용하여 보였다.

우선 제1권의 명제 16에서 보인 내용을 살펴보자.

8.1 수학자의 생각

"삼각형의 외각의 크기는 내대각의 크기보다 크다."

즉 아래의 [그림 8.1]에서

$$\angle A < \angle ACD$$

임을 보여라.

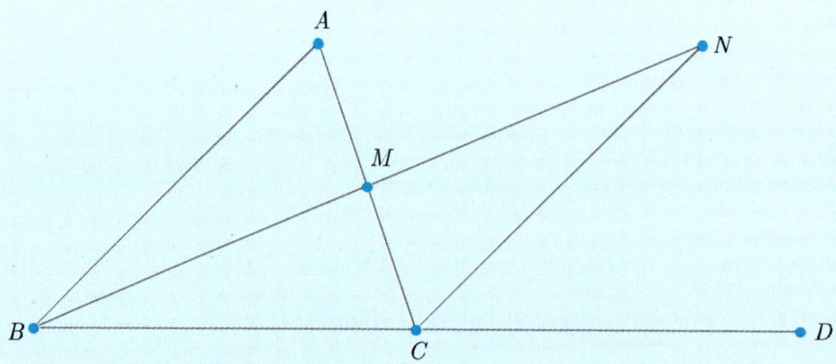

▶그림 8.1 $\angle A < \angle ACD$

수학사적 풀이

[그림 8.1]과 같이 변 AC의 중점을 M이라 하여 $\overline{BM}$을 2배로 연장한 점을 N이라 한다. 이때 두 변과 그 끼인각의 크기가 같으므로

$$\triangle AMB \equiv \triangle CMN$$

이다. 따라서

$$\angle A = \angle ACN < \angle ACD$$

그런 후 명제 31에서 다음을 보였다.

8.2 수학자의 생각

"주어진 점 P를 지나고, 이 점을 지나지 않는 직선 AB에 평행인 직선을 그을 수 있다."

를 보여라.

수학사적 풀이

아래의 [그림 8.2]에서처럼

$$\angle ABP = \angle BPQ$$

를 만족하도록 직선 PQ를 그으면 직선 PQ는 직선 AB와 평행하다.

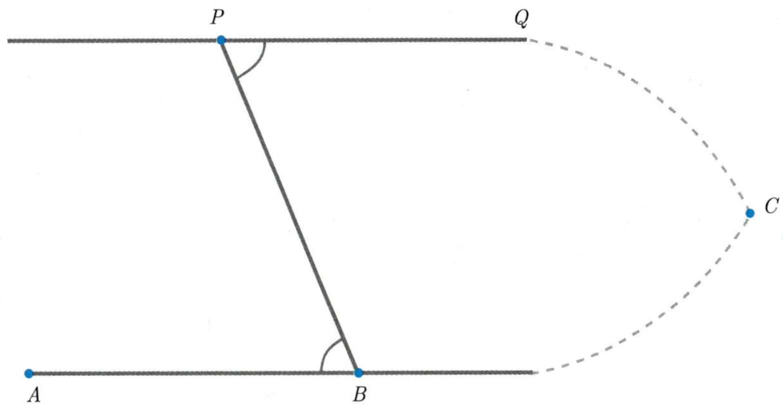

▶그림 8.2 $\angle ABP = \angle BPQ$

왜냐하면 만약 직선 PQ와 AB가 점 C에서 만난다면 삼각형 BCP가 만들어지며, 이때 $\angle ABP$는 $\triangle BCP$의 외각이며 $\angle BPQ$는 $\angle ABP$의 내대각이다. 따라서 위의 명제로부터 $\angle ABP > \angle BPQ$로 되어 모순이다.

'수학자의 생각 8.2'의 '수학사적 풀이'를 살펴보면

'엇각의 크기가 같다' ⇒ '두 직선은 평행하다' ……… (8.1)

를 보이고 있음을 알 수 있다.

그래서 유클리드의 《원론》의 다섯 번째 공준은 실제로 (8.1)의 역, 즉

'두 직선이 평행하다' ⇒ '엇각의 크기가 같다' ……… (8.2)

를 말하고 있는 것이다. 다시 말해서 다섯 번째 공준은

"엇각의 크기가 같지 않으면 평행이 아니다."

를 말하고 있는 것이다.

(8.1)은 증명할 수 있는 명제였다. 그렇다면 그 역인 명제 (8.2)도

"공준이 아니라 증명할 수 있는 것이 아니겠는가?"

라고 의문을 갖기 시작했을 것으로 생각된다.

수학사를 통해 볼 때, 긴 시간 동안 수많은 수학자가 이 문제에 도전했지만 어느 누구도 성공하지 못했다. 더욱이 중세 유럽에서는 성서에 버금가는 권위를 갖고 있었던 《원론》의 내용을 감히 부정해 본다는 것은 생각조차 할 수 없었을 것이다.

18 세기에 들어와서 두 사람의 수학자가 대담하게 다섯 번째 공준을 우선 '부정'해 보려고 생각했다.

다시 말해 두 수학자는 다섯 번째 공준의 부정을 출발점으로 해서 점차적으로 이론을 전개해나갈 때, 만약 어딘가에서 모순인 명제가 나오면 귀류법에 따라

"그러므로 다섯 번째 공준은 성립한다."

라고 결론지으려고 시도했다.

이와 같은 생각을 한 두 사람의 수학자는 사케리와 람베르트였다.

8.3 수학자의 생각

평행선의 공준을 이용하여 다음 사실을 증명하여라.

"동일한 직선에 평행인 서로 다른 두 직선은 또한 서로 평행이다."

수학사적 풀이

귀류법을 이용하여 풀이하기로 한다. 이제

$$a /\!/ l,\ b /\!/ l$$

이라 하자. 이때 만약 a와 b가 평행이 아니면 만나므로 그 교점을 P라 하면, P를 지나지 않는 직선 l에 점 P를 지나고 평행인 직선이 a, b로 2개인데 점 P를 지나므로 공준에 모순이다. 따라서 a와 b는 평행이다.

《원론》의 다섯 번째 공준을 부정한 사케리와 람베르트의 생각은 비유클리드 기하를 낳게 하는 계기가 되었으며, 비유클리드 기하에 대해서는 뒤에 다시 다룰 것이다.

8.3 유클리드 호제법

두 개의 자연수 a와 b의 최대공약수를 구하기 위해서는, a와 b를 소수素數, prime number의 곱으로 분해(소인수분해)하여 a와 b에 다같이 나타나있는 소수를 전부 곱하면 된다.

아래와 같은 예를 살펴보기로 하자.

(가) 1750과 75의 최대공약수를 구하여라.

$$1750 = 2\times5^3\times7,\ 75 = 3\times5^2\ \text{(소인수분해)}$$

양쪽에 똑같이 나타나있는 소수 5가 2개로서, 그것은 소인수분해에

서는 5^2 이다. 따라서 1750과 75의 최대공약수는

$$5^2 = 25$$

이다.

(나) 1141 과 112 의 최대공약수를 구하여라.

$$1141 = 7 \times 163, \ 112 = 2^4 \times 7 \quad \text{(소인수분해)}$$

양쪽에 똑같이 나타나있는 소수는 7 이다. 따라서 1141 과 112 의 최대공약수는

$$7$$

이다.

(다) 1366365 와 169442 의 최대공약수를 구하여라.

$$1366365 = 3 \times 5 \times 5 \times 7^2 \times 11 \times 13^2, \ 169442 = 2 \times 7^3 \times 13 \times 19$$
$$\text{(소인수분해)}$$

양쪽에 똑같이 나타나있는 소인수는 7^2 과 13 이다. 따라서 1366365 와 169442 의 최대공약수는

$$7^2 \times 13 = 637$$

이다.

최대공약수를 구할 때, 소인수분해를 하지 않고 '바로' 구할 수 있는 방법은 없을까?

그 방법은 이미 고대 그리스의 유클리드가 알고 있었으며, 실제로 그 방법을 우리는 **유클리드의 호제법**이라 부르고 있다. 유클리드의 호제법을 이론적으로 설명하기에 앞서 실제로 그 방법을 써서 위의 (가), (나), (다)를 풀어보기로 하자. 여기서는 계속해서 나눗셈을 반복 시행하다보면 최대공약수에 도달하게 된다. 나눗셈의 각 과정은 괄호 안을 참고하기 바란다.

(가) 1750과 75의 최대공약수를 구하기 위해

$$1750 = 23 \times 75 + 25$$ (1750을 75로 나누고 그 나머지를 구한다.)

$$75 = 3 \times 25$$ (75를 나머지 25로 나누면 나누어떨어진다.)

$\Longrightarrow$ 25는 최대공약수

(나) 1141과 112의 최대공약수를 구하기 위해

$$1141 = 10 \times 112 + 21$$ (1141을 112로 나누고 그 나머지를 구한다.)

$$112 = 5 \times 21 + 7$$ (112를 21로 나누고 그 나머지를 구한다.)

$$21 = 3 \times 7$$ (나누어 떨어졌으므로)

$\Longrightarrow$ 7은 최대공약수

(다) 1366365와 169442의 최대공약수를 구하기 위해

$$1366365 = 8 \times 169442 + 10829$$

$$169442 = 15 \times 10829 + 7007$$

$$10829 = 1 \times 7007 + 3822$$

$$7007 = 1 \times 3822 + 3185$$

$$3822 = 1 \times 3185 + 637$$

$$3185 = 5 \times 637$$ (나누어 떨어졌으므로)

$\Longrightarrow$ 637은 최대공약수

이것으로 나눗셈을 어떻게 한 것인지 어느 정도 알 수 있을 것으로 생각되지만, (다)의 경우에 대해서 한 번 더 알아보기로 하자.

(다)의 계산을 보면

"1366365를 169442로 나누고 그 나머지 10829를 구하여 169442를 그 나머지 10829로 나눈다."

와 같은 이러한 방법으로 계산을 반복시행하고 있다.

이와 같은 계산만으로 마치 바다 밑에서 수면 위로 떠올라오듯이 공약수 637 이 모습을 드러내고 있다.

8.4 수학자의 생각

위의 (다)의 풀이과정에서는 최대공약수 637이라 쓰여 있지만, 실제로 637 이 두 수 1366365 와 169442 의 공약수 중에 제일 큰 수임을 어떻게 설명할 수 있을까? 다시 말해서 k를 1366365 와 169442 의 공약수라 하면

$$k \leq 637$$

임을 보여라.

수학사적 풀이

만약 k가 1366365 와 169442 의 공통인 약수이면, (다)의 풀이과정에서 (다)의 첫째 식으로부터 k는 10829 의 약수임을 알 수 있다(왜일까?). 그러므로 그 다음 식으로부터 k는 7007 의 약수이기도 하다. 이처럼 하나씩 하나씩 식을 아래로 살펴나가면 결국 k는 637 의 약수로 될 수밖에 없음을 알 수 있다. 따라서

$$k \leq 637$$

일반적인 경우에 유클리드의 호제법을 정리해보면 다음과 같다.

두 개의 자연수 a, b가 있어서 $a > b$라 한다. 이때

$$a\text{를 } b\text{로 나누어 } a = \triangle \times b + c$$

$$b\text{를 } c\text{로 나누어 } b = \bigcirc \times c + d$$

$$c\text{를 } d\text{로 나누어 } c = \nabla \times d + e$$

$$\vdots$$

와 같은 나눗셈을 나누어떨어질 때까지 반복하면, 나머지는

$$b > c > d > e \cdots$$

으로 되므로 결국 나머지는 0, 즉 나누어떨어져 마지막을 g로 표시하면

$$g = \square \times h$$

로 된다.

이때 h가 a와 b의 최대공약수이다.

호제법이란 말은 '서로 나누면서 나아가는 방법'을 뜻하는 것으로 볼 수 있을 것이다.

위의 식에서 만약 $h = 1$ 이면, 즉 마지막의 앞 단계에서 나머지가 1이 되었다면, a와 b의 최대공약수는 1이다. 이 경우를 소인수분해로 설명하면 a와 b는 전혀 다른 소인수의 곱으로 나타나있다는 의미이다. 즉 a와 b는 각각 다른 원소로 합성된 화합물과 같은 것이다. 이 경우에 a와 b는 **서로소**라 한다.

나도 수학자

> 높이는 12649 이고 폭이 9591 인 벽이 있다. 이 벽에 같은 크기의 정사각형인 타일을 붙일 때 한 변의 길이가 가장 긴 타일을 찾으려고 한다. 어떻게 하면 될까?

풀이 이 벽에 붙일 수 있는 제일 큰 정사각형 모양의 타일은 9591×9591 인 타일이다. 이 타일로는 벽에 여백이 생기므로 그 여백

$$(12649 - 9591) \times 9591 = 3058 \times 9591$$

인 직사각형 모양의 벽을 붙일 수 있는 제일 큰 타일을 생각한다. 한 변의 길이가 3058 인 타일이 제일 크고, 3 장을 붙일 수 있다. 그래도 역시 3058×417 인 여백이 생긴다.

다음으로 이 여백을 붙일 수 있는 제일 큰 타일을 생각해보면 417×417 인 정사각형 타일이 가장 큰 것으로 7 장을 붙일 수 있다. 그래도 여백이 생긴다. 그 여백의 벽은 139×417 이며, 이 여백을 붙일 수 있는 제일 큰 정

사각형 타일은 139×139 이고 정확히 3 장이 필요하다.

따라서 최종적으로 한 변의 길이가 139 인 정사각형 타일이 이 벽을 전부 붙일 수 있는 가장 큰 타일임을 알 수 있다.

또 다른 생각 1

위의 '나도 수학자'는 두 수 12649 와 9591 의 최대공약수를 구하는 문제와 같은 것으로 그 답은

$$\mathrm{GCD}(12649,\ 9591) = 139$$

이다.

GCD
Greatest Common Divisor의 약어이다.

위의 '나도 수학자'의 풀이를 구체적으로 표시하면 다음과 같다.

	12649	9591		
1	9591			좌측 1은 뺀 횟수를 뜻함
	3058	9591		
		3058×3	3	우측 3은 뺀 횟수를 뜻함
	3058	417		
7	417×7			좌측 7은 뺀 횟수를 뜻함
	139	417		
		139×3	3	우측 3은 뺀 횟수를 뜻함
	139	0		

위의 과정을 수식으로 나타내면

$$\left.\begin{aligned} 12649 &= 9591 \times 1 + 3058 \\ 9591 &= 3058 \times 3 + 417 \\ 3058 &= 417 \times 7 + 139 \\ 417 &= 139 \times 3 \end{aligned}\right\} \quad \cdots\cdots\cdots \ (8.3)$$

으로 된다. 이것을 이용하여 계산하면

$$
\begin{aligned}
12649 &= 9591 \times 1 + 3058 \\
&= (3058 \times 3 + 417) \times 1 + 3058 \\
&= 3058 \times (3 + 1) + 417 \\
&= (417 \times 7 + 139) \times (3 + 1) + 417 \\
&= 417 \times (7 \times (3 + 1) + 1) + 139 \times (3 + 1) \\
&= 139 \times \{3 \times (7 \times (3 + 1) + 1) + (3 + 1)\} \\
&= 139 \times 91, \\
9591 &= 3058 \times 3 + 417 \\
&= (417 \times 7 + 139) \times 3 + 417 \\
&= 417 \times (7 \times 3 + 1) + 139 \times 3 \\
&= 139 \times 3 \times (7 \times 3 + 1) + 139 \times 3 \\
&= 139 \times \{3 \times (7 \times 3 + 1) + 3\} \\
&= 139 \times 69,
\end{aligned}
$$

즉

$$12649 = 139 \times 91, \quad 9591 = 139 \times 69$$

로 된다. 그런데 91 과 69 는 1 이외의 공통인수를 갖지 않으므로, 즉 서로 소이므로 최대공약수는 139 라 말할 수 있게 된다.

또 다른 생각 2

위의 '또 다른 생각 1'에서의 계산과정 (8.3)을 역으로 살펴보면

$$
\begin{aligned}
\mathrm{GCD}(12649, 9591) &= 139 \\
&= 3058 - 417 \times 7 \\
&= 3058 - (9591 - 3058 \times 3) \times 7 \\
&= 3058 \times 22 - 9591 \times 7 \\
&= (12649 - 9591) \times 22 - 9591 \times 7
\end{aligned}
$$

$$= 12649 \times 22 - 9591 \times 29$$

$$= 12649 \times 22 + 9591 \times (-29)$$

이다. ●

일반적으로 자연수 a, b의 최대공약수를 $d = \text{GCD}(a, b)$라 할 때, 적당한 정수 s, t로서

$$d = as + bt$$

를 만족하는 것이 반드시 존재한다.

따라서 만약 a, b가 서로소이면 $\text{GCD}(a, b) = 1$ 이므로 정수 s_0, t_0로서

$$as_0 + bt_0 = 1$$

을 만족하는 것이 반드시 존재한다.

8.4 잉여류

시계의 시침이 숫자 3을 가리키고 있다면, 우리는 흔히

'오후 3시' 또는 '15시'

라고 말한다. 여기서 15는 시계의 시침이 한 바퀴 돌아서 3을 가리키고 있는, 즉

$$12 + 3 = 15$$

를 나타내고 있는 것으로 보는 것이다.

이와 같이 오늘 자정을 기준으로 하였을 때

'내일 오전 3시'는 '27시' $(27 = 3 + 12 \times 2)$

'내일 오후 3시'는 '39시' $(39 = 3 + 12 \times 3)$

$$\text{'4일 후의 오전 3시'는 '99시'} \quad (99 = 3 + 12 \times 8)$$

를 나타낸다.

어제의 시간은 음수를 써서 표현한다면

$$\text{'어제 오후 3시'는 '}-9\text{시'} \quad (-9 = 3 - 12)$$

가 된다. 같은 방법으로 시간을 거꾸로 헤아려 나가면 시침이 가리키는 3이란

$$-9,\ -21,\ -33,\ -45,\ -57,\ \cdots$$

을 나타내는 것으로 볼 수 있다.

이처럼 시침이 가리키는 3이란 시간을 시침의 회전수를 헤아리는 것으로 한다면 한 바퀴 돌 때마다 12씩 늘어나므로 이 시간은

$$\cdots,\ -21,\ -9,\ 3,\ 15,\ 27,\ 39,\ 51,\ 63, \qquad \cdots\cdots\cdots (8.4)$$

를 나타내는 것으로 된다. 이 시간을 대표해서 아래 그림과 같이 문자판에 3이 기록되어 있다고도 볼 수 있다.

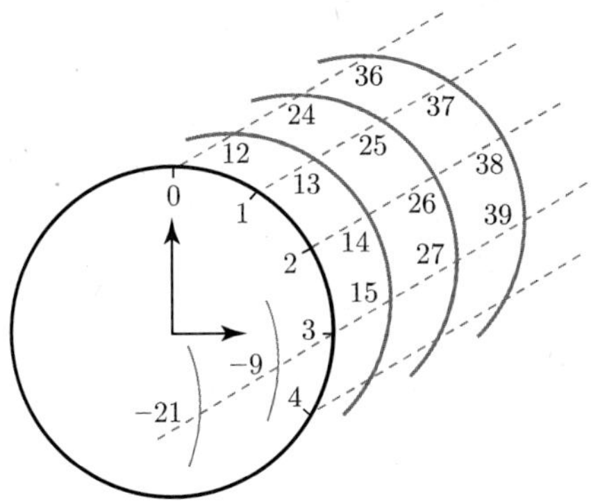

위의 (8.4)에 나타나 있는 수를

'12를 법으로 3과 합동인 수'

라 말한다. 그래서 12를 법으로 3과 합동인 수는 한 가족으로 생각하여

'12를 법으로 하는 한 잉여류'

라 말한다.

이 가족에 속해있다는 사실을 'mod'[22]라는 기호를 이용하여

$$-9 \equiv 3 \pmod{12},\ 27 \equiv 15 \pmod{12},\ 27 \equiv 51 \pmod{12}$$

와 같이 나타낸다.

만약 시계의 숫자판을 1에서 12까지 뿐만이 아니고, 위의 그림과 같이 모든 정수

$$\cdots,\ -3,\ -2,\ -1,\ 0,\ 1,\ 2,\ 3,\ \cdots$$

을 사용하여 나타냈다고 가정해 보기로 하자. 이때 침이 한 바퀴 돌아 가리키는 숫자는 12로 나누면 모두 동일한 나머지를 갖는다.

동일한 나머지를 갖는 것을 하나로 묶은 것을 **잉여류**라 부른다. a와 b가 같은 잉여류에 속해있을 때

$$a \equiv b \pmod{12}$$

로 나타낸다. 이것은 $a-b$가 12로 나누어떨어진다는 것과 같은 의미이다.

12의 잉여류는 12개 있으며, 이들은 12로 나누었을 때의 나머지로 분류된다.

비단 12라는 숫자만이 아니라 일반적으로 m을 2 이상인 자연수라 할 때

'm을 법으로 하는 잉여류'

를 생각할 수 있다. a와 b가 m을 법으로 같은 잉여류에 속해있을 때

$$a \equiv b \pmod{m}$$

으로 나타낸다. 등호 '='대신에 '≡'을 사용해서 나타낸 식을 **합동식**[23]이라

22 'mod'는 합동식의 법을 뜻하는 영어 'modulus'에서 나온 것이다.

23 합동식은 독일의 수학자 가우스(Johann Carl Friedrich Gauss)에 의해 도입된 것으로, 보다 일반적인 사항은 12.2절을 참조하기 바란다.

한다. 다시 말해서

$$a \equiv b \pmod{m} \iff a-b\text{가 } m\text{의 배수}$$

이다. 또는

"a와 b를 m으로 나누었을 때 나머지가 같다."

라 말할 수도 있다. 이 경우에

"a와 b는 m을 법으로 합동이다."

라고도 말한다.

|보기 1| $5 \equiv 2 \pmod{3}$, $10 \equiv 1 \pmod{3}$, $-8 \equiv 1 \pmod{3}$ ●

|보기 2| $15 \equiv 1 \pmod{7}$, $35 \equiv 0 \pmod{7}$, $73 \equiv 3 \pmod{7}$ ●

합동식에 대해서도 덧셈, 뺄셈, 곱셈을 등식의 경우와 같은 방법으로 할 수 있음을 아래의 정리에서 알 수 있다.

정리

$a \equiv b \pmod{m}$, $c \equiv d \pmod{m}$이면 다음이 성립한다.

(a) $a+c \equiv b+d \pmod{m}$

(b) $a-c \equiv b-d \pmod{m}$

(c) $ac \equiv bd \pmod{m}$

증명 좌변의 수에서 우변의 수를 뺀 수가 m의 배수임을 보이면 충분하다.

(a)
$$\begin{aligned}\text{좌변} - \text{우변} &= (a+c)-(b+d)\\ &= (a-b)+(c-d)\end{aligned}$$

한편 $a-b$와 $c-d$는 m으로 나누어떨어지므로 $(a-b)+(c-d)$도 m으로 나누어떨어진다.

(b) $$\begin{aligned} \text{좌변} - \text{우변} &= (a-c)-(b-d) \\ &= (a-b)-(c-d) \end{aligned}$$

따라서 $(a-b)-(c-d)$ 도 m 으로 나누어떨어진다.

(c) $$\begin{aligned} \text{좌변} - \text{우변} &= ac-bd \\ &= ac-bc+bc-bd \\ &= (a-b)c+b(c-d) \end{aligned}$$

$a-b$ 와 $c-d$ 는 m 으로 나누어떨어지므로 $(a-b)c$ 와 $b(c-d)$ 도 m 으로 나누어떨어진다. 따라서 $(a-b)c+b(c-d)$ 도 m 으로 나누어떨어진다. ●

|보기 3| $10 \equiv 1 \pmod 3$ 이다. 따라서 위의 정리 (c)로부터

$$100 \equiv 1 \pmod 3,\ 1000 \equiv 1 \pmod 3,\ 10000 \equiv 1 \pmod 3,\ \cdots$$

으로 된다. 여기서 다시 위의 정리 (a)와 (c)를 써서

$$\begin{aligned} 8623 &= 8\times1000+6\times100+2\times10+3 \\ &\equiv 8\times1+6\times1+2\times1+3 \pmod 3 \\ &\equiv 8+6+2+3 = 19 \pmod 3 \end{aligned}$$

으로 된다. 이 식은 8623 을 3 으로 나누었을 때의 나머지는 19 를 3 으로 나누었을 때의 나머지와 같음을 말하고 있다.

같은 방법으로

$$6318 \equiv 6+3+1+8 = 18 \pmod 3$$

으로 된다. 그런데 18 은 3 으로 나누어떨어지므로, 즉

$$18 \equiv 0 \pmod 3$$

이므로 6318 도 3 으로 나누어떨어진다.

이와 같이 어떤 수가 3 으로 나누어떨어지는지 아닌지는 각 자리수의 합이 3 으로 나누어떨어지는지 아닌지를 살펴보면 된다. ●

|보기 4| $10 \equiv 1 \pmod 9$ 이므로

$$100 \equiv 1 \pmod 9,\ 1000 \equiv 1 \pmod 9,\ 10000 \equiv 1 \pmod 9,\ \cdots$$

으로 된다. 따라서 보기 3의 경우와 마찬가지로 어떤 수가 9로 나누어떨어지는지 아닌지는 각 자리수의 합이 9로 나누어떨어지는 아닌지를 살펴보면 된다. 예를 들어

$$62238 \equiv 6+2+2+3+8 \equiv 3 \pmod 9$$

이므로 62238은 9로 나누면 나머지가 3인 수이다. 따라서 62238의 자리수로 나타나 있는 6, 3, 8 중에 어느 하나에서 3을 빼면 반드시 9로 나누어떨어지는 것으로 된다. 실제로

$$32238 = 9 \times 3582,\ 62208 = 9 \times 6912,\ 62235 = 9 \times 6915.$$

또, 662238, 6062238, 60062238은 모두 9로 나누어떨어지는 수이다. 그것은 mod 9에서 생각하면 나머지가 $6+3=9$로 되기 때문이다. ●

|보기 5| $10 \equiv -1 \pmod{11}$ 이다. 그러므로

$$100 \equiv 1 \pmod{11},\ 1000 \equiv -1 \pmod{11},\ 10000 \equiv 1 \pmod{11},$$
$$100000 \equiv -1 \pmod{11},\ 1000000 \equiv 1 \pmod{11},\ \cdots$$

으로 되어 일반적으로

$$10^n \equiv (-1)^n \pmod{11}$$

이다. 따라서

$$\begin{aligned} 281374 &= 2\times10^5 + 8\times10^4 + 1\times10^3 + 3\times10^2 + 7\times10 + 4 \\ &\equiv -2+8-1+3-7+4 \pmod{11} \\ &\equiv 5 \pmod{11} \end{aligned}$$

로 된다. 281374는 11로 나누면 나머지가 5인 수이다.

어떤 수가 11 로 나누어떨어지는지 아닌지는 각 자리수를 차례로 플러스(+) 마이너스(−)로 더해 나간 수가 11 의 배수인지 아닌지를 살펴보면 된다. 이 값이 만약 0 이면 그 수는 물론 11 로 나누어떨어진다. 예를 들면

$$121,\ 671,\ 11693,\ 123453,\ 354321$$

등은 11 의 배수이다.

8.5 수학자의 생각

6^{100} 은 7 로 나누면 나머지가 1 인 수임을 보여라.

수학사적 풀이

$6 \equiv -1 \pmod 7$이므로 양변을 변끼리 100 회 곱함으로써(정리 (c) 참조)

$$6^{100} \equiv (-1)^{100} \pmod 7,\ \text{즉}\ 6^{100} \equiv 1 \pmod 7$$

로 된다. 이것은 6^{100} 을 7 로 나누면 나머지가 1 인 수 임을 말하고 있다.

또 다른 풀이

'수학자의 생각 8.5'의 '수학사적 풀이'에서처럼 합동식의 성질을 사용하면 쉽게 알 수 있는 사실이지만, 6 의 짝수제곱

$$6^2,\ 6^4,\ 6^6,\ \cdots$$

은 7 로 나누면 모두 나머지가 1 이 됨을 알 수 있다.

8.6 수학자의 생각

'수학자의 생각 8.5'의 '수학사적 풀이'과정을 참조하여 다음을 보여라.

"어떠한 자연수 n 을 잡더라도 $n-1$ 의 거듭제곱으로 지수가 짝수인 것은 n 으로 나누면 나머지가 1이다."

수학사적 풀이

$n-1 \equiv -1 \pmod{n}$ 임을 이용하면 된다.

8.7 수학자의 생각

임의의 자연수 n 에 대해서 n^5+4n 은 5로 나누어떨어짐을 보여라.

수학사적 풀이

n 이 5의 배수, 즉

$$n \equiv 0 \pmod{5}$$

이면

$$n^5+4n \equiv 0^5+4\times 0 = 0 \pmod{5}$$

로 되어 n^5+4n 은 5로 나누어떨어진다. 남은 경우를 조사해보면

$$\begin{aligned}
n \equiv 1 \pmod{5} &\Rightarrow n^2 \equiv 1 \pmod{5} \Rightarrow n^3 \equiv 1 \pmod{5}\\
&\Rightarrow n^4 \equiv 1 \pmod{5} \Rightarrow n^5 \equiv n \pmod{5},\\
n \equiv 2 \pmod{5} &\Rightarrow n^4 \equiv 2^4 \pmod{5} \Rightarrow n^4 \equiv 16 \pmod{5}\\
&\Rightarrow n^4 \equiv 1 \pmod{5} \Rightarrow n^5 \equiv n \pmod{5},\\
n \equiv 3 \pmod{5} &\Rightarrow n \equiv -2 \pmod{5} \Rightarrow n^4 \equiv 1 \pmod{5}\\
&\Rightarrow n^5 \equiv n \pmod{5},\\
n \equiv 4 \pmod{5} &\Rightarrow n \equiv -1 \pmod{5} \Rightarrow n^4 \equiv 1 \pmod{5}\\
&\Rightarrow n^5 \equiv n \pmod{5}.
\end{aligned}$$

따라서 어떤 경우라도 임의의 자연수 n에 대해

$$\begin{aligned}
n^5+4n &\equiv n+4n = 5n \pmod{5}\\
&\equiv 0 \pmod{5}.
\end{aligned}$$

그러므로 n^5+4n 은 5로 나누어떨어진다.

8.8 수학자의 생각

자연수 n이 5의 배수가 아니면

$$n^4 = (5\text{의 배수}) + 1$$

로 표현됨을 보여라.

수학사적 풀이

자연수 n이 5의 배수가 아니므로 n은 아래의 네 가지 중의 어느 하나를 만족한다.

$$n \equiv 1 \pmod 5, \quad n \equiv 2 \pmod 5,$$
$$n \equiv 3 \pmod 5, \quad n \equiv 4 \pmod 5.$$

이때 '수학자의 생각 8.7'의 '수학사적 풀이'과정에서 보였듯이 위의 어느 경우에도

$$n^4 \equiv 1 \pmod 5$$

임을 알 수 있다.

8.9 수학자의 생각

자연수 a, b, c를 적당히 잡으면

$$a^2 + b^2 + c^2$$

을 8로 나눈 나머지는 반드시

$$0,\ 1,\ 2,\ 3,\ 4,\ 5,\ 6$$

중의 어느 하나가 되게 할 수 있다. 그러나 어떠한 자연수 a, b, c를 잡더라도 나머지가 7이 되는 경우는 없다. 이 사실을 보여라.

수학사적 풀이

'수학자의 생각 8.7'과 같이 나머지에 따라 경우를 나누어 생각한다.

$$n \equiv 0 \pmod 8 \Rightarrow n^2 \equiv 0 \pmod 8,$$
$$n \equiv 1 \pmod 8 \Rightarrow n^2 \equiv 1 \pmod 8,$$
$$n \equiv 2 \pmod 8 \Rightarrow n^2 \equiv 4 \pmod 8,$$
$$n \equiv 3 \pmod 8 \Rightarrow n^2 \equiv 9 \pmod 8 \Rightarrow n^2 \equiv 1 \pmod 8,$$
$$n \equiv 4 \pmod 8 \Rightarrow n^2 \equiv 16 \pmod 8 \Rightarrow n^2 \equiv 0 \pmod 8.$$

또한

$$n \equiv 5 \equiv -3 \pmod 8,\ n \equiv 6 \equiv -2 \pmod 8,$$
$$n \equiv 7 \equiv -1 \pmod 8$$

이므로, 이들 각각의 경우는 위의 결과로부터

$$n^2 \equiv 1 \pmod 8,\ n^2 \equiv 4 \pmod 8,\ n^2 \equiv 1 \pmod 8$$

로 됨을 알 수 있다.

따라서 어떠한 자연수 a, b, c를 잡더라도 a^2, b^2, c^2을 8로 나눈 나머지는 0, 1, 4 중의 어느 하나이다. 그러므로 a^2, b^2, c^2을 8로 나눈 나머지의 조합은(a, b, c의 순서를 무시하면)

$$(0, 0, 0),\ (0, 0, 1),\ (0, 1, 1),\ (1, 1, 1),\ (0, 0, 4),\ (0, 1, 4)$$
$$(1, 1, 4),\ (0, 4, 4),\ (1, 4, 4),\ (4, 4, 4)$$

로 10가지이다. 이 조합의 각각에 대응해서

$$a^2 + b^2 + c^2 \equiv 0, 1, 2, 3, 4, 5, 6, 0, 1, 4 \pmod 8$$

이 된다.

다시 말해서 $a^2 + b^2 + c^2$을 8로 나눈 나머지는 0, 1, 2, 3, 4, 5, 6 중의 어느 하나이지만 7은 되지 않는다.

▶ 표 8-3 8장의 수학사 보충 자료 1

수학자	국적	연도
유클리드 Euclid	그리스 Greece	B.C. 365? ~ B.C. 275?
사케리 Saccheri	이탈리아 Sanremo, Italy	September 5, 1667 ~ October 25, 1733
람베르트 Lambert	독일 Berlin, Germany	August 26, 1728 ~ September 25, 1777
가우스 Gauss	독일 Germany	April 30, 1777 ~ February 23, 1855

▶ 표 8-4 8장의 수학사 보충 자료 2

수학자	국적	연도	주요 업적
유클리드 Euclid	그리스 Greece	B.C. 365? ~ B.C. 275?	• 《원론》 13권 지음 • 논증의 체계 확립 • 호제법으로 최대공약수 구함 • 평행선의 성질 • 삼각형의 합동 조건
람베르트 Lambert, J. H.	독일 Germany	A.D. 1728 ~ A.D. 1777	• 원주율 π가 무리수임을 증명 • 평면도법이론에 공헌
가우스 Gauss, C. F.	독일 Germany	A.D. 1777 ~ A.D. 1855	• 최소제곱법을 이론화 • 곡면론, 허수론, 방정식론, 급수론, 천문학, 측지학, 전자기학 등을 연구 • 대수학의 기본정리 발견 • 복소수의 개념을 확립 • 《정수론》 지음 • 가우스 분포, 가우스 평면, 가우스 기호 발견

MEMO

09 아르키메데스

▶표 9-1 9장의 수학사적 내용 개요

수학자	연도	내용 개요
아르키메데스 Archimedes	B.C. 287? ~ B.C. 212?	수학자 및 과학자, 원의 넓이, 구의 겉넓이, 구의 부피 등에 관해 연구

이집트에서 경험적인 사실을 근거로 생긴 수학이 지중해를 건너 그리스에 전달되어 이론적인 학문으로 키워진 후 다시 이집트로 되돌아와 결국 유클리드에 이르러 그 절정에 달했다고 말할 수 있을 것이다.

한편 이집트의 알렉산드리아는 학문의 중심일 뿐만 아니라 당시의 세계 상공업의 중심이기도 했기 때문에 수학과 과학은 순수과학으로 뿐만이 아니라 실용적인 과학으로서도 폭넓게 연구되었다.

이와 같은 시대적 흐름 속에서 수학자이자 과학자인 아르키메데스는 이론뿐만이 아니라 그 응용에도 기여를 하였다는 많은 일화가 전해지고 있다.

아르키메데스의 일화 중에 가장 유명한 것으로 우리에게 잘 알려져 있는 다음 이야기를 같이 생각해보자.

물체는 수중에서 그것과 같은 부피의 물의 무게만큼 가벼워진다.

아르키메데스의 원리라 불리는 위 사실을 생각해 냄으로써 히에론Hieron왕의 왕관이 순금으로 되어있는지를 다음과 같이 판정하였다고 한다.

왕관의 공기 중의 무게를 W, 수중에서의 무게를 w라 하면

$$V = W - w$$

는 왕관과 같은 부피의 물의 무게이다. 그런데 왕관의 무게 W와 그것과 같은 부피의 물의 무게 V의 비

$$\frac{W}{V} = \frac{W}{W - w}$$

는 왕관의 비중이다. 따라서 이 왕관의 비중이 금의 비중과 일치한다면 왕관은 순금으로 되어 있지만, 만약 다르다면 왕관은 금과 다른 물질이 혼합되어 있다고 판정될 것이다.

아르키메데스의 수학에 관한 업적 중에 가장 유명한 것은 원과 구에 관한 연구이다. 이에 대해 알아보자.

아르키메데스는 먼저 아래의 [그림 9.1]과 같이 주어진 원에

내접하는 정육각형과 외접하는 정육각형

을 그린 다음에 이것을 바탕으로 하여

내접하는 정십이각형과 외접하는 정십이각형,

내접하는 정이십사각형과 외접하는 정이십사각형

⋮

과 같이 변의 수를 2배씩 늘려나갔다.

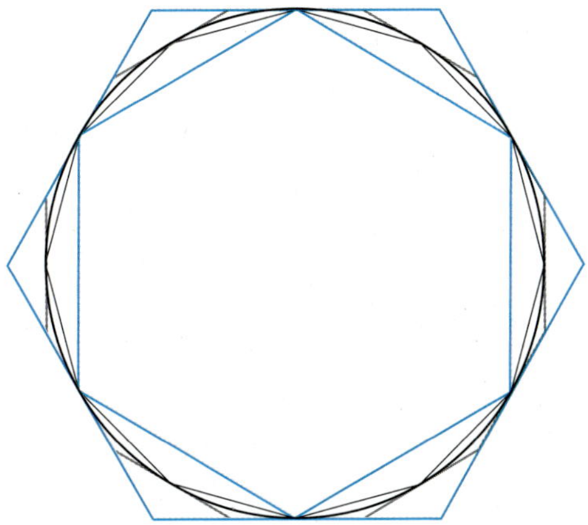

▶그림 9.1 원에 내접 및 외접하는 정다각형

그런 후에 아래의 두 부등식

$$(\text{내접 정}\,n\,\text{각형의 둘레}) < (\text{원의 둘레}) < (\text{외접 정}\,n\,\text{각형의 둘레}),$$

$$(\text{내접 정}\,n\,\text{각형의 넓이}) < (\text{원의 넓이}) < (\text{외접 정}\,n\,\text{각형의 넓이})$$

를 이용하여 원주율의 값과 원의 넓이를 나타내는 공식을 구하려하였다.

아르키메데스는 실제로 원에 내접하는 정 96 $(= 6 \cdot 2^4)$ 각형과 외접하는 정 96 각형의 둘레를 이용하여

$$3\frac{10}{71} < \pi < 3\frac{1}{7}, \text{ 즉 } \quad 3.1408\cdots < \pi < 3.1428\cdots$$

임을 보였다.[24] 이것은 원주율의 값을 소수점아래 2 자리까지 정확하게 구하였음을 보여준다.

또한 그는

24 페트르 베크만 저, 김채룡 역, 《π 의 역사》, 배영출판사, 1995. 참조

> "반지름의 길이가 r 인 원의 넓이 A 는 직각을 낀 두 변의 길이가 각각 반지름의 길이와 원의 둘레의 길이와 같은 직각삼각형의 넓이와 같다."[25]

라는 사실을 증명했다. 즉

$$A = \frac{1}{2} \times (\text{밑변의 길이}) \times (\text{높이}) = \frac{1}{2} \times 2\pi r \times r = \pi r^2$$

으로 주어짐을 보였으며, 더욱이 반지름의 길이가 r 인 구의 겉넓이 S와 부피 V는 각각

$$S = 4\pi r^2, \quad V = \frac{4}{3}\pi r^3$$

으로 구해진다는 것도 증명하였다.

지금부터 '원의 넓이'를 구하는 공식을 아르키메데스가 어떻게 증명하였는지에 대해 소개한다.

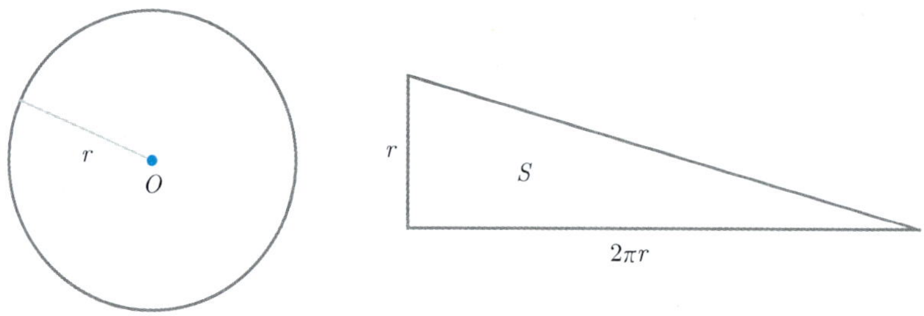

▶그림 9.2 원과 직각삼각형

원 O의 넓이를 $|O|$, 직각삼각형 S의 넓이를 $|S|$로 나타내기로 한다. ([그림 9.2] 참조)

아르키메데스는 원의 넓이를 구하는 증명에서 귀류법을 사용함으로써 '무한'이라는 개념을 피하고 있다. 다시 말해서 아래의 (a), (b)를 보였다.

25 아르키메데스의 초기 저서로 생각되는 《원의 측정》에 실려 있는 것으로 알려져 있다.

(a) $|O| > |S|$ 라 가정하면 모순이 생긴다.

(b) $|O| < |S|$ 라 가정하면 모순이 생긴다.

따라서

$$|O| = |S|$$

라고 결론을 내렸다.

아르키메데스의 증명법을 살펴보기로 하자.

(a)와 (b)의 증명

먼저 $|O| > |S|$ 라 가정한다.

원에 내접하는 정사각형 $ABCD$를 만들면

$$|\text{정사각형 } ABCD| > \frac{1}{2}|O|$$

이다. 실제로 아래의 [그림 9.3]처럼 $\overline{AC}$를 밑변으로 하고 $\overline{BO}$를 폭으로 하는 직사각형을 생각하면 위의 부등식이 성립함을 쉽게 알 수 있다.

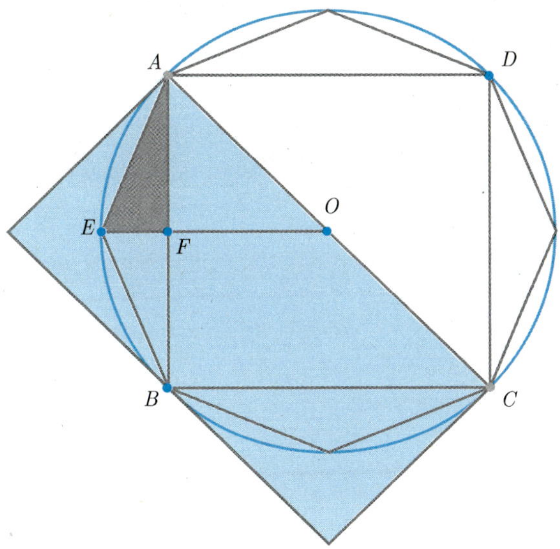

▶ 그림 9.3 $|\text{정사각형 } ABCD| > \frac{1}{2}|O|$

이제 원 O에서 정사각형 $ABCD$를 제거한다.

다음으로 $\overset{\frown}{AB}$, $\overset{\frown}{BC}$, $\overset{\frown}{CD}$, $\overset{\frown}{DA}$의 중점을 각각 잡아 원 O에 내접하는 정팔각형을 만든다. 이때

$$|\text{삼각형 } AEF| > \frac{1}{2}|\text{원호삼각형 } \overset{\frown}{AEF}|$$

가 성립한다. 왜냐하면

$$\begin{aligned} 2|\text{삼각형 } AEF| &= |\overline{AF}, \overline{EF}\text{를 이웃하는 두 변으로 하는 직사각형}| \\ &> |\text{원호삼각형 } \overset{\frown}{AEF}| \end{aligned}$$

라는 사실이 성립하기 때문이다. 따라서

$$|\overline{AE}\text{와 } \overset{\frown}{AE}\text{로 둘러싸인 도형}| < \frac{1}{2}|\text{원호삼각형 } \overset{\frown}{AEF}|$$

이다. 이 사실로부터 원 O에서 정팔각형을 제거한 부분의 넓이에 관한 다음 부등식이 성립한다.

$$\begin{aligned} |O| - |\text{정팔각형}| &< \frac{1}{2}(|O| - |\text{정사각형 } ABCD|) \\ &< \frac{1}{2}\left(|O| - \frac{1}{2}|O|\right) \\ &= \frac{1}{4}|O| \end{aligned}$$

이와 같이 계속해서 원호의 중점을 잡아 내접하는 정2^n각형을 만들어나가면

$$|O| - |\text{정}2^n\text{각형}| < \frac{1}{2^{n-1}}|O|$$

이 성립한다.

그러므로 n을 충분히 크게 잡으면 이 우변의 값은 가정 (a)로부터 얻을 수 있는 양인 값 $|O| - |S|$보다 작게 할 수 있다. 즉

$$|O| - |\text{정}2^n\text{각형}| < |O| - |S|$$

이다. 따라서

$$|\text{정}2^n\text{각형}| > |S| \qquad \cdots\cdots\cdots (9.1)$$

가 성립한다. 그런데 원의 중심 O에서 이 정2^n각형의 한 변에 내린 수선은 반지름보다 짧고, 더욱이 이 정2^n각형의 둘레는 원주보다 짧다. 그러므로

$$|\text{정}2^n\text{각형}| < |S| \qquad \cdots\cdots\cdots (9.2)$$

이다. (9.1)과 (9.2)는 분명히 모순이다. 이것으로 (a)가 증명되었다.

똑같은 방법으로 (b)도 증명할 수 있다. ●

지금부터 아르키메데스가 생각한 '구의 겉넓이'를 구하는 방법에 대해 알아보자.

반지름의 길이가 r인 구에 외접하는 직원기둥(밑면은 반지름의 길이가 r인 원이고 높이가 $2r$인 직원기둥)을 생각하면 그 옆넓이는

$$2\pi r \times 2r = 4\pi r^2$$

이므로, 이것은 반지름의 길이가 r인 구의 겉넓이는 아래의 [그림 9.4]처럼 외접하는 직원기둥의 옆넓이와 같음을 말하고 있다.[26]

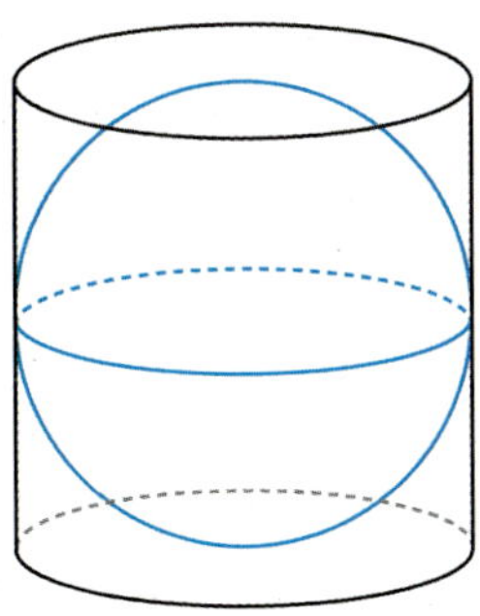

▶그림 9.4 구에 외접하는 직원기둥

26 Pressley, A., *Elementary Differential Geometry*, Springer, 2001, p. 117. 참조.

또, 이 경우에 반지름의 길이가 r인 구의 부피는 직원기둥의 부피의 $\frac{2}{3}$ 임도 알 수 있다. 이와 같이 아르키메데스의 구에 관한 업적은 모두 위의 [그림 9.4]에 집약되어 있다고 해도 과언이 아니다.[27]

지금까지 원의 넓이, 구의 겉넓이 및 구의 부피를 구하는 아르케메데스의 업적에 대해 살펴보았다.

이제 '직원뿔의 겉넓이'를 구하는 문제를 생각해보자.

9.1 수학자의 생각

[그림 9.5]와 같은 직원뿔에서 밑면인 원의 반지름의 길이는 a이고 모선의 길이는 l이라 하자. 이때 이 직원뿔의 옆넓이는

$$\pi a l$$

로 주어짐을 보여라.

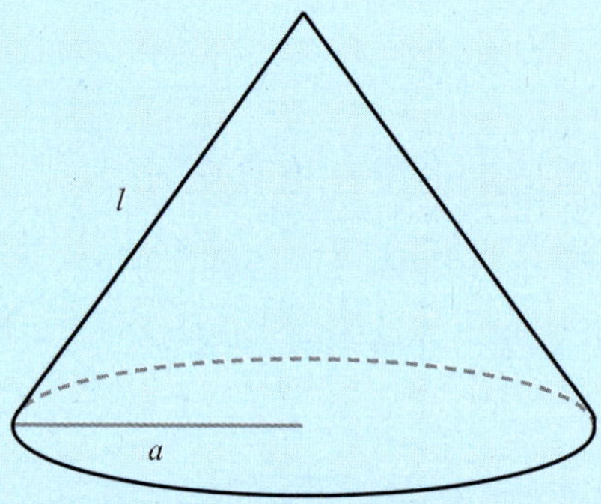

▶그림 9.5 직원뿔

수학사적 풀이

직원뿔을 모선을 따라 잘라 펼치면, 반지름의 길이가 l이고 호의 길이가

27 아르키메데스가 로마의 한 병사의 창에 희생된 것을 안 로마군의 장군 마르켈루스(Marcellus, B.C. 268? ~ B.C. 208?)는 아르키메데스의 연구를 기념하기 위해 위의 [그림 9.4]를 아르키메데스의 묘비에 새겨 넣었다고 전해진다.

$2\pi a$ 인 부채꼴이 된다. 따라서 옆넓이는

$$(\text{부채꼴의 넓이}) = \frac{1}{2} \times (\text{반지름의 길이}) \times (\text{호의 길이})$$
$$= \frac{1}{2} \times l \times 2\pi a = \pi a l$$

이다.

9.2 수학자의 생각

직원뿔을 아래의 [그림 9.6]처럼 그 축에 수직인 평면으로 잘라내고 남은 도형을 직원뿔대라 한다. 이 직원뿔대의 옆넓이는

$$\overline{AB} \cdot (2\pi \cdot \overline{MN})$$

임을 보여라. (단, 여기서 M은 $\overline{AB}$의 중점이며, N은 점 M에서 축에 내린 수선의 발이다.)

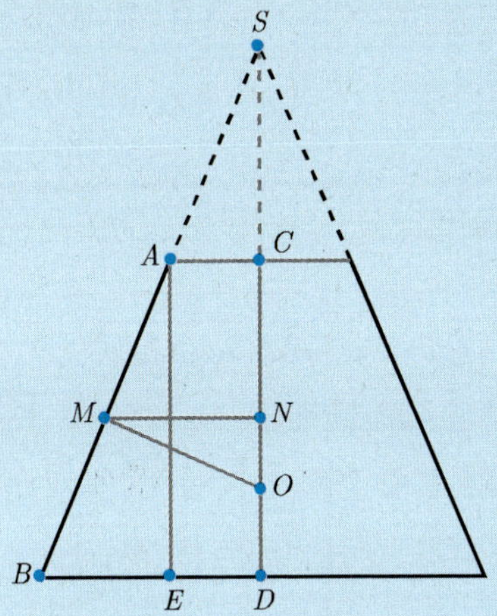

▶그림 9.6 직원뿔대

수학사적 풀이

(높이가 $\overline{CD}$ 인 직원뿔대의 옆넓이)

= (높이가 $\overline{SD}$ 인 직원뿔의 옆넓이) − (높이가 $\overline{SC}$ 인 직원뿔의 옆넓이)

= $\pi \cdot \overline{BD} \cdot \overline{SB} - \pi \cdot \overline{AC} \cdot \overline{SA}$ ($\because$ '수학자의 생각 9.1'의 결과를 이용)

한편 $\overline{AC} \parallel \overline{BD}$ 이므로

$$\overline{AC} : \overline{BD} = \overline{SA} : \overline{SB}.$$

여기서

$$\frac{\overline{BD}}{\overline{SB}} = \frac{\overline{AC}}{\overline{SA}} = k\,(= \sin \angle BSD)$$

로 두면

$$\overline{BD} = k \cdot \overline{SB},\ \overline{AC} = k \cdot \overline{SA}.$$

$$\begin{aligned}\therefore\ \pi \cdot \overline{BD} \cdot \overline{SB} - \pi \cdot \overline{AC} \cdot \overline{SA} &= \pi k \{\overline{SB}^2 - \overline{SA}^2\} \\ &= \pi k (\overline{SB} + \overline{SA})(\overline{SB} - \overline{SA}) \\ &= \pi k \cdot 2\overline{SM} \cdot \overline{AB} \\ &= \overline{AB} \cdot 2\pi (k \cdot \overline{SM}) \\ &= \overline{AB} \cdot 2\pi (\overline{SM} \cdot \sin \angle BSD) \\ &= \overline{AB} \cdot (2\pi \cdot \overline{MN})\end{aligned}$$

따라서

$$(\text{직원뿔대의 옆넓이}) = \overline{AB} \cdot (2\pi \cdot \overline{MN}).$$

수학자의 생각 9.3

'수학자의 생각 9.2'의 직원뿔에서, 점 M에서 $\overline{AB}$에 수직으로 세운 직선이 축과 만나는 점을 O라 하면 이 직원뿔대의 옆넓이는

$$\overline{CD} \cdot (2\pi \cdot \overline{OM})$$

으로 주어짐을 보여라.

수학사적 풀이

점 A에서 $\overline{BD}$에 내린 수선의 발을 E라 하면

$$\angle BAE + \angle AMN = \angle OMN + \angle AMN = \angle R.$$

$$\therefore\ \angle BAE = \angle OMN$$

따라서 $\triangle OMN \backsim \triangle BAE$ 이므로

$$\overline{OM} : \overline{MN} = \overline{BA} : \overline{AE},\ \text{즉}\ \overline{AB} \cdot \overline{MN} = \overline{AE} \cdot \overline{OM}.$$

또, $\overline{AE} = \overline{CD}$ 이므로

$$\overline{AB} \cdot \overline{MN} = \overline{CD} \cdot \overline{OM}.$$

그러므로

$$(\text{직원뿔대의 옆넓이}) = \overline{AB} \cdot (2\pi \cdot \overline{MN}) = \overline{CD} \cdot (2\pi \cdot \overline{OM}).$$

9.4 수학자의 생각

아래의 [그림 9.7]처럼 반원주 $\widehat{PQ}$를 n등분한 분점을 차례로 P_1, P_2, $\cdots$, P_{n-1}이라 하면, 중심 O에서

$$\overline{PP_1},\ \overline{P_1P_2},\ \cdots,\ \overline{P_{n-1}Q}$$

에 내린 수선의 길이는 모두 같으므로 이를 h라 한다. 이때 꺾은선

$$PP_1P_2 \cdots P_{n-1}Q$$

를 지름 PQ를 회전축으로 1회전하여 얻어지는 도형의 겉넓이 S는

$$S = 2\pi h \cdot \overline{PQ}$$

로 주어짐을 보여라.

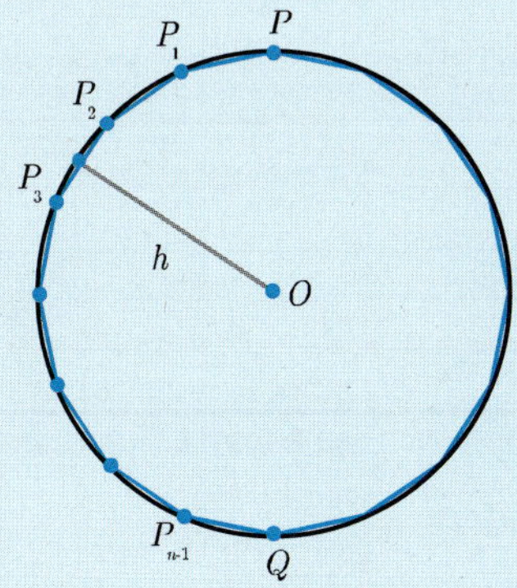

▶그림 9.7 반원주 $\widehat{PQ}$를 n등분

수학사적 풀이

분점 $P_1, P_2, \cdots, P_{n-1}$에서 지름 PQ에 내린 수선의 발을 차례로

$$Q_1,\ Q_2,\ \cdots,\ Q_{n-1}$$

이라 하면 '수학자의 생각 9.3'의 결과를 반복하여 적용함으로써

$$S = 2\pi h(\overline{PQ_1} + \overline{Q_1Q_2} + \cdots + \overline{Q_{n-1}Q}) = 2\pi h \cdot \overline{PQ}.$$

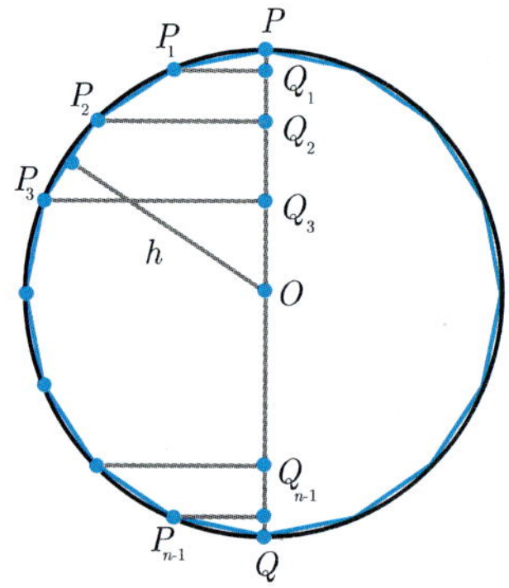

수학자의 생각 9.5

'수학자의 생각 9.4'에서 n을 한없이 크게 함으로써 반지름의 길이가 r인 구의 겉넓이 S는 $S = 4\pi r^2$으로 주어짐을 보여라.

수학사적 풀이

'수학자의 생각 9.4'에서 n을 한없이 크게 하면 $h \to r$로 되며, $\overline{PQ} = 2r$이므로 $S = 2\pi r \cdot 2r = 4\pi r^2$.

▶ **표 9-2** 9장의 수학사 보충 자료

수학자	국적	연도	주요 업적
아르키메데스 Archimedes	이탈리아 Italy	B.C. 287? ~ B.C. 212?	• 정96각형을 이용하여 π의 값을 $3\frac{10}{71} < \pi < 3\frac{1}{7}$로 계산 • 구분구적법에 의하여 넓이, 부피 구함 • 부력의 원리로 비중을 측정 • 지렛대의 원리 • (원의 넓이) = (원주의 $\frac{1}{2}$) × (반지름) • 수의 무한성에 관한 연구

10 아폴로니우스

▶ 표 10-1 10장의 수학사적 내용 개요

수학자	연도	내용 개요
메나이크모스 Menaichmos	B.C. 380? ~ B.C. 320?	꼭짓각이 다른 원뿔에서 원뿔곡선 정의, 원뿔곡선에 대한 연구
아폴로니우스 Apollonius	B.C. 262? ~ B.C. 190?	직원뿔을 여러 가지 다른 평면으로 잘라 원뿔곡선 정의, 8권의 《원뿔곡선론》 저술

그리스인들은 직선과 원만이 진정한 기하학적인 도형이라 생각하고 그것들의 연구에 많은 노력과 힘을 쏟았지만 직선과 원만으로는 풀 수 없는 문제, 예를 들어 제 6 장에서 살펴본 '3 대 난제'와 같은 난관에 부딪쳤기 때문에 직선과 원 외의 곡선에도 관심을 가질 수밖에 없었다. 이러한 흐름과 함께 직선과 원 이외의 곡선에 대한 관심에서 메나이크모스가 다음을 생각했음에 대해서는 제 7 장에서 이야기하였다. 즉 메나이크모스는

- 꼭지각의 크기가 $\angle R$ 보다 작은 직원뿔을 그 모선에 수직인 평면으로 잘랐을 때 잘린 단면으로 **타원**,
- 꼭지각의 크기가 $\angle R$ 인 직원뿔을 그 모선에 수직인 평면으로 잘랐을 때 잘린 단면으로 **포물선**,
- 꼭지각의 크기가 $\angle R$ 보다 큰 직원뿔을 그 모선에 수직인 평면으로 잘랐을 때 잘린 단면으로 **쌍곡선**

을 각각 정의하였다([그림 7.3]: '메나이크모스의 원뿔곡선' 참조).

그러나 아폴로니우스는 동일한 직원뿔을 여러 가지 평면으로 자름으로써 위의 곡선들을 얻을 수 있음을 보였다.

아폴로니우스는 실제로 직원뿔을 아래 [그림 10.1]과 같이

- 그 꼭짓점에 대해서 동일한 쪽의 모선을 자르는 평면으로 잘랐을 때 생기는 단면은 **타원**,
- 어느 한 모선에 평행인 평면으로 잘랐을 때 생기는 단면은 **포물선**,
- 그 꼭짓점에 대해서 양쪽 모선 모두를 자르는 평면으로 잘랐을 때 생기는 단면은 **쌍곡선**

임을 각각 보였다.

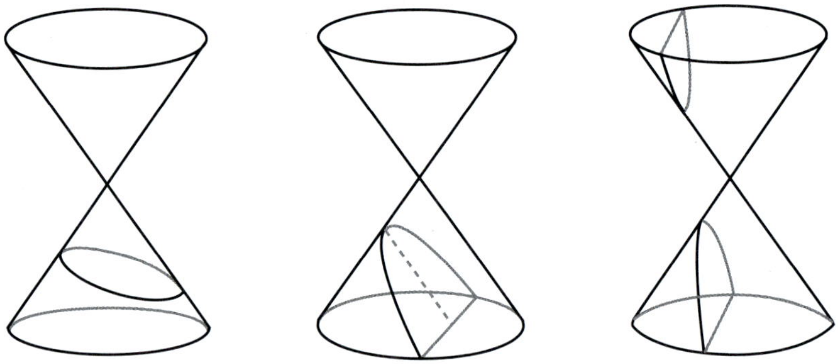

▶ 그림 10.1 아폴로니우스의 원뿔곡선

전체 8 권으로 된 아폴로니우스의 저서 《원뿔곡선론》에는 원뿔곡선의 생성과정뿐만이 아니라 축, 초점, 접선, 점근선 등에 대해서도 언급되어 있다. 여기서는 《원뿔곡선론》에 나와 있는 원뿔곡선의 초점에 대한 내용을 소개한다.

먼저 아폴로니우스가 정의한 타원의 초점에 대해 알아보자.

아래의 [그림 10.2]처럼 직원뿔을 꼭짓점 S에 대해서 한쪽과 만나는 평면으로 잘라서 그 단면으로 타원을 얻었다고 하자. 이때 이 평면에 접하면서 직원뿔에도 접하는 두 개의 구를 아래의 [그림 10.2]처럼 생각하면, 한쪽 구는 평면과 점 F에서 접하고 직원뿔과는 한 원 Γ를 따라 접하고 있으며, 다른 한쪽 구는 평면과 점 F'에서 접하고 직원뿔과는 역시 한 원 Γ'을 따라 접하고 있다.

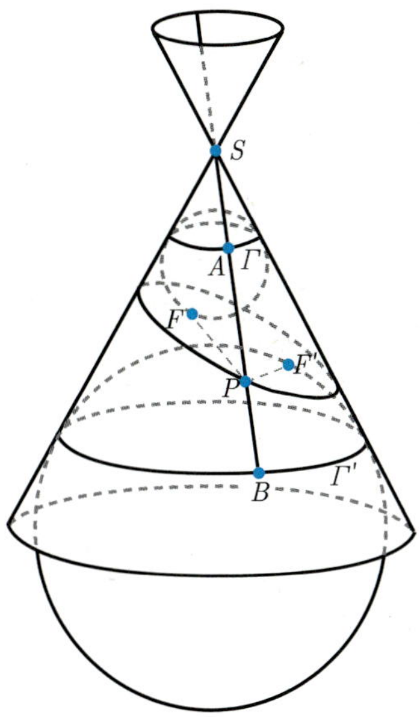

▶그림 10.2 타원

이제 이 타원 위에 놓여있는 임의의 점 P를 잡아, 직선 SP가 원 Γ, Γ'과 만나는 점을 각각 A, B라 하면

$$\overline{PF} = \overline{PA}, \ \overline{PF'} = \overline{PB}$$

이다. 따라서

$$\overline{PF} + \overline{PF'} = \overline{PA} + \overline{PB} = \overline{AB}.$$

그런데 선분 AB의 길이는 점 P의 위치에 관계없는 일정한 값이다. 그러므로 타원상의 한 점 P에서 두 정점 F와 F'에 이르는 거리의 합은 일정하다. 이들 두 점 F와 F'을 이 **타원의 초점**이라 부른다.

위로부터

> 타원은 초점이라 부르는 두 정점에 이르는 거리의 합이 일정한 점의 자취

임을 알 수 있다.

10.1 수학자의 생각

직원기둥을 아래의 [그림 10.3]과 같은 한 평면으로 잘랐을 때 생기는 단면은 타원임을 보여라.

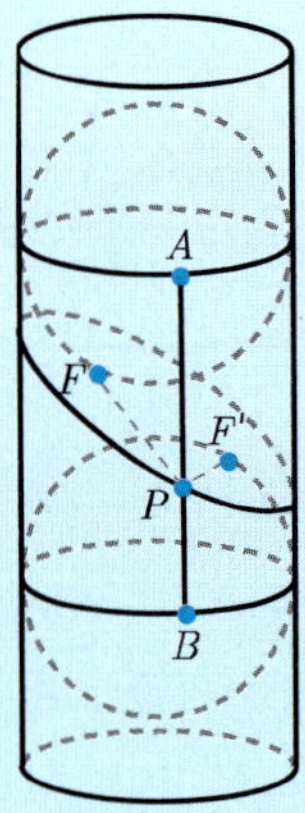

▶그림 10.3 타원

수학사적 풀이

구 밖에 놓여있는 한 점 P에서 구에 내린 접선의 길이는 같으므로

$$\overline{PF}+\overline{PF'}=\overline{PA}+\overline{PB}=\overline{AB}(=\text{일정})$$

따라서 직원기둥을 [그림 10.3]과 같은 한 평면으로 잘랐을 때 생기는 곡선은 타원이다.

10.2 수학자의 생각

아래의 [그림 10.4]처럼 직원뿔을 모선 SCD에 평행인 평면 π로 잘랐다. 이때 직원뿔에 접하고 평면 π에도 점 F에서 접하는 구를 만들면 이 구는 직원뿔과 원 Γ를 따라 접한다. 더욱이 원 Γ를 품고 있는 평면 α와 평면 π의 교선을 g라 하고, 평면 π로 잘라서 생기는 단면상의 임의의 점 P에서 g에 내린 수선의 발을 H라 하면

$$\overline{PF} = \overline{PA} = \overline{DC} = \overline{PH}$$

임을 보여라.

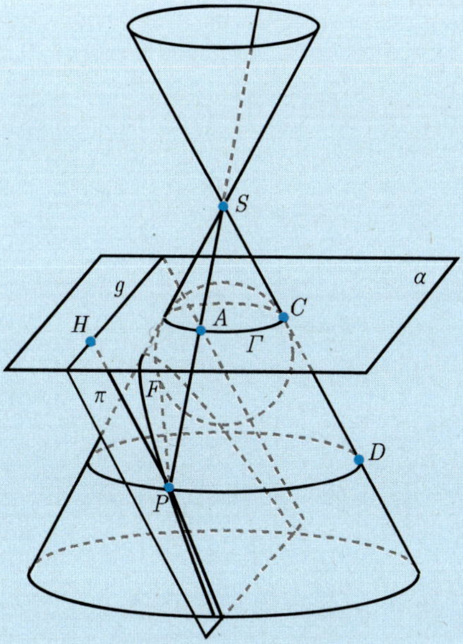

▶그림 10.4 포물선

따라서 포물선은 정점 F와 정직선 g에 이르는 거리가 같은 점의 자취이다.

이 경우에 점 F를 이 포물선의 **초점**, 직선 g를 이 포물선의 **준선**이라 각각 부른다.

수학사적 풀이

$\overline{PF} = \overline{PA}$ ($\because$ 점 P를 지나는 구의 접선의 길이),

$\overline{PA} = \overline{CD}$ ($\because$ 직원뿔대의 모선의 길이),

$\overline{CD} = \overline{PH}$ ($\because$ 평면 α와 평면 PD는 평행이며, $\overline{PH} \parallel \overline{DS}$이므로 사각형 $HPDC$는 평행사변형임)

$$\therefore \ \overline{PF} = \overline{PH}$$

10.3 수학자의 생각

아래의 [그림 10.5]를 이용하여 쌍곡선은 두 정점 F, F'에 이르는 거리의 차가 일정한 점의 자취임을 보여라.

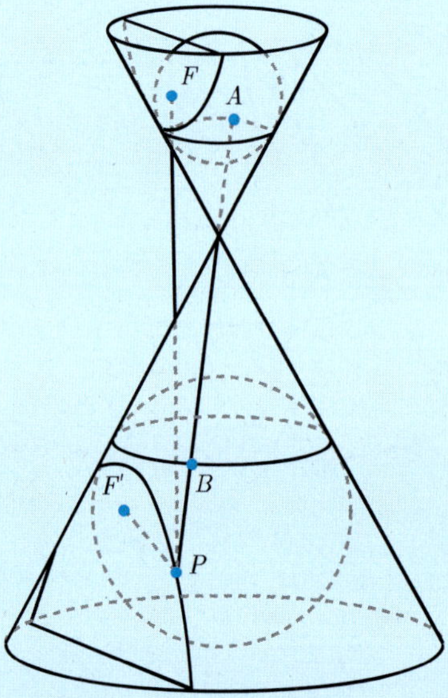

▶그림 10.5 쌍곡선

이 경우에 두 정점 F, F'을 이 쌍곡선의 **초점**이라 부른다.

수학사적 풀이

위의 [그림 10.5]에서 쉽게 알 수 있듯이

$\overline{PF} = \overline{PA}$, $\overline{PF'} = \overline{PB}$ ($\because$ 점 P를 지나는 구의 접선의 길이).

따라서

$$\overline{PF} \sim \overline{PF'} = \overline{PA} \sim \overline{PB} = \overline{AB}(= \text{일정}).$$

이다. 단 $\overline{PF} \sim \overline{PF'} = \pm(\overline{PF} - \overline{PF})$를 뜻한다.

요즈음은 이렇게

Ⓐ 이심률에 따라 원뿔곡선 그리기

Ⓐ-1 초점과 준선이 주어졌을 때 이심률을 이용하여 쌍곡선 작도하기

주어진 점 F와 직선 l로부터 거리의 비가 $3:2$인 점 P의 자취, 즉 점 P에서 직선 l에 내린 수선의 발을 H라 할 때, 이심률 e가

$$e = \frac{\overline{FP}}{\overline{PH}} = \frac{3}{2} > 1$$

인 쌍곡선을 GSP로 그려보기로 한다.

먼저 직선 l 위에 놓여있는 점 P를 임의로 잡아 선분 FP를 $3:2$로 내분하는 점 D와 외분하는 점 E를 잡아 $\overline{DE}$를 지름으로 하는 원Apollonius' circle을 그린 후, 점 P에서 세운 직선 l의 수선과의 교점 Q, R을 택한다. 이때 점 P에는 '[보기(D)]↘점에 애니메이션 주기(A)'를 명령하고, 점 Q, R에는 '[보기(D)]↘점의 흔적 남기기(T)'를 명령하여 실행하면

점 F를 초점; 직선 l을 준선

으로 하는 쌍곡선을 얻을 수 있다. (다음의 그림 참조)

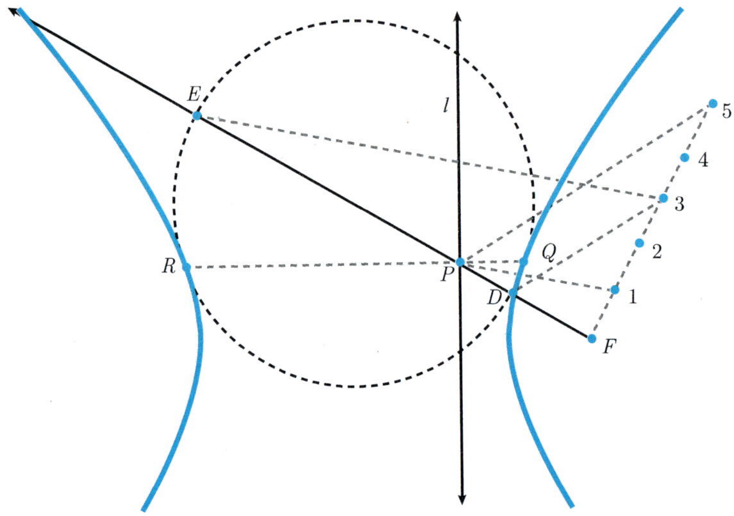

Ⓐ-2 초점과 준선이 주어졌을 때 이심률을 이용하여 타원 작도하기

같은 방법으로 주어진 점 F와 직선 l로부터 거리의 비가 $2:3$ 인 점 P의 자취, 즉 점 P에서 직선 l에 내린 수선의 발을 H라 할 때, 이심률 e가

$$e = \frac{\overline{FP}}{\overline{PH}} = \frac{2}{3} < 1$$

인 타원을 GSP로 아래의 그림처럼 그릴 수 있다.

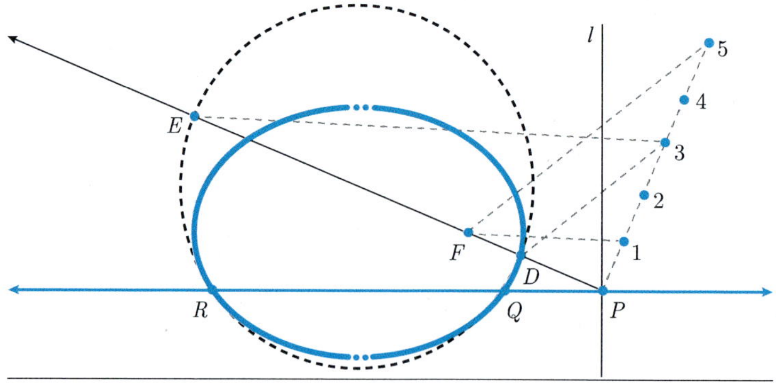

A-3 이심률의 실체

"이심률 e 의 값이 1 보다 작은 경우는 타원, 1 보다 큰 경우는 쌍곡선, 1 인 경우는 포물선이다"

라고 말하고 있다. 과연 그럴까? 예를 들어, 주어진 점과 주어진 직선으로부터의 거리의 비율(이심률)이 1 보다 작은 점의 자취가 타원이면, 이 자취 위의 임의의 점은 두 정점으로부터의 거리의 합이 일정해야 한다. 이 경우에

① 두 정점은 과연 어디에 있으며(한 곳은 알지만 남은 한 곳은 어디에?), 또
② 이 경우 거리의 일정 합은 얼마일까?

라는 의문이 자연스럽게 생긴다.

물론 좌표계를 도입해서 타원의 방정식을 손쉽게 유도할 수도 있지만, 여기서는 좌표를 사용하지 않고 초등기하적인 성질 또는 대수적인 식의 계산만으로 위의 두 의문을 해결하고자 하며, 나아가 쌍곡선과 포물선의 경우에도 생기는 의문들에 대한 답을 제시할 것이다.

먼저, 타원의 경우를 생각해보자.

☞ $0 < e < 1$ 인 경우 : 주어진 점 F 와 주어진 직선 l 사이의 거리를 d 라 한다. 다시 말해서 점 F 에서 직선 l 에 내린 수선의 발을 A 라 할 때

$$\overline{FA} = d$$

라 한다. 또, $\overline{FA}$ 를 $e : 1$ 로 내분하는 (내분)점을 B, 외분하는 (외분)점을 C 라 할 때, $\overline{BC}$ 를 지름으로 하는 원(Apollonius의 원)의 중심 O 에 세운 직선 FA 의 수선 l' 에 관한 점 F 의 대칭점을 F', 점 A 의 대칭점을 A' 이라 한다(아래의 그림 참조). 이때

$$\overline{FB} = e\,\overline{BA} = e(d - \overline{FB})$$

이므로

$$\overline{FB} = \frac{de}{1+e}, \quad \overline{BA} = \frac{d}{1+e}$$

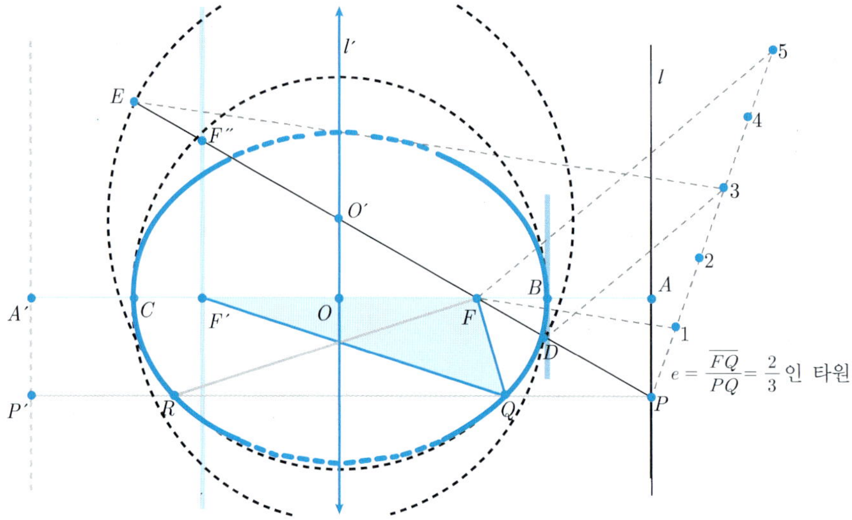

이다. 또한

$$\overline{CF}=e\,\overline{CA}=e(\overline{CF}+d)$$

이므로

$$\overline{CF}=\frac{de}{1-e}, \quad \overline{CB}=\overline{CF}+\overline{FB}=\frac{2de}{(1-e)(1+e)}$$

이다.

이제 점 F 와 직선 l 로부터의 거리의 비가 $e:1$ 인 임의의 점을 Q 라 할 때

$$\overline{FQ}+\overline{F'Q}=\frac{2de}{(1-e)(1+e)} \quad \cdots\cdots\cdots \quad (*)$$

임을 보임으로써 위의 두 문제를 한꺼번에 해결하고자 한다.

이를 위해서 먼저 점 Q 에서 직선 l 에 내린 수선의 발을 P 라 하여, $\overline{FP}$ 를 $e:1$ 로 내분하는 점 D 와 $e:1$ 로 외분하는 점 E 를 지름의 양끝으로 하는 Apollonius의 원 O' 과 직선 QP 와의 교점을 R 이라 한다(위의 그림 참조). 물론 점 Q 도 원 O' 위에 놓여있으며

$$\overline{FQ} = e\,\overline{QP}\,, \qquad \overline{FR} = e\,\overline{RP}$$

이다. 다음으로 점 P 의 직선 l' 에 관한 대칭점을 P' 이라 하면

$$\overline{FQ} + \overline{F'Q} = \overline{FQ} + \overline{FR} = e(\overline{QP} + \overline{RP}) = e\,\overline{P'P} = e\,\overline{A'A}$$

이다. 한편

$$\overline{A'A} = \overline{CB} + 2\overline{BA} = \frac{2d}{(1-e)(1+e)}$$

이므로 위의 등식 (*)가 성립한다. 다시 말해서 점 F 와 직선 l 로부터의 거리의 비가 $e:1$ $(0<e<1)$인 임의의 점 Q 는 두 점 F 와 F' 으로부터의 거리의 합이 $\dfrac{2de}{(1-e)(1+e)}$ 인 타원 위에 놓여있다. 또, Apollonius의 원 O 는 이 타원의 보조원이다. ●

다음으로, 쌍곡선의 경우를 해결해보자.

☞ $e>1$ 인 경우 : 아래의 그림처럼 주어진 점 F 와 주어진 직선 l 사이의 거리를 d 라 한다. 다시 말해서 점 F 에서 직선 l 에 내린 수선의 발을 A 라 할 때

$$\overline{FA} = d$$

라 한다. 또, $\overline{FA}$ 를 $e:1$ 로 내분하는 (내분)점을 B, 외분하는 (외분)점을 C 라 할 때, $\overline{BC}$ 를 지름으로 하는 원(Apollonius의 원)의 중심 O 에 세운 직선 FA 의 수선 l' 에 관한 점 F 의 대칭점을 F', 점 A 의 대칭점을 A' 이라 한다(아래의 그림 참조). 이때

$$\overline{FB} = e\,\overline{BA} = e(d - \overline{FB})$$

이므로

$$\overline{FB} = \frac{de}{1+e}\,, \qquad \overline{BA} = \frac{d}{1+e}$$

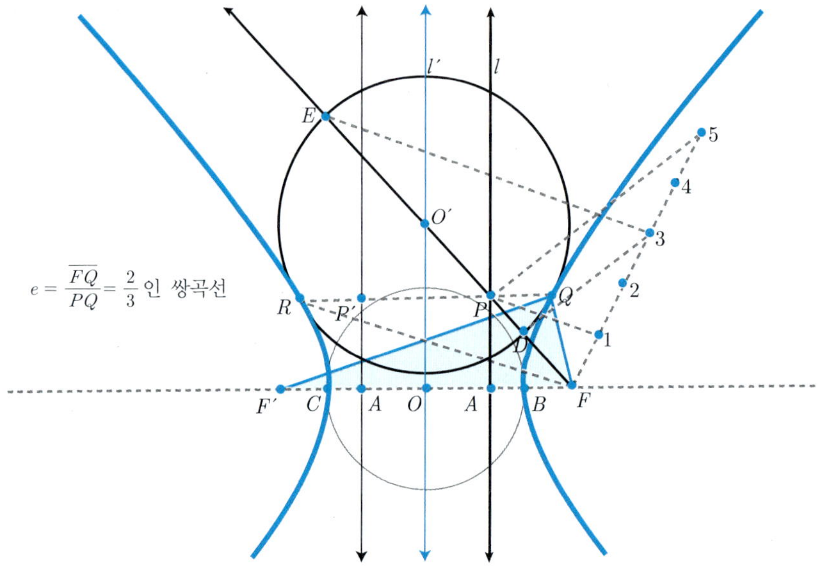

이다. 또

$$\overline{CF} = e\,\overline{CA} = e\,(\overline{CF} - d)$$

이므로

$$\overline{CF} = \frac{de}{e-1}\,, \qquad \overline{CB} = \overline{CF} - \overline{FB} = \frac{2de}{(e-1)(1+e)}$$

이다.

이제 점 F 와 직선 l 로부터의 거리의 비가 $e:1$ 인 임의의 점을 Q 라 할 때

$$\overline{F'Q} - \overline{FQ} = \frac{2de}{(e-1)(1+e)} \qquad \cdots\cdots\cdots \quad (**)$$

임을 보임으로써 쌍곡선에서의 위에서 말한 두 문제를 동시에 해결할 것이다.

이를 위해서 먼저 점 Q 에서 직선 l 에 내린 수선의 발을 P 라 하여, $\overline{FP}$ 를 $e:1$ 로 내분하는 점 D 와 $e:1$ 로 외분하는 점 E 를 지름의 양끝으로 하는 Apollonius의 원 O' 과 직선 QP 와의 교점을 R 이라 한다(위의 그림 참조). 물론 점 Q 도 원 O' 위에 놓여있으며

$$\overline{FQ} = e\,\overline{QP}\,, \qquad \overline{FR} = e\,\overline{RP}$$

이다. 다음으로 점 P 의 직선 l' 에 관한 대칭점을 P' 이라 하면

$$\overline{F'Q} - \overline{FQ} = \overline{FR} - \overline{FQ} = e(\overline{RP} - \overline{QP}) = e\,\overline{P'P} = e\,\overline{A'A}$$

이다. 한편 $\overline{A'A} = \overline{CB} - 2\overline{BA} = \dfrac{2d}{(e-1)(1+e)}$ 이므로 위의 등식 (**) 가 성립한다. 다시 말해서 점 F 와 직선 l 로부터의 거리의 비가 $e:1$ $(e>1)$ 인 임의의 점 Q 는 두 점 F 와 F' 으로부터의 거리의 차가 $\dfrac{2de}{(e-1)(1+e)}$ 인 쌍곡선 위에 놓여있다. 또, Apollonius의 원 O 는 이 쌍곡선의 보조원이다. ●

참고 위의 두 타원과 쌍곡선의 경우에서 이용한 Apollonius의 원 O' 은 각의 이등분선 정리를 사용하여 간단히 작도할 수 있다. 그렇지만 Apollonius의 원 O 의 작도는 위의 그림에서처럼 내분점과 외분점을 찾을 수밖에 없을 것이다.

마지막으로, 포물선의 경우를 생각해 보자.

☞ $e=1$ 인 경우 : $e=1$ 이므로 주어진 점과 주어진 직선으로부터의 거리가 같은 점의 자취는 어떤 곡선일까를 묻는 것과 같다. 그러나 이 자취는 포물선임을 익히 알고 있다. 따라서 $e=1$ 인 점은 포물선 위에 놓여있음을 쉽게 알 수 있다.

● 또 다른 생각

포물선은 주어진 점 F 와 직선 l 로부터 거리가 같은 점의 자취, 즉 이심률 e 가

$$e = \frac{\overline{FP}}{\overline{PH}} = 1$$

인 점의 자취임을 잘 알고 있다. 그러므로 직선 l 위에 놓여있는 점 P 를 임의로 잡아 선분 FP 의 수직이등분선과 점 P 에서 세운 직선 l 의 수선과의 교점 Q 를 잡아, 점 P 에는

'[보기(D)]↘점에 애니메이션 주기(A)'

를 명령하고, 점 Q에는

'[보기(D)]↘점의 흔적 남기기(T)'

를 명령하여 실행하면

점 F를 초점; 직선 l을 준선

으로 하는 포물선을 아래 그림과 같이 얻을 수 있다.

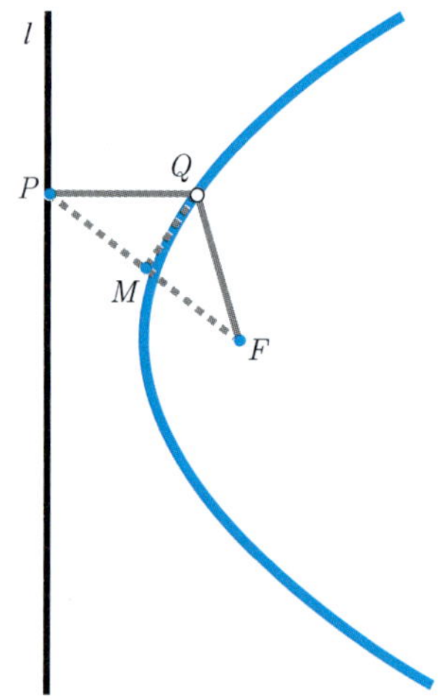

B 주어진 선분을 매개변수로 하는 원뿔곡선의 작도

B-1 포물선 작도하기

주어진 값 $\delta := \overline{AB}$ 를 매개변수parameter, latus rectum; Apollonius 의 《conics》로 하는 포물선을 작도하기 위해서 먼저 반직선 AC와 점 A를 지나는 수선 AB를 아래의 그림처럼 긋는다. 다음으로 점 B를 지나고 반직선 AC와 평행인 직선위에서 임의로 점 P를 잡아 반직선 AC에 내린 수선의 발을 D라 한다. 여기서 점 D를 중심으로 반지름의 길이가 $\overline{DP}$ 인 원을 그려 반직선 AC와의 교점 E를 잡은 후, $\overline{AE}$ 를 지름으로 하는 원과 수선 PD의 교점을 Q라 한다. 이제 점 P에는 '[보기(D)]↘점에 애니메이션 주기(A)'를 명령하고, 점 Q 에는 '[보기(D)]↘ 점의 흔적 남기기(T)'를 명령하여 실행하면 δ 를 직경 AC 에 대응되는 매개변수로 하고, 대응되는 종선을 $\overline{DQ}$ 로 하는 포물선을 얻을 수 있다. 또, 점 D 를 중심으로 점 Q 를 적절히 회전시켜 얻은 점 S 에 '[보기(D)]↘ 점의 흔적 남기기(T)'를 명령하여 실행하면 δ 를 직경 AC 에 대응되는 매개변수로 하고, 대응되는 종선을 $\overline{DS}$ 로 하는 포물선도 얻을 수 있다.

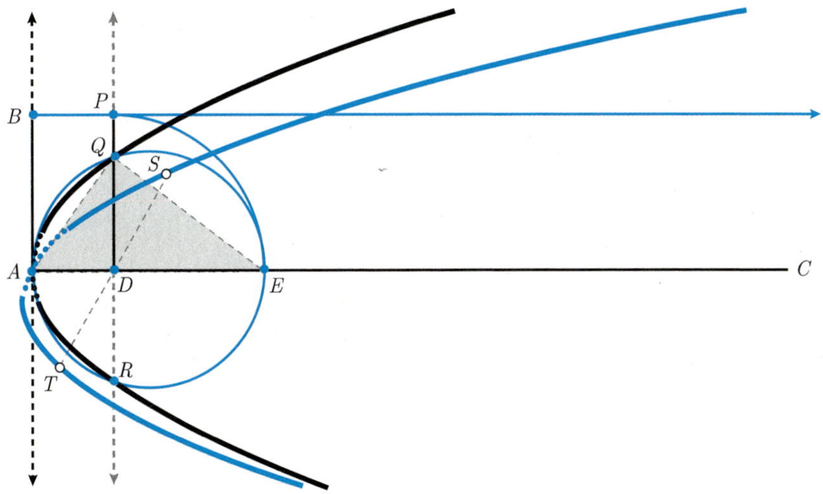

$\delta=\overline{AB}$인 포물선 그리기

B-2 쌍곡선 작도하기

주어진 값 $\delta:=\overline{AB}$ 를 매개변수로 하고 선분 AA' 을 횡단변transverse side; Apollonius 의 《conics》, 직선 AA' 을 직경으로 하는 쌍곡선을 작도하기 위해서 먼저 직선 $A'A$ 와 점 A 를 지나는 수선 AB 를 아래의 그림처럼 긋는다. 다음으로 반직선 $A'B$ 위에 놓인 점 P를 임의로 잡아 직선 $A'A$ 에 내린 수선의 발을 D 라 한다. 여기서 점 D 를 중심으로 반지름의 길이가 $\overline{DP}$ 인 원을 그려 직선 AA' 과의 교점 E 를 잡은 후, $\overline{AE}$ 를 지름으로 하는 원과 수선 PD 의 교점을 Q 라 한다. 이제 점 P 에는 '[보기(D)]↘ 점에 애니메이션 주기(A)'를 명령하고, 점 Q 에는 '[보기(D)]↘ 점

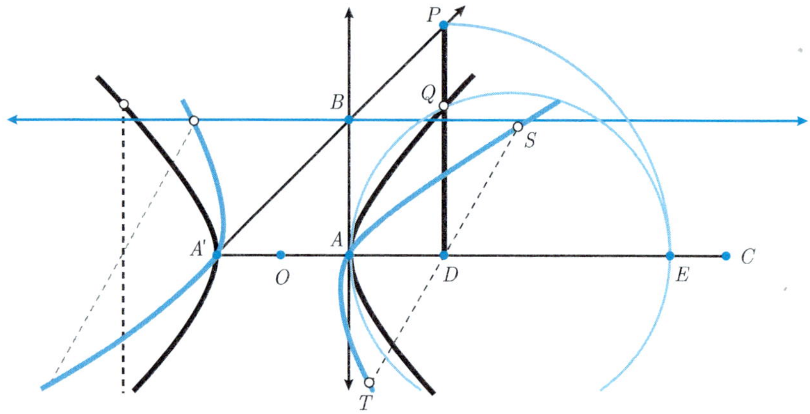

$\delta=\overline{AB}$이고 횡단변이 AA'인 쌍곡선 그리기

의 흔적 남기기(T)'를 명령하여 실행하면 δ를 직경 AA'에 대응되는 매개변수로 하고, 대응되는 종선을 $\overline{DQ}$로 하는 쌍곡선을 얻을 수 있다. 또, 점 D를 중심으로 점 Q를 적절히 회전시켜 얻은 점 S에 '[보기(D)]↘점의 흔적 남기기(T)'를 명령하여 실행하면 δ를 직경 AA'에 대응되는 매개변수로 하고, 대응되는 종선을 $\overline{DS}$로 하는 쌍곡선도 얻을 수 있다.

B-3 타원 작도하기

주어진 값 $\delta := \overline{AB}$를 매개변수로 하고 선분 AA'을 직경으로 하는 타원을 작도하기 위해서 먼저 선분 AA'과 점 A를 지나는 수선 AB를 아래의 그림처럼 긋는다. 다음으로 선분 $A'B$ 위에 놓인 점 P를 임의로 잡아 선분 $A'A$에 내린 수선의 발을 D라 한다. 여기서 점 D를 중심으로 반지름의 길이가 $\overline{DP}$인 원을 그려 선분 AA'과의 교점 E를 잡은 후, $\overline{AE}$를 지름으로 하는 원과 수선 PD의 교점을 Q라 한다. 이제 점 P에는 '[보기(D)]↘점에 애니메이션 주기(A)'를 명령하고, 점 Q에는 '[보기(D)]↘점의 흔적 남기기(T)'를 명령하여 실행하면 δ를 직경 AA'에 대응되는 매개변수로 하고, 대응되는 종선을 $\overline{DQ}$로 하는 타원을 얻을 수 있다. 또, 점 D를 중심으로 점 Q를 적절히 회전시켜 얻은 점 S에 '[보기(D)]

↘ 점의 흔적 남기기(T)'를 명령하여 실행하면 δ 를 직경 AA' 에 대응되는 매개변수로 하고, 대응되는 종선을 $\overline{DS}$ 로 하는 타원도 얻을 수 있다.

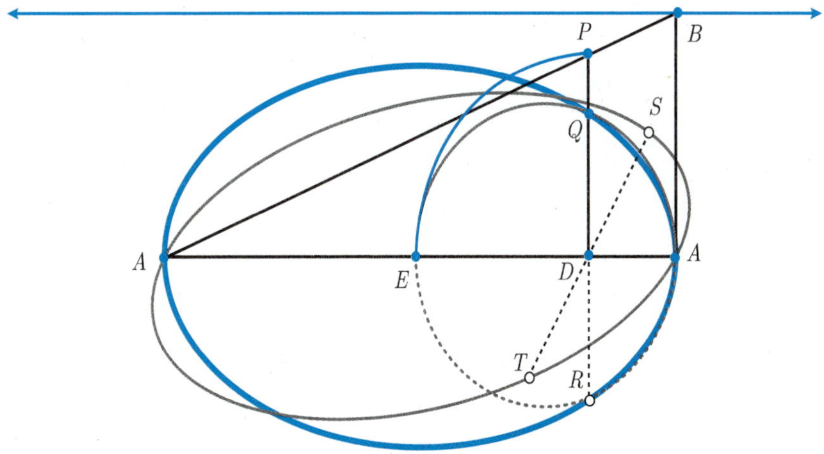

$\delta = \overline{AB}$이고 직경이 $\overline{AC}$인 타원 그리기

▶표 10-2 수학사 보충 자료 1

수학자	국적	연도
메나이크모스 Menaichmos	터키 Turkey	B.C. 380? ~ B.C. 320?
아폴로니우스 Apollonius	터키 Antalya, Turkey 그리스 Greece	B.C. 262? ~ B.C. 190?

▶표 10-3 수학사 보충 자료 2

수학자	국적	연도	주요 업적
아폴로니우스 Apollonios	그리스 Greece	B.C. 262? ~ B.C. 190?	• 원추곡선의 성질 연구 • 《원뿔곡선론》 8권 지음 • 타원, 쌍곡선, 포물선의 명칭을 사용

알렉산드리아의 후기

11

▶ 표 11-1 11장의 역사적 내용 개요

역사적 사실	연도	내용 개요
그리스 Greece	B.C. 146? ~	이탈리아반도로부터 밀려온 로마인의 지배에 의해 전쟁피해로 학문발전에 불리한 조건에 놓임

▶ 표 11-2 11장의 수학사적 내용 개요

수학자	연도	내용 개요
헤론 Heron	A.D. 10? ~ A.D. 70?	3변의 길이를 이용한 삼각형의 넓이 구하는 공식
메넬라우스 Menelaus	A.D. 30? ~ A.D. 100?	구면천문학의 기초, 구면삼각법에 관한 대 저서 3권 저술, 메넬라우스의 정리
톨레미 Ptolemy	A.D. 87? ~ A.D. 150?	수십 년에 걸친 천문학적인 관측을 근거로 13 권의 천문학의 대 저서를 집필, 톨레미의 정리
디오판토스 Diophantos	A.D. 220? ~ A.D. 280?	《수론(*Arithmetica*)》이라는 근세 정수론의 발판을 저술
피타고라스 Pythagoras	B.C. 570? ~ B.C. 495?	피타고라스의 정리

그리스는 B.C. 146년에 이탈리아반도로부터 밀려온 로마인에 의해 지배되면서 전쟁 피해로 인해 학문발전 면에서 불리한 조건 속에 놓여있었지만, 이에 비해 알렉산드리아는 여전히 학문과 문화의 중심지로서의 위치를 가질 수 있었으므로 **알렉산드리아의 후기**라 불리어도 손색이 없을 만큼 학문발전이 지속되었다.

그러나 교통의 발달과 더불어 동서의 사상교류는 점차 늘어났으며, 그 중에서도 특히 항해술을 위해 천문학과 삼각법의 연구가 활발해져 갔다.

알렉산드리아의 후기의 수학은 그리스의 전통을 이어 이론적이기도 했지만 동서 교류의 영향으로 실용면도 아주 중시했다. 이와 같은 풍조를 대표하는 수학자 중의 한 사람으로 헤론을 들 수 있다.

삼각형의 3 변의 길이를 a, b, c라 하고

$$2s = a + b + c$$

라 하면 그 삼각형의 넓이 S는

$$S = \sqrt{s(s-a)(s-b)(s-c)}$$

로 얻어진다고 말하는 **헤론의 공식**은 유명하다.

또, 천문학의 연구를 계승한 메넬라우스는 구면천문학의 기초를 열었으며, 구면삼각법에 관한 3 권의 저서를 남겼다.

먼저, **메넬라우스의 정리**라 불리는 유명한 아래 사실을 소개한다.

한 직선이 삼각형 ABC의 세 변 AB, BC, CA 또는 그 연장선과 각각 점 P, R, Q에서 만나면

$$\frac{\overline{AP}}{\overline{PB}} \cdot \frac{\overline{BR}}{\overline{RC}} \cdot \frac{\overline{CQ}}{\overline{QA}} = 1$$

이다.

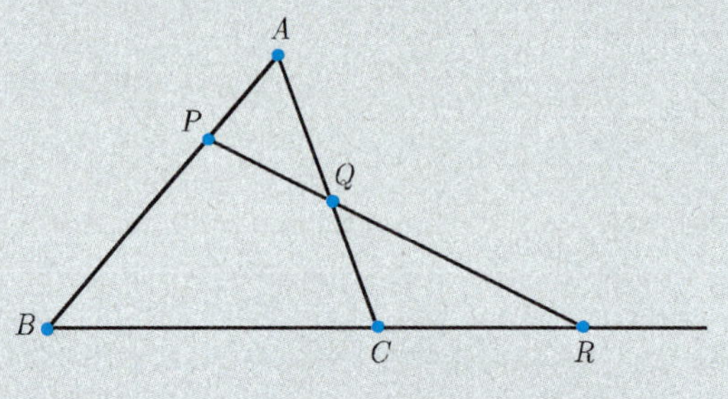

▶그림 11.1 메넬라우스의 정리

또한 톨레미는 수십 년에 걸친 천문학적인 관측을 근거로 13 권의 천문학 저서를 집필했다.

원에 내접하는 사각형 $ABCD$ 에 대해서

$$\overline{AB} \cdot \overline{CD} + \overline{AD} \cdot \overline{BC} = \overline{AC} \cdot \overline{BD}$$

이다.

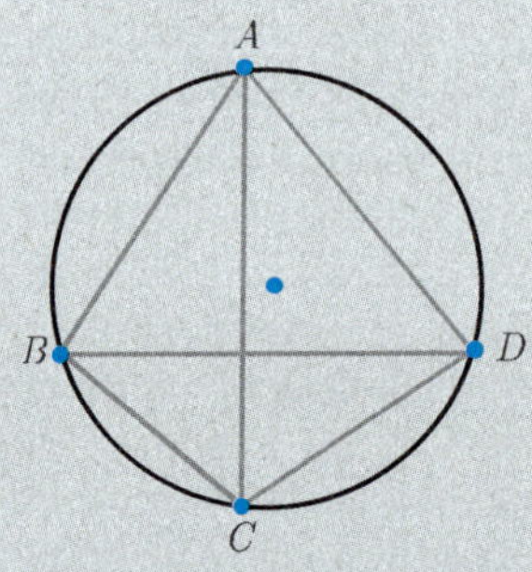

▶그림 11.2 톨레미의 정리

이것을 **톨레미의 정리**라 부르고 있다.

또 다른 생각

일반적으로 사각형 $ABCD$ 에서 부등식

$$\overline{AB} \cdot \overline{CD} + \overline{AD} \cdot \overline{BC} \geq \overline{AC} \cdot \overline{BD}$$

가 성립하며, 특히 "="가 성립하면 사각형 $ABCD$ 는 한 원에 내접한다. 이것은 톨레미의 정리의 역도 성립함을 말하고 있다.

한편 알렉산드리아시대의 말기에는 근세의 정수론의 아버지라 불리는 디오판토스가 《수론Arithmetica》이라는 근세 정수론의 발판을 다진 책을 저술하였다. 그는 또한 일차방정식과 이차방정식에 관한 연구도 수행하였다. 이런 의미에서 대수학을 처음으로 시작한 사람으로도 볼 수 있다. 예를 들면 그는

"두 수의 합은 10 이고, 제곱의 차는 40 이다. 두 수는 각각 얼마인가?"

라는 문제를 다음과 같이 풀었다.

두 수를 각각

$$5+x,\ 5-x$$

라 하면 문제의 뜻에 따라

$$(5+x)^2-(5-x)^2=40.$$

따라서

$$20x=40.$$

$$\therefore \quad x=2$$

그러므로 두 수는

$$5+2=7 \text{ 과 } \quad 5-2=3$$

이다.

디오판토스는 또한 여러 가지 방법으로 이차방정식을 풀려고 시도했지만, 음인 수에 관한 생각이 빠져있었고 이차방정식 풀이에 대한 일관된 방법도 찾지 못했다. 결국 이차방정식의 일반적인 해법은 그 이후 인도인들에 의해 제시될 때까지 기다릴 수밖에 없는 실정이었다.

지금부터 이 장의 도입부에서 소개한 '헤론의 공식'과 그것을 이용한 두 개의 관련 정리에 대해 살펴보기로 하자.

11.1 수학자의 생각

헤론의 공식을 증명하여라.

수학사적 풀이 28

아래 [그림 11.3]과 같이 $\triangle ABC$에서

$$\overline{BC} = a,\ \ \overline{CA} = b,\ \ \overline{AB} = c$$

라 하고

$$s = \frac{1}{2}(a+b+c)$$

라 한다. 또 $\triangle ABC$의 내심을 I, 내접원이 3변 BC, CA, AB와 접하는 접점을 차례로 D, E, F, 내접원의 반지름의 길이는 r이라 한다.
이때 원 밖의 한 점에서 그 원에 그은 접선의 길이는 같으므로

$$\overline{AE} = \overline{AF},\ \overline{BF} = \overline{BD},\ \overline{CD} = \overline{CE}$$

이다.

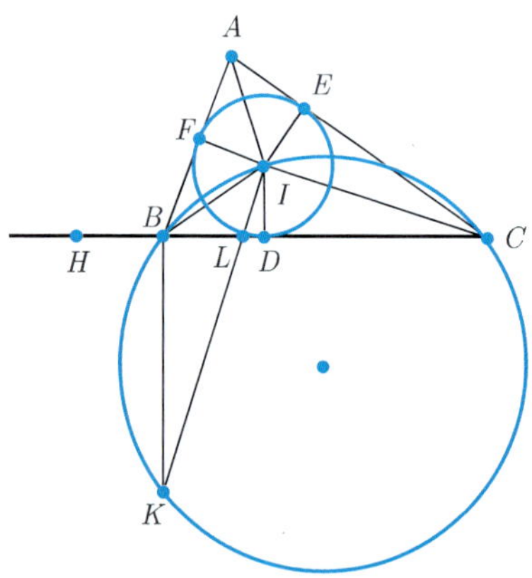

▶그림 11.3 $\triangle ABC$의 내심 I

28 여기서 소개하는 증명과정은 조금 긴 느낌을 주지만 헤론 자신의 것으로 전해지고 있다.

따라서

$$\overline{AE} + \overline{BD} + \overline{DC} = s\,.$$

한편

$$\overline{BD} + \overline{DC} = a,\ \ \overline{CE} + \overline{EA} = b,\ \ \overline{AF} + \overline{FB} = c$$

이므로

$$\overline{AE} = \overline{AF} = s - a,\ \overline{BD} = \overline{BF} = s - b,\ \overline{CD} = \overline{CE} = s - c \quad \cdots\cdots \ (11.1)$$

이다. 또한

$$\begin{aligned} S &= \triangle ABC = \triangle IBC + \triangle ICA + \triangle IAB \\ &= \frac{1}{2}ar + \frac{1}{2}br + \frac{1}{2}cr = \frac{1}{2}(a+b+c)r = rs \end{aligned}$$

로부터

$$S^2 = r^2 s^2 \quad \cdots\cdots \ (11.2)$$

이다. 다음으로 $\overline{CB}$를 꼭짓점 B쪽으로 연장한 선상에

$$\overline{BH} = \overline{AF}\,(= s - a) \quad \cdots\cdots \ (11.3)$$

를 만족하는 점 H를 잡으면

$$\overline{CH} = \overline{CB} + \overline{BH} = a + (s - a) = s \quad \cdots\cdots \ (11.4)$$

이며, 이를 (11.2)에 대입하여

$$S^2 = r^2 \cdot \overline{CH}^2 \quad \cdots\cdots \ (11.5)$$

을 얻을 수 있다. [그림 11.3]과 같이 꼭짓점 B에서 $\overline{BC}$에 세운 수선과 내심 I에서 $\overline{IC}$에 세운 수선과의 교점을 K라 하고, $\overline{IK}$와 $\overline{BC}$의 교점을 L이라 한다. 이때

$$\angle KBC = 90°,\ \ \angle KIC = 90°$$

이므로 네 점 K, B, I, C는 한 원 위에 놓여있다. 그러므로

$$\angle BIC + \angle BKC = 180° \qquad \cdots\cdots (11.6)$$

한편 I는 내심이므로 $\overline{IA}$, $\overline{IB}$, $\overline{IC}$는 각각 $\angle EIF$, $\angle FID$, $\angle DIE$를 이등분하므로

$$\frac{1}{2}(\angle EIF + \angle FID + \angle DIE) = 180°.$$

따라서

$$\angle AIF + \angle BIC = \frac{1}{2}\angle EIF + \frac{1}{2}(\angle DIF + \angle DIE) = 180° \qquad \cdots\cdots (11.7)$$

(11.6)과 (11.7)로부터

$$\angle AIF = \angle CKB.$$

$$\therefore\ \triangle AIF \backsim \triangle CKB$$

그러므로

$$\overline{BC} : \overline{BK} = \overline{AF} : \overline{FI} = \overline{BH} : \overline{ID}.$$

$$\therefore\ \frac{\overline{BC}}{\overline{BH}} = \frac{\overline{BK}}{\overline{ID}} = \frac{\overline{BL}}{\overline{LD}},\ \text{즉}\ \frac{\overline{BC}}{\overline{BH}} = \frac{\overline{BL}}{\overline{LD}}$$

$$\therefore\ \frac{\overline{BC} + \overline{BH}}{\overline{BH}} = \frac{\overline{BL} + \overline{LD}}{\overline{LD}},\ \text{즉}\ \frac{\overline{CH}}{\overline{BH}} = \frac{\overline{BD}}{\overline{LD}}$$

따라서

$$\frac{\overline{CH}^2}{\overline{CH} \cdot \overline{BH}} = \frac{\overline{CH}}{\overline{BH}} = \frac{\overline{BD}}{\overline{LD}} = \frac{\overline{BD} \cdot \overline{DC}}{\overline{LD} \cdot \overline{DC}} = \frac{\overline{BD} \cdot \overline{DC}}{\overline{ID}^2} = \frac{\overline{BD} \cdot \overline{DC}}{r^2}.$$

($\because$ $\angle LIC = 90°$인 직각삼각형 LIC에서 $\angle IDC = 90°$이므로 유클리드의 정리로부터 $\overline{LD} \cdot \overline{DC} = \overline{ID}^2$이 성립함) 그러므로 (11.1), (11.3), (11.4)로부터

$$r^2 \cdot \overline{CH}^2 = \overline{BD} \cdot \overline{DC} \cdot \overline{CH} \cdot \overline{BH} = (s-b)(s-c)s(s-a).$$

이 식을 (11.5)에 대입하면

$$S^2 = s(s-a)(s-b)(s-c)$$

이 얻어진다.

11.2 수학자의 생각

삼각형의 내접원의 반지름의 길이를 r이라 하면

$$r = \sqrt{\frac{(s-a)(s-b)(s-c)}{s}}$$

임을 보여라.

수학사적 풀이

'수학자의 생각 11.1'로부터

$$S = \sqrt{s(s-a)(s-b)(s-c)}\,.$$

또, (11.2)로부터

$$S = rs\,.$$

$$\therefore\ rs = \sqrt{s(s-a)(s-b)(s-c)}\,,\ 즉\ r = \sqrt{\frac{(s-a)(s-b)(s-c)}{s}}\,.$$

11.3 수학자의 생각

삼각형의 외접원의 반지름의 길이를 R, 넓이를 S라 하면

$$R = \frac{abc}{4S} = \frac{abc}{4\sqrt{s(s-a)(s-b)(s-c)}}$$

임을 보여라.

수학사적 풀이

아래의 [그림 11.4]처럼 점 A를 지나는 지름의 다른 끝점을 E, A에서 $\overline{BC}$에 내린 수선의 발을 D라 하면

$$\angle AEB = \angle ACD, \ \angle ABE = \angle ADC = 90°.$$

$$\therefore \ \triangle ABE \backsim \triangle ADC$$

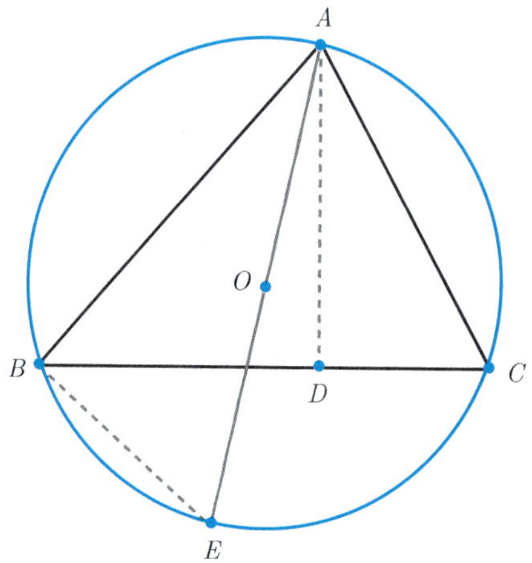

▶그림 11.4 $\triangle ABE \backsim \triangle ADC$

따라서

$$\overline{AB} : \overline{AE} = \overline{AD} : \overline{AC}.$$

$$\therefore \ \overline{AB} \cdot \overline{AC} = \overline{AD} \cdot \overline{AE}$$

이 양변에 $\overline{BC}$를 곱해서

$$\overline{AB} \cdot \overline{BC} \cdot \overline{CA} = (\overline{AD} \cdot \overline{BC}) \cdot \overline{AE} = 2S \cdot 2R.$$

$$\therefore \ abc = 4RS, \text{ 즉 } R = \frac{abc}{4S}.$$

지금까지 헤론의 공식과 그 공식을 이용하여 내접원의 반지름의 길이 및 외접원의 반지름의 길이를 구하는 것에 대해 알아보았다.

다음으로 이 장의 도입부에서 이야기한 '메넬라우스의 정리'와 '톨레미의 정리'의 각 증명 방법에 대해 살펴보기로 하자.

11.4 수학자의 생각

메넬라우스의 정리를 증명하여라.

수학사적 풀이

아래의 [그림 11.5]와 같이 꼭짓점 C를 지나고 $\overline{PR}$에 평행인 직선을 그어 $\overline{AB}$와 만나는 점을 S라 하면

$$\frac{\overline{AP}}{\overline{PB}} \cdot \frac{\overline{BR}}{\overline{RC}} \cdot \frac{\overline{CQ}}{\overline{QA}} = \frac{\overline{AP}}{\overline{PB}} \cdot \frac{\overline{PB}}{\overline{PS}} \cdot \frac{\overline{PS}}{\overline{AP}} = 1\,.$$

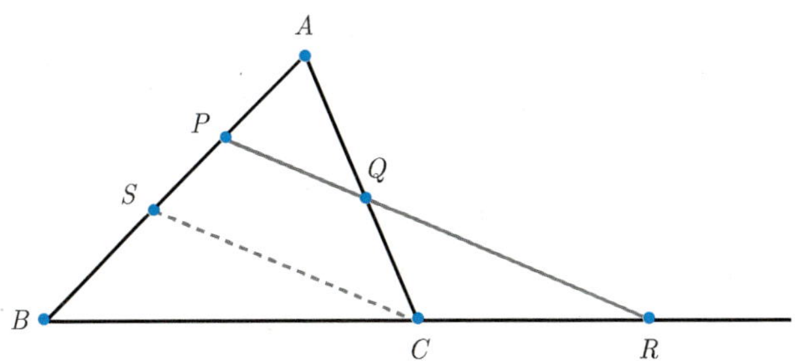

▶그림 11.5 메넬라우스의 정리

11.5 수학자의 생각

톨레미의 정리를 증명하여라.

수학사적 풀이

아래의 [그림 11.6]과 같이 꼭짓점 C를 지나고 $\overline{BD}$에 평행인 직선을 그어 원과 만나는 점을 E라 하고, $\overline{AE}$와 $\overline{BD}$의 교점을 K라 하면

$$\angle BAK = \angle CAD (\because \angle BAC = \angle KAD), \ \angle ABD = \angle ACD$$

$$\therefore \triangle ABK \backsim \triangle ACD$$

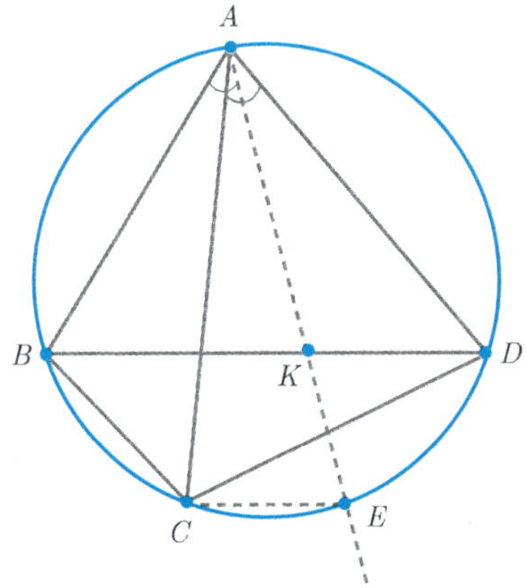

▶그림 11.6 $\triangle ABK \backsim \triangle ACD$, $\triangle BAC \backsim \triangle KAD$

따라서

$$\overline{AB} : \overline{AC} = \overline{BK} : \overline{CD}.$$

$$\therefore \overline{AB} \cdot \overline{CD} = \overline{AC} \cdot \overline{BK} \qquad \cdots\cdots\cdots (11.8)$$

한편

$$\angle ACB = \angle ADK, \ \angle BAC = \angle KAD.$$

$$\therefore \triangle BAC \backsim \triangle KAD$$

그러므로

$$\overline{BC} : \overline{AC} = \overline{KD} : \overline{AD}.$$

$$\therefore \overline{BC} \cdot \overline{AD} = \overline{AC} \cdot \overline{KD} \qquad \cdots\cdots\cdots (11.9)$$

(11.8) + (11.9)로부터

$$\overline{AB}\cdot\overline{CD}+\overline{BC}\cdot\overline{AD}=\overline{AC}\cdot(\overline{BK}+\overline{KD})=\overline{AC}\cdot\overline{BD}.$$

또 다른 풀이

아래의 [그림 11.7]처럼 $\angle BAC=\angle KAD$를 만족하는 점 K를 $\overline{BD}$ 위에 잡으면

$$\triangle ABC \backsim \triangle AKD.$$

$$\therefore\ \overline{BC}:\overline{AC}=\overline{KD}:\overline{AD},\ 즉\ \overline{BC}\cdot\overline{AD}=\overline{AC}\cdot\overline{KD}.$$

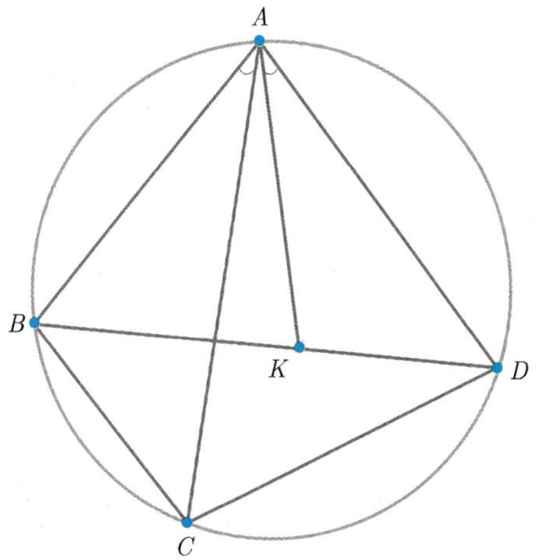

▶그림 11.7 $\triangle ABC \backsim \triangle AKD$, $\triangle ABK \backsim \triangle ACD$

한편

$$\triangle ABK \backsim \triangle ACD.$$

$$\therefore\ \overline{AB}:\overline{AC}=\overline{BK}:\overline{CD},\ 즉\ \overline{AB}\cdot\overline{CD}=\overline{AC}\cdot\overline{BK}.$$

그러므로

$$\overline{AB}\cdot\overline{CD}+\overline{BC}\cdot\overline{AD}=\overline{AC}\cdot(\overline{BK}+\overline{KD})=\overline{AC}\cdot\overline{BD}.$$

마지막으로 톨레미의 정리를 이용하여 피타고라스의 정리를 증명하는 과정을 살펴보기로 하자.

11.6 수학자의 생각

직각삼각형에 대한 피타고라스의 정리를 톨레미의 정리를 적용하여 증명하여 보아라.

수학사적 풀이

$\angle C = 90°$인 직각삼각형 ABC의 외접원을 그려, 꼭짓점 C의 원의 중심 O에 관한 대칭점을 C'이라 하면 사각형 $AC'BC$는 직사각형이다.

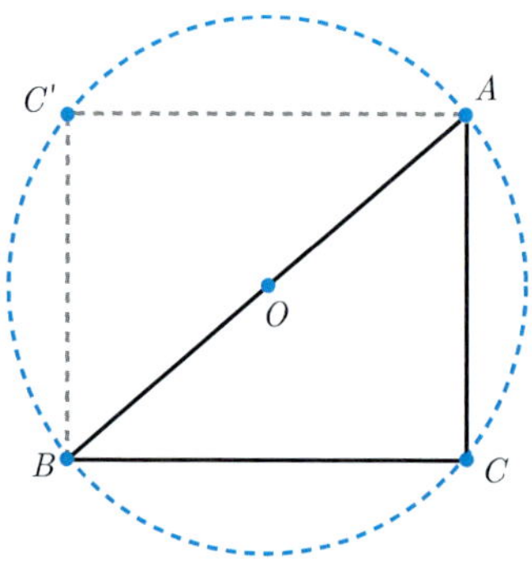

이때 톨레미의 정리로부터

$$\overline{AB} \cdot \overline{C'C} = \overline{AC'} \cdot \overline{BC} + \overline{C'B} \cdot \overline{AC}$$

가 성립한다. 그런데

$$\overline{AC'} = \overline{BC},\ \overline{C'B} = \overline{AC},\ \overline{AB} = \overline{CC'}$$

이므로 위의 등식으로부터

$$\overline{AB}^2 = \overline{BC}^2 + \overline{AC}^2$$

을 얻을 수 있다.

▶ 표 11-3 11장의 수학사 보충 자료 1

수학자	국적	연도
헤론 Heron	그리스 Greece	A.D. 10 ~ A.D. 70
톨레미 Ptolemy	그리스 Alexandria, Egypt	A.D. 87 ~ A.D. 150
디오판토스 Diophantos	그리스 Alexandria, Egypt	A.D. 220 ~ A.D. 280
피타고라스 Pythagoras	그리스 Samos, Greece	B.C. 570 ~ B.C. 495

▶ 표 11-4 11장의 수학사 보충 자료 2

수학자	국적	연도	주요 업적
헤론 Heron	그리스 Greece	B.C 130 ~ B.C 75?	• 측량기구 제조 • 헤론의 공식(삼각형의 넓이) 발견 $\sqrt{s(s-a)(s-b)(s-c)}$, $s=\frac{1}{2}(a+b+c)$
디오판토스 Diophantos	그리스 Greece	B.C 246? ~ B.C 330?	• 《산학》 13권 지음: 대수적 수론을 해석적 논법으로 씀 • 부정방정식 연구 • 생략속기법의 대수적 표기를 이용: 지수법칙 생각

MEMO

인도의 수학 12

▶표 12-1 12장의 역사적 내용 개요

시기	연도	내용 개요
아소카Asoka왕	B.C. 304? ~ B.C. 232?	고대 인도의 마우리아왕조 제 3 대왕
구텐베르크 Gutenberg	A.D. 1398 ~ A.D. 1468	인쇄술의 발명

▶표 12-2 12장의 수학사적 내용 개요

수학자	연도	내용 개요
디오판토스 Diophantos	A.D. 220 ~ A.D. 280	이차방정식 연구
아리아바타 Aryabhata	A.D. 476 ~ A.D. 550	이차방정식 취급
브라마굽타 Brahmagupta	A.D. 598 ~ A.D. 668	이차방정식 취급
바스카라 Bhaskara	A.D. 1114 ~ A.D. 1185	이차방정식을 가장 일반적인 형태로 취급
히폴리토스 Hippolytos	A.D. 170 ~ A.D. 236	3세기의 로마의 신학자, 9거법

이집트, 바빌로니아, 그리스, 로마 등에서 사용한 숫자는 어느 것이나 10 진법에 의한 기법이었는데, 하나의 단위가 10 개 모여 자리수가 올라감과 동시에 나라에 따라 새로운 기호를 사용하여 나타내고 있었다.[29]

우리가 현재 수를 나타내는 기법에서는

$$1,\ 2,\ 3,\ 4,\ 5,\ 6,\ 7,\ 8,\ 9$$

로 헤아린 후, 그 다음의 10 을 나타내기 위해서는 위의 9 개의 숫자 이외에 또 하나 0 이라는 기호를 준비하여

$$10$$

으로 나타내고 있다. 그 다음은

$$11,\ 12,\ 13,\ \cdots,\ 20,\ 21,\ \cdots,\ 90,\ \cdots,\ 99$$

로 표시하며, 10 이 10 개 모였을 때에는 새로운 기호를 도입하지 않고

$$100$$

으로 나타내고 있다. 다시 말해서 1, 2, 3, 4, 5, 6, 7, 8, 9 라는 9개의 숫자 이외에 0 이라는 기호를 이용하여 이른바 자리수의 기호로 사용함으로써, 예를 들어

$$5806924$$

처럼 단지 1, 2, 3, 4, 5, 6, 7, 8, 9, 0 의 10 개의 숫자를 써서 모든 수를 표현하고 있다. (아라비아숫자라고 불림. 13장 참조)

29 오늘날 우리가 쓰고 있는 1 에서 9 까지의 숫자의 기원은 고대 인도의 B.C. 3세기 반경의 아소카왕의 명령에 의해 기둥에 새겨진 비문 속에서 찾아볼 수 있다. 이 숫자는 시대와 더불어 조금씩 변화했으며, 특히 실제로 숫자를 써서 나타낼 때에는 그 시대의 사용하는 사람들의 영향을 받아 여러 가지 형태로 변하였기 때문에 1 에서 9 까지의 표준적인 글자 모양은 없었던 것으로 알려지고 있다. 현재의 글자 모양으로 확정되어 널리 사용하게 된 것은 1450년경의 구텐베르크에 의한 인쇄술의 발명으로 1 에서 9 까지의 활자의 모형이 정해진 후부터이다.

이와 같이 0 이라는 기호를 이용한 자릿수기법을 생각한 사람은 인도인들이였으며, 이를 보통 **0 의 발견**이라 부르고 있다. 이 0 의 발견이야말로 인도인들이 우리에게 남긴 최대의 유산이라 할 수 있다.[30]

5 세기에 서로마제국이 멸망하고부터 500 년 동안 유럽은 문화적으로 암흑시대였다. 1096 년부터 시작해서 1297 년에 끝난 7 차례에 걸친 십자군원정으로 지중해무역이 활발히 진행됨으로써 이탈리아의 상업도시와 오리엔트[31]의 여러 나라 사이에 상거래를 통한 국제금융이란 흐름이 일어나게 되었다.

이렇게 해서 유럽에서의 아라비아숫자는 우선 상인들 사이에서 통용되었으나, 그렇다고 상인들 사이에서 조차도 바로 널리 사용된 것은 아니었다. 로마숫자를 사용하는 편이 수의 표기가 분명하고 확실하기 때문에 표현의 오류가 거의 일어나지 않는 것에 비해, 글자가 원인도 모르는 이상한 굴곡을 가진 아라비아숫자는 오기를 할 경우도 많고 판독도 할 수 없는 경우도 있었을 것이라 추측된다. 14 세기경 독일의 상인들 사이에 아라비아숫자에 관한 아래와 같은 해설이 있었다고 전해지는데, 이는 아마 오랜 기간 동안 로마숫자에 길든 사람들이 아라비아숫자를 대했을 때의 곤혹감을 적나라하게 나타낸 것이라 생각된다.

1 은 '혀', 2 는 '굽은 자루', 3 은 '돼지꼬리', 4 는 '소시지',
5 는 '돛대', 6 은 '숫양의 뿔', 7 은 '꺾쇠', 8 은 '체인', 9 는 '곤봉',
10 은 '작은 동그라미와 혀를 합친 것'

30 인도인들이 발견한 0 을 유럽에 처음 소개한 사람은 아탈리아의 수학자인 피사Pisa의 레오나르도Leonardo, 일명 피보나치Fibonacci로서, 13세기 초에 쓰인 그의 저서 《주판에 관한 책Liber Abaci》을 통해서이다. 이 책에서 그는

"9개의 인도의 수는 아래와 같다.

9 8 7 6 5 4 3 2 1

이들 9개의 수와, 아라비아인이 zephir라 부르는 기호 0를 써서 …"

라고 소개하고 있다고 한다.

31 인도의 인더스강 서쪽에서 지중해 연안까지 펼쳐져 있는 지역을 말한다.

또, 당시의 사람들은 0을 붙인 것만으로 자리수가 올라간다는 수의 구조를 이해하기는 무척 어려웠다고 하며, 한편 역으로 이를 이용하여 금액을 높게 한 악덕상인들이 있었다고도 전해진다.

유럽 사람들이 아라비아숫자와 그 표기법에 숙달되어 그것을 이용한 산술이 조금씩 보급되게 된 것은 16세기에 들어와서였다.

10진법에서의 세 자리의 수에 대한 다음의 3가지 문제에 대해 같이 생각해보자.

12.1 수학자의 생각

10진법에서 3자리의 수 xyz는

$$100x + 10y + z$$

인 꼴로 표현할 수 있다. 이때 만약 $x+y+z$가 3으로 나누어떨어진다면 이 수는 3의 배수임을 보여라.

수학사적 풀이

등식

$$100x + 10y + z = (x+y+z) + 9(11x+y)$$

을 이용하여 쉽게 보일 수 있다. ●

12.2 수학자의 생각

만약 $x+y+z$가 9로 나누어떨어진다면 '수학자의 생각 12.1'에서의 3자리의 수 xyz는 9의 배수임을 보여라.

수학사적 풀이

등식

$$100x + 10y + z = (x+y+z) + 9(11x+y)$$

를 이용하여 보이면 된다. ●

12.3 수학자의 생각

3 자리의 수

$$100x + 10y + z$$

에서 $x+z$ 와 y 의 차가 11 의 배수이면 그 수 자신도 11 로 나누어떨어짐을 보여라.

수학사적 풀이

등식

$$\begin{aligned} 100x + 10y + z &= (99x + x) + (11y - y) + z \\ &= (x + z - y) + 11(9x + y) \end{aligned}$$

로부터 쉽게 알 수 있다.

12.1 이차방정식

이차방정식에 대한 이집트나 바빌로니아의 기록은 지극히 단편적이지만, 본격적으로 이차방정식을 연구한 사람은 아래와 같은 문헌상의 기록을 통해서 볼 때 알렉산드리아의 후기에 활동했던 헤론으로 여겨진다. 그는

> "주어진 정사각형의 넓이와 둘레의 합은 896 이다. 정사각형의 한 변의 길이는 얼마인가?"

라는 문제를 다음과 같이 풀고 있다.

정사각형의 한 변의 길이를 x 라 하면 문제의 뜻에 따라

$$x^2 + 4x = 896.$$

이 식의 양변에 4 를 더하면

$$x^2 + 4x + 4 = 896 + 4, \text{ 즉 } (x + 2)^2 = 900.$$

따라서

$$x+2=30,\ \text{즉}\ x=28.$$

그러므로 한 변의 길이는 28 이다. 이 경우에

$$x+2=30\quad\text{또는}\ x+2=-30$$

으로 생각할 필요는 없다. 왜냐하면 x 는 양수이므로 $x+2$ 도 양수이기 때문이다.

디오판토스도 이차방정식을 연구했다는 기록이 있다. 그가 보여준 해법의 한 예로 다음과 같은 것이 있다.

"두 수의 합은 20 이고 곱은 96 이라 한다. 두 수는 각각 얼마인가?"

라는 문제에 대해서 그는 두 수를 각각

$$10+x,\ 10-x$$

라 둔다. 이때 문제의 뜻에 따라

$$(10+x)(10-x)=96,\ \text{즉}\ 100-x^2=96.$$

$$\therefore\ x^2=4$$

따라서

$$x=2.$$

그러므로 두 수는

$$10+2=12\ \text{와}\ 10-2=8$$

이다.

이 경우에 디오판토스는

$$x^2=4$$

이므로

$$x = 2 \text{ 또는 } x = -2$$

로 풀지는 않았다. 실제로 $x = -2$를 택하더라도 두 수는

$$10 - 2 = 8 \text{ 와 } 10 + 2 = 12$$

로 되어 같은 답을 얻는다.

위에서 살펴본 헤론과 디오판토스가 제시한 두 개의 이차방정식에서는 음인 수라는 개념은 존재하지 않으며, 따라서 그들은 이차방정식에 2개의 근이 있음을 인정하고 있지 않았음을 알 수 있다.

양인 수, 0, 음인 수의 개념을 확립시켜 이차방정식에서는 2개의 근을 얻을 수 있음을 처음으로 확실히 받아드린 것은 인도인들의 작품이다. 인도의 수학자인 아리아바타, 브라마굽타, 바스카라 등은 이차방정식을 가장 일반적인 형태로 취급하고 있다.

인도의 세 수학자 아리아바타, 브라마굽타, 바스카라가 다룬 이차방정식에 대해 지금부터 구체적으로 살펴보자.

아리아바타는 이차방정식

$$ax^2 + bx + c = 0 \ (a \neq 0)$$

를 다음과 같이 풀고 있다. 먼저 양변을 a로 나누어

$$x^2 + \frac{b}{a}x + \frac{c}{a} = 0.$$

$$\therefore \ x^2 + \frac{b}{a}x = -\frac{c}{a}$$

양변에 $\dfrac{b^2}{4a^2}$을 더해서

$$x^2 + \frac{b}{a}x + \frac{b^2}{4a^2} = \frac{b^2}{4a^2} - \frac{c}{a}.$$

$$\therefore \ \left(x + \frac{b}{2a}\right)^2 = \frac{b^2 - 4ac}{4a^2}$$

따라서

$$x+\frac{b}{2a}=\frac{+\sqrt{b^2-4ac}}{2a} \text{ 또는 } x+\frac{b}{2a}=\frac{-\sqrt{b^2-4ac}}{2a}.$$

그러므로

$$x=\frac{-b+\sqrt{b^2-4ac}}{2a} \text{ 또는 } x=\frac{-b-\sqrt{b^2-4ac}}{2a}.$$

이것은 우리가 알고 있는 이차방정식의 해법과 똑같다.
그럼에도 불구하고 아리아바타와 브라마굽타는 때에 따라 양인 근, 때에 따라 음인 근을 택하기도 하였다고 한다.

이것과는 달리 이차방정식을 위의 방법으로 풀고, 이차방정식에는 2개의 근이 있음을 확실히 받아드린 사람은 바스카라이다. 그는 다음과 같이 말하고 있다.

> "양인 수의 제곱도, 음인 수의 제곱도 모두 양인 수이다. 따라서 양인 수의 제곱근은 2개 있고, 그 한 쪽은 양인 수, 다른 한쪽은 음인 수이다. 그러나 음인 수의 제곱근은 존재하지 않는다. 왜냐하면 음인 수는 절대로 어떤 수의 제곱이 될 수 없기 때문이다."

이차방정식에 대한 다른 여러 수학자들의 아이디어를 같이 따라가며 수학의 맛을 더 음미해보자.

12.4 수학자의 생각

아래의 문제를 디오판토스의 방법으로 풀어보아라.

"두 수의 합은 10, 곱은 21이라 한다. 두 수는 각각 얼마인가?"

수학사적 풀이

두 수를 $5+x$, $5-x$라 하면

$$(5+x)(5-x)=21.$$

$$\therefore \quad x=2$$

따라서 구하는 두 수는 7과 3이다.

12.5 수학자의 생각

이차방정식

$$ax^2+bx+c=0\ (a\neq 0)$$

의 두 근을 α, β라 하면

$$\alpha+\beta=-\frac{b}{a},\ \alpha\beta=\frac{c}{a}$$

임을 보여라.

수학사적 풀이

근의 공식으로부터 쉽게 얻을 수 있다.

12.6 수학자의 생각

이차방정식

$$ax^2+bx+c=0\ (a\neq 0)$$

의 두 근을 α, β라 하면

$$ax^2+bx+c=a(x-\alpha)(x-\beta)$$

임을 보여라.

수학사적 풀이

'수학자의 생각 12.5'의 결과를 이용하여

$$ax^2+bx+c=a\left(x^2+\frac{b}{a}x+\frac{c}{a}\right)=a\{x^2-(\alpha+\beta)x+\alpha\beta\}$$

를 얻을 수 있다. 따라서

$$ax^2 + bx + c = a(x-\alpha)(x-\beta).$$

12.7 수학자의 생각

[그림 12.1]과 같이 원에 내접하는 사각형 $ABCD$의 대각선 AC와 BD가 교점 P에서 직교하고 있다면, 점 P에서 $\overline{CD}$에 내린 수선을 반대방향으로 연장한 선분이 $\overline{AB}$의 중점 M을 지남을 보여라.

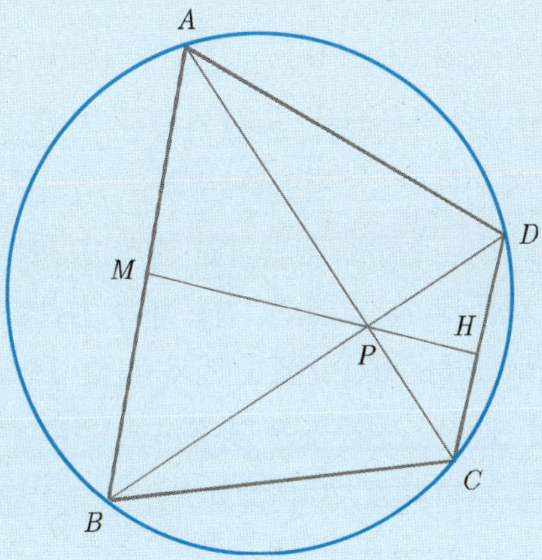

▶그림 12.1 $\overline{AM} = \overline{BM}$

수학사적 풀이

$$\angle ABD = \angle ACD = \angle DPH = \angle BPM.$$

$$\therefore \quad \overline{MB} = \overline{MP}$$

또,

$$\angle BAC = \angle BDC = \angle CPH = \angle APM.$$

$$\therefore \quad \overline{MA} = \overline{MP}$$

따라서

$$\overline{AM} = \overline{BM}.$$

●

위의 '수학자의 생각 12.7'은 브라마굽타의 정리이며 그 역도 성립한다.

12.2 9거법(9去法)

12 세기의 인도에서 사용된 검산방법으로 '9 거법'이라는 것이 있다. 인도의 계산법은 계산과정을 기록하지 않는(기록을 지워버리는) 것이었으므로 계산한 결과가 옳은지 아닌지를 검산하는 것은 무엇보다 중요한 일이었을 것이다. 그 후 16 세기의 유럽에 인도적인 계산방법이 널리 전파되었지만, 인쇄기술의 발달과 더불어 필산기술도 진보하여 계산도중에 체크가 가능하게 됨으로써 9 거법에 의한 검산방법도 점차 중요성을 잃어갔다.

9 거법은 3 세기의 로마의 신학자인 히폴리토스가 알고 있었지만 이것을 어떻게 사용했는지는 전해지고 있지 않고 있다.

9 거법에 대해 자세히 알아보자.

(가) 9거법의 실체

인도인들은

$$3759 + 2705 = 6464$$

라는 계산이 맞는지를 아래의 ⓐ ~ ⓓ와 같이 검산했다.

ⓐ 3759 의 각 자리의 숫자를 더한다.

$$3 + 7 + 5 + 9 = 24$$

다음으로 24 의 각 자리의 수를 더한다.

$$2+4=6 \qquad \cdots\cdots\cdots \quad (12.1)$$

ⓑ 2705 의 각 자리의 숫자를 더한다.

$$2+7+0+5=14$$

다시 14 의 각 자리의 숫자를 더한다.

$$1+4=5 \qquad \cdots\cdots\cdots \quad (12.2)$$

ⓒ 3759 + 2705 에 대응해서 (12.1) + (12.2)를 계산한다.

$$6+5=11$$

다시 11 의 각 자리의 숫자를 더한다.

$$1+1=2 \qquad \cdots\cdots\cdots \quad (12.3)$$

ⓓ 이번에는 계산결과인 6464 에 대해서 위에서와 같은 두 단계의 계산을 시행한다.

$$6+4+6+4=20,$$

$$2+0=2 \qquad \cdots\cdots\cdots \quad (12.4)$$

이때 (12.3) = (12.4)이므로 위의 계산 3759 + 2705 = 6464 는 맞는다고 판정한다. 그 이유에 대해서는 나중에 (나)에서 합동식과 9를 법으로 합동이라는 것에 대해 알아본 후에 설명하기로 한다.

그런데 위의 검산방법으로는

"계산의 결과가 절대로 틀리지 않다"

라고 주장할 수 없다는 것이 약점이다.

왜냐하면 (12.4)의 계산과정을 보면 알 수 있듯이 각 자리의 숫자를 더하고 있으므로 그 답을 6464 로 하든 6644 로 하든

$$6+4+6+4=6+6+4+4=20,$$
$$2+0=2$$

로 결과는 같다. 따라서 $3759+2705=6644$ 로 하더라도 (12.3) = (12.4)가 성립한다. 그러므로 위에서 살펴본 9거법의 검산방법 ⓐ ~ ⓓ는 필요조건이지 충분조건은 아님을 유의해야만 한다.

만약

$$3759+2705$$

를

$$6474$$

로 계산했다면

$$6+4+7+4=21,$$
$$2+1=3 \qquad \cdots\cdots\cdots \quad (12.5)$$

이다. 따라서 (12.3) ≠ (12.5)이므로 $3759+2705$ 를 6474로 계산한 것은 틀렸다고 결론지을 수 있다.

지금부터 이 방법을 **9 거법**이라 부르는 이유를 보다 일반적인 경우에서 알아보기로 하자.

먼저 가장 중요한 원리로서 우리는 다음이 성립함을 잘 알고 있다.

'어떤 수 X를 9로 나눈 나머지'

= '그 수 X의 각 자리의 숫자의 총합을 9로 나눈 나머지'

예를 들어 1234는

$$\begin{aligned}1234 &= 1000\times1+100\times2+10\times3+4\\ &=(999+1)\times1+(99+1)\times2+(9+1)\times3+4\\ &=(999\times1+99\times2+9\times3)+(1+2+3+4)\end{aligned}$$

와 같이 전개할 수 있으므로 위의 사실을 더욱 쉽게 이해할 수 있다.

다음으로 두 개의 양인 정수 X, Y에 대해서 다음과 같은 성질도 성립한다.

'$X+Y$를 9로 나눈 나머지'
= 'X를 9로 나눈 나머지' + 'Y를 9로 나눈 나머지'

단, 여기서 '$X+Y$를 9로 나눈 나머지'는 9보다 작지만 'X를 9로 나눈 나머지' + 'Y를 9로 나눈 나머지'는 9 이상일 수도 있다. 이 경우에는 후자를 다시 9로 나눔으로써 양자의 나머지가 같게 된다.

따라서 다음을 말할 수 있다.

'$X+Y$의 각 자리의 숫자의 총합을 9로 나눈 나머지'
= 'X의 각 자리의 숫자의 총합을 9로 나눈 나머지'
+ 'Y의 각 자리의 숫자의 총합을 9로 나눈 나머지'
(단, 9 이상일 경우에는 한 번 더 9로 나눈 나머지)

지금까지 살펴본 것이 9거법을 사용한 검산방법과 그 이름이 붙은 이유에 대해서이다.

9거법을 활용한 다음 문제를 친구와 짝을 이루어 같이 따라 해보자.

12.8 수학자의 생각

한 사람이 (i) ~ (iv)를 제안하고 또 한 사람은 (v)에 대해 답하여라.

(i) 0, 1, 2, 3, 4, 5, 6, 7, 8, 9를 한 번씩 써서 적당한 수를 만드시오.

(ii) 그 수의 배열을 적당히 바꾸어 새로운 수를 만드시오.

(iii) 큰 수에서 작은 수를 빼시오.

(iv) 그 답에서 적당히 한 숫자를 제거하고 남은 숫자를 말하세요.

(v) 당신이 뺀 숫자를 맞추어 보겠습니다.

왜일까? 그 이유를 설명하여라.

수학사적 풀이

(i)에서 만든 수를 예컨대 $abcdef$라 하자.

(ii)에서 만든 수를 $bcfdae$라 한다. 이때

$$a+b+c+d+e+f=b+c+f+d+a+e$$

이다.

(iii) 한편

$$a+b+c+d+e+f$$

를 9로 나눈 나머지와

$$b+c+f+d+a+e$$

를 9로 나눈 나머지는 같으므로, 큰 수에서 작은 수를 빼서 얻는 수를 $rstu$라 할 때, $rstu$는 9의 배수가 될 수밖에 없다.

(iv) $rstu$에서 만약 숫자 $0 \le t \le 9$를 뺀다면

$$r+s+u+?=9\text{의 배수}$$

이므로 t의 값을 알아 낼 수 있다.

(나) 합동식과 9거법

앞의 (가)에서 소개한 '9 거법'을 좀 더 효율적으로 알아보기 위해서 제8장의 8.4절에서 소개한 적이 있는 합동식을 도입하기로 한다.

합동식에 관한 성질을 좀 더 살펴볼 필요가 있으므로 합동식의 정의부터 다시 살펴보기로 하자.[32]

어떤 정수 a를 양인 정수 m으로 나누었을 때의 몫을 q, 나머지를 r이라 하면

$$a=mq+r,\ 0 \le r < m \qquad \cdots\cdots\cdots (12.6)$$

이 성립한다.

32 합동식이란 독일의 수학자 가우스에 의해 처음 도입되었다.

그러나 $a<0$ 인 경우에는 '나누다'라는 표현은 적절치 못함으로 이 경우에는 (12.6)이 성립하는 것으로 생각하기로 한다. 예를 들어

$$a=-27,\ m=5 \text{ 이면, } -27=5\times(-6)+3$$

인 경우에도 3은 −27을 5로 나눈 "나머지"로 부르기로 한다.

두 개의 정수 a, b를 어떤 양인 정수 m으로 나누었을 때 나머지가 같다면, a, b는 m을 **법**으로 **합동**이라 말하고 기호로는

$$a\equiv b \pmod{m}$$

으로 나타내기로 한다. 더욱이 a, b가 m을 법으로 합동이라 함은 $a-b$가 m으로 나누어떨어진다는 것과 동치이므로

$$a\equiv b \pmod{m} \iff a-b=mn \ (n\text{은 어떤 정수})$$

이다.

합동식이 가지는 여러 가지 성질들을 다음 정리에서 확인해 보자.

정리

합동은 등식처럼 ⓐ ~ ⓒ와 같은 성질을 갖고 있다.

ⓐ $a\equiv a \pmod{m}$

ⓑ $a\equiv b \pmod{m} \Rightarrow b\equiv a \pmod{m}$

ⓒ $a\equiv b \pmod{m},\ b\equiv c \pmod{m} \Rightarrow a\equiv c \pmod{m}$

이와 같은 3가지 성질을 만족하는 관계를 **동치관계**라 말한다.

합동은 ⓓ ~ ⓕ와 같은 덧셈, 뺄셈, 곱셈이 가능하다.

ⓓ $a\equiv b \pmod{m},\ c\equiv d \pmod{m} \Rightarrow a\pm c\equiv b\pm d \pmod{m}$

ⓔ $a\equiv b \pmod{m}$, k가 정수 $\Rightarrow ka\equiv kb \pmod{m}$

ⓕ $a\equiv b \pmod{m},\ c\equiv d \pmod{m} \Rightarrow ac\equiv bd \pmod{m}$

더욱이 정수 a, b가 다 같이 어떤 정수 k로 나누어떨어질 때 ⓖ와 ⓗ가 성립한다.

ⓖ k와 m의 최대공약수가 d이면

$$a \equiv b \pmod{m} \Rightarrow a \div k \equiv b \div k \pmod{m \div d}$$

따라서 k와 m의 최대공약수가 k이면

$$a \equiv b \pmod{m} \Rightarrow a \div k \equiv b \div k \pmod{m \div k}$$

ⓗ k와 m은 ± 1 이외에는 공약수를 갖지 않는다면

$$a \equiv b \pmod{m} \Rightarrow a \div k \equiv b \div k \pmod{m}$$

증명 ⓖ만 보이기로 한다.

k와 m의 최대공약수가 d이면

$$k = dg, \quad m = dn$$

으로 나타낼 수 있으며, 여기서 g와 n은 ± 1 이외에는 공약수를 갖지 않는다.

한편 a, b도 다 같이 정수 k로 나누어떨어지므로

$$a = ks, \quad b = kt$$

로 나타낼 수 있으므로

$$a - b = dg(s - t)$$

따라서 $dg(s-t)$는 $m = dn$으로 나누어떨어지며, 더욱이 $g(s-t)$는 n으로 나누어떨어진다.

그런데 g와 n은 공통인 약수를 갖지 않으므로 $s-t$는 n으로 나누어떨어진다. 즉

$$s \equiv t \pmod{n}$$

이 성립한다. 그런데

$$s = a \div k, \quad t = b \div k, \quad n = m \div d$$

이므로

$$a \div k \equiv b \div k \pmod{m \div d}$$

가 성립한다.

12.9 수학자의 생각

정수를 계수로 갖는 x의 다항식을 $f(x)$라 하고 $f(x)$는 다음과 같은 꼴로 주어져있다고 하자.

$$f(x) = a_n x^n + a_{n-1} x^{n-1} + a_{n-2} x^{n-2} + \cdots + a_2 x^2 + a_1 x + a_0$$

이때 두 개의 정수 p, q에 대해서

$$p \equiv q \pmod{m} \Rightarrow f(p) \equiv f(q) \pmod{m}$$

이 성립함을 보여라.

수학사적 풀이

먼저 다항식을 $f(x)$에서 최고 차수인 항 $a_n x^n$에 대해서 생각하기로 한다. 곱셈으로 합동식은 변하지 않으므로

$$p \equiv q \pmod{m} \Rightarrow p^n \equiv q^n \pmod{m}$$

이며, 더욱이 정수배에 대해서도 합동식은 변하지 않으므로

$$a_n p^n \equiv a_n q^n \pmod{m}$$

이다. 마찬가지로 해서

$$a_{n-1} p^{n-1} \equiv a_{n-1} q^{n-1} \pmod{m}$$

이다. 그런데 합동식은 덧셈에 대해서도 불변이므로

$$a_n p^n + a_{n-1} p^{n-1} \equiv a_n q^n + a_{n-1} q^{n-1} \pmod{m}$$

이다. 이와 같은 과정을 계속 시행함으로써

$$a_n p^n + a_{n-1} p^{n-1} + a_{n-2} p^{n-2} + \cdots + a_2 p^2 + a_1 p + a_0$$
$$\equiv a_n q^n + a_{n-1} q^{n-1} + a_{n-2} q^{n-2} + \cdots + a_2 q^2 + a_1 q + a_0 \pmod{m}$$

따라서

$$f(p) \equiv f(q) \pmod{m}$$

을 얻을 수 있다.

앞에서 알아본 9 거법이란 실제로 9 씩 제거해 나가는 것이지만, 제거한다는 것은 9 를 0 으로 보는 것과 같으므로 결국 9 를 법으로 생각하는 것이다. 즉

$$9 \equiv 0 \pmod{9}$$

이다. 예를 들어

$$\begin{aligned} 3759 - (3+7+5+9) &= (3000-3) + (700-7) + (50-5) + (9-9) \\ &= 3(1000-1) + 7(100-1) + 5(10-1) + (9-9) \end{aligned}$$

이므로

$$3759 - (3+7+5+9)$$

는 9 로 나누어떨어짐을 알 수 있다. 이를 합동식으로 나타내면

$$\begin{aligned} 3759 &\equiv 3+7+5+9 \pmod{9} \\ &\equiv 6 \pmod{9} \end{aligned}$$

즉, 3759 를 9 로 나누었을 때 나머지는 6 임을 말하고 있다.

이와 같은 사실을 합동식의 입장에서 알아보면 다음과 같다.

$$\begin{aligned} 3759 &= 3 \times 1000 + 7 \times 100 + 5 \times 10 + 9 \\ &= 3 \times 10^3 + 7 \times 10^2 + 5 \times 10 + 9 \end{aligned}$$

이므로, 여기서

$$f(x) = 3x^3 + 7x^2 + 5x + 9$$

로 두면

$$3759 = f(10).$$

한편

$$3+7+5+9 = f(1)$$

이다. 그런데

$$10 \equiv 1 \pmod 9$$

이므로 위의 결과로부터

$$f(10) \equiv f(1) \pmod 9$$

이다. 다시 말해서

$$3759 \equiv 3+7+5+9 \pmod 9$$

이다. 따라서 3759와 $3+7+5+9=24$와 $2+4=6$은 9를 법으로 합동이다. 이것이 합동식의 입장에서 본 9거법의 정당성에 대한 설명이다.

9거법의 활용 문제를 몇 개 살펴보기로 하자.

12.10 수학자의 생각

곱셈 $239 \times 4649 = 1111111$은 옳은가?

수학사적 풀이

$$239 \equiv 14 \equiv 5 \pmod 9, \quad 4649 \equiv 23 \equiv 5 \pmod 9$$

이므로

$$239 \times 4649 \equiv 5 \times 5 = 25 \equiv 7 \pmod{9}$$

이다. 그런데

$$1111111 \equiv 7 \pmod{9}$$

이므로 9 거법에 의해 이 계산은 틀리지는 않은 것 같다. 그런데 1111111 이라는 숫자에는 0 과 9 를 잘못 써넣을 가능성도 없으며, 또 숫자를 바꾸어 써넣을 잘못을 범할 가능성도 없으므로 이 답은 확실히 맞다.

12.11 수학자의 생각

곱셈 $127 \times 9721 = 1234567$은 옳은가?

수학사적 풀이

$$127 \equiv 10 \equiv 1 \pmod{9},\ 9721 \equiv 19 \equiv 10 \equiv 1 \pmod{9}$$

이므로

$$127 \times 9721 \equiv 1 \times 1 \equiv 1 \pmod{9}.$$

그런데

$$1234567 \equiv 28 \equiv 10 \equiv 1 \pmod{9}.$$

'수학자의 생각 14.3'의 경우와 마찬가지로 0 과 9 를 잘못 써넣을 가능성은 없으나, 숫자를 바꾸어 써넣을 잘못을 범할 가능성은 있으므로 9 거법만으로는 곱셈의 결과가 맞다고 단정지을 수는 없다.

12.12 수학자의 생각

$$2^{32} + 1 = 4294967297 = 641 \times 6700417$$

의 계산을 확인하여 보아라.

여기서 (12.12) + (12.13)을 구하면

$$105x + x = 105(p + q + 2r) + (15s + 21t + 70u)$$

즉,

$$\begin{aligned} x &= 105(p + q + 2r - x) + (15s + 21t + 70u) \\ &= 105w + (15s + 21t + 70u) \qquad \cdots\cdots\cdots \ (12.14) \end{aligned}$$

로 된다. 단, $w = p + q + 2r - x$ 이다.

식 (12.14)의 우변의 제 1 항은 105 의 배수임을 말하고 있는 것에 지나지 않으므로, $15s + 21t + 70u$ 를 구해서 105 의 배수로 적절히 조절하면 됨을 알 수 있다. 아마 5 세기경의 사람의 나이로 105 보다 큰 수를 생각한다는 것은 무리였을 것이다.

이렇게 해서 손자산경의 해법에서처럼 15, 21, 70 을 각각 곱해서 더한 이유를 이해했을 것으로 생각되며, 더욱이 그 수가 105 를 넘어서면 105 의 배수로 적절히 조절하면 된다는 말의 뜻도 이해했을 것으로 여겨진다.[33]

(라) 칠오삼 유희의 일반적인 해법

위의 (다)에서 살펴본 '칠오삼 유희'의 일반적인 해를 구하는 다음 정리를 살펴보자.

정리

어떤 수를 7, 5, 3 으로 나눈 나머지를 각각 s, t, u 라 하면 다음과 같은 연립합동식

$$x \equiv s \pmod 7 \qquad \cdots\cdots\cdots \ (12.15)$$

$$x \equiv t \pmod 5 \qquad \cdots\cdots\cdots \ (12.16)$$

$$x \equiv u \pmod 3 \qquad \cdots\cdots\cdots \ (12.17)$$

33 이와 같은 뜻에서 일본의 수학사에서는 칠오삼 유희를 '백오감산(百五減算)'으로 소개하고 있다.

은 105를 법으로 해서 단 하나의 해를 가지며, 그 해는

$$x = 105w + (15s + 21t + 70u) \quad (\text{단, } w\text{는 임의의 정수})$$

인 꼴로 나타낼 수 있다. 105를 법으로 해서 단 하나의 해를 가진다는 의미는

$$0 \leq x < 105$$

인 범위에서는 x가 단 한 개 구해진다는 뜻이다.

증명 만약 또 하나의 해를 x'이라 하면 (12.15), (12.16), (12.17)로부터

$$x \equiv x' \pmod 7$$
$$x \equiv x' \pmod 5$$
$$x \equiv x' \pmod 3$$

이다. 따라서

$$x - x' \equiv 0 \pmod{105}, \text{ 즉 } x \equiv x' \pmod{105}$$

이므로 $0 \leq x < 105$인 범위에서는 단 하나 존재한다. ●

또 다른 생각

위의 정리로부터 105를 넘지 않는다면

$$x = 15s + 21t + 70u$$

가 해이며, 105를 넘는다면 105를 빼면 됨 (위의 정리에서 $w = -1$로 한다)을 알 수 있다. ●

▶ 표 12-3 12장의 수학사 보충 자료 1

수학자	국적	연도
아소카 Asoka	인도 India	B.C. 304? ~ B.C. 232?
구텐베르크 Johannes Gutenberg	독일 Germany	A.D. 1398 ~ A.D. 1468
디오판토스 Diophantos	이집트 Alexandria, Egypt	A.D. 220? ~ A.D. 280?
아리아바타 Aryabhata	인도 India	A.D. 476? ~ A.D. 550?
브라마굽타 Brahmagupta	인도 India	A.D. 598? ~ A.D. 668?
바스카라 Bhaskara	인도 India	A.D. 1114 ~ A.D. 1185
히폴리토스 Hippolytos	그리스 Greece	A.D. 170? ~ A.D. 236?

▶ 표 12-4 12장의 수학사 보충 자료 2

수학자	국적	연도	주요 업적
디오판토스 Diophantos	이집트 Egypt	B.C. 220? ~ B.C. 280?	• 《신학》 13권 지음: 대수적 수론을 해석적 논법으로 씀 • 부정방정식 연구 • 생략속기법의 대수적 표기를 이용: 지수법칙 생각
브라마굽타 Brahmagupta	인도 India	A.D. 598? ~ A.D. 668?	• 원에 내접하는 사각형의 넓이 $\sqrt{(s-a)(s-b)(s-c)(s-d)}$ 단, $s=\frac{(a+b+c+d)}{2}$ • 원주율의 근삿값으로 $\sqrt{10}$ 사용

수학자	국적	연도	주요 업적
바스카라 Bhaskara	인도 India	A.D. 1114 ~ A.D. 1185	• 이차방정식에 두 근의 존재를 인정 • $1^3+2^3+3^3+\cdots+n^3$ $=(1+2+3+\cdots+n)^2$을 증명 • 《vija-ganita(代數)》 지음 • 원의 반지름을 원주의 $\frac{3438}{21600}$로 계산

MEMO

13 아라비아의 수학

▶ 표 13-1 13장의 수학사적 내용 개요

수학자	연도	내용 개요
알콰리즈미 Al-Khwarizmi	A.D. 780 ~ A.D. 850	《알제브르 알므카바라(*al-gebr w'al-muqabala*)》라는 대수학에 관한 저서 집필.

7세기경 아라비아Arabia[34]는 회교를 중심으로 한 종교의 나라로서 대단히 큰 세력이 형성되었다. 아라비아는 종교적인 힘과 무력으로 페르시아Persia를 정복하고, 더욱이 지중해연안, 이집트, 스페인까지 정복했다. 그러나 그 당시의 회교 교주는 항상 학문을 보호하고 장려했기 때문에 아라비아는 종교국가로서 뿐만이 아니라 문화국가로서도 번영하였다. 그래서 아라비아 이전의 유명한 수학자들인 유클리드, 아르키메데스, 디오판토스, 톨레미 등의 저서가 하나하나 아라비아어로 번역됨으로써 그리스의 수학은 아라비아로 전파되었다.

34 아시아 남서부 페르시아 만, 인도양, 아덴 만, 홍해에 둘러싸여 있는 지역. 대부분이 사막이므로 주민들은 오아시스 부근에서 농사를 짓는다. 7세기 초에 마호메트가 통일한 후 이슬람 제국으로 번영하다가 16세기에 터키의 지배를 받게 되었으며, 18세기 말에 민족 운동을 통하여 사우디아라비아, 쿠웨이트, 예멘 등의 나라로 독립하였다. 매장량이 풍부한 유전 지대가 있다.

또, 아라비아인들은 상인으로 여러 곳을 여행했기 때문에 인도의 수학도 아라비아로 유입됨으로써 12장에서 소개하였던 적이 있는 인도의 놀라운 기수법이 아라비아를 거쳐 유럽으로 전파되게 되었다. 그래서 인도에서 발명된 1, 2, 3, 4, 5, 6, 7, 8, 9, 0 이라는 숫자를 유럽에서는 **아라비아숫자**라 부르고 있다.

아라비아의 수학자 알콰리즈미는 《알제브르 알므카바라al-gebr w'al-muqabala》라는 대수학에 관한 저서를 남겼으며, 그는 이 책에서 예를 들어 일차방정식

$$5x - 7 = 3x + 5$$

의 해법을 다음과 같이 설명하고 있다. 먼저 양변에 7 을 더하면

$$5x = 3x + 5 + 7.$$

$$\therefore \quad 5x = 3x + 12$$

다음으로 양변에서 $3x$ 를 빼면

$$5x - 3x = 12, \text{ 즉 } 2x = 12.$$

양변을 2 로 나누어

$$x = 6.$$

위에서 살펴본 내용처럼

$$5x - 7 = 3x + 5$$

로부터

$$5x = 3x + 5 + 7$$

을 유도하는 것, 즉 우리가 수학책에서 흔히 본 **이항**을 알콰리즈미는 **알제브르**al-gebr라 부르고

$$5x - 3x = 12$$

와 같이 동류항을 모우는 것을 **알므카바라**al-muqabala라 불렀다. 오늘날 대수

학을 의미하는 algebra라는 말은 알콰리즈미의 al-gebr(알제브르)에서 유래된 것으로 전해지고 있다. 또, 현재 계산법을 의미하는 **알고리즘**algorithm의 어원은 Al-Khwarizmi로 보고 있다.

아라비아인들은 대수학의 공식을 기하학적인 도형을 이용하여 풀이했다고 전해지고 있다.

이러한 예를 살펴보자.

13.1 수학자의 생각

아래의 [그림 13.1]을 이용하여 공식

(a) $(a+b)^2 = a^2 + 2ab + b^2$ (b) $(a-b)^2 = a^2 - 2ab + b^2$

을 풀이하여라.

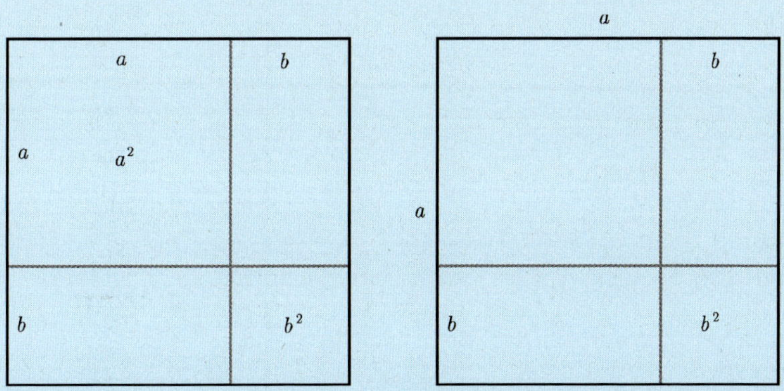

▶그림 13.1 $(a+b)^2 = a^2 + 2ab + b^2$, $(a-b)^2 = a^2 - 2ab + b^2$

수학사적 풀이

생략

▶ 표 13-2 13장의 수학사 보충 자료 1

수학자	국적	연도
알콰리즈미 Al-Khwārizmī	아라비아 Arabia	A.D. 780 ~ A.D. 850

▶ 표 13-3 13장의 수학사 보충 자료 2

수학자	국적	연도	주요 업적
알콰리즈미 Al-Khwarizmi	아라비아 Arabia	A.D. 780 ~ A.D. 850	• 분수의 횡선 도입 • 'al-gebr'란 용어를 이항이란 뜻으로 씀 • 이차방정식을 기하학적으로 씀 • alkwarizmi → algoritmi → algorithm (어떤 특별한 방법으로 계산하는 기술)

MEMO

제3부

방정식

▶표 1 3부 도입부의 수학자 개요

수학자	국적	연도
무하마드 Muhammad	아라비아 Saudi Arabia	A.D. 571 ~ A.D. 632
알콰리즈미 Al-Khwarizmi	아라비아 Arabia	A.D. 780 ~ A.D. 850
레오나르도 Leonardo	이탈리아 pisa, Italy	A.D. 1175 ~ A.D. 1250
베이컨 Bacon	영국 United Kingdom	A.D. 1220 ~ A.D. 1292

고대 바빌로니아에서는 일상적인 문제나 토목·건축과 관련된 문제를 해결하기 위해 일차방정식이나 이차방정식, 때에 따라서는 삼차방정식을 푸는 것이 시도되기도 했었다.

한편 이집트와 그리스에서 방정식을 푸는 것과 같은 시도는

"구체적으로 주어진 문제에서 미지량을 구한다."

는 입장을 벗어나지 못한 상태였다.

"방정식을 푼다."

라는 수학에서의 새로운 여명과 같은 생각은 9세기 아라비아에서 탄생했다.

B.C. 300년경 그리스가 망하고 학문의 중심은 그리스로부터 나일 강 하류의 알렉산드리아로 옮겨졌으며 그곳을 중심으로 헬레니즘문화의 꽃을 피웠다. 4세기경에는 문화의 중심이 시리아로 옮겨져 고대문화의 유산은 오리엔트에서 계승되어갔다. 한편 오랜 옛날부터 사막을 유랑해온 아랍민족은 7세기에 무하마드(이슬람교 창시자, Arab praiseworthy, 마호메트 Mahomet는 속칭)의 신으로부터의 계시와 강력한 지도력에 의해 통일된 후 이슬람제국을 이루게 되었다.

그런 후 100년도 안 되어 이슬람제국은 서아시아, 오리엔트로부터 지중해를 품는 광대한 지역으로 나라를 넓혀나갔다. 9세기에는 바그다드에 '지혜의 관館'이라는 당시 최대의 학문연구기관을 만들었으며 이곳에서 수많은 그리스의 문헌들 중 어떤 것은 시리아어로 번역되었고 또한 시리아어로 번역된 것을 모아 다시 아라비아어로 번역되기도 하였다.

이 '지혜의 관'에서 연구하던 천문학자이자 수학자인 알콰리즈미가 지은 《알제브르 알므카바라al-gebr w'al-muqabala》는 대수학의 최초의 탄생을 알리는 것으로 알려져 있다.

대수는 영어로 algebra라고 말하지만 이것은 위에서 말한 책이름의 알제브르(al-gebr)에서 유래된 것이다. '알제브르 알므카바라'는 '제브르'도 하고 '므카바라'도 하면서 미지수(미지 량)를 구하는 학문이라는 의미이다. '제브르'란 방정식의 양변에 똑같은 것을 더해서 음인 항을 소거하는 것이며, '므카바라'란 좌변과 우변에 다 같이 나타나 있는 동류항을 간략하게 하는 것을 말한다.

한편 5세기말에 서로마제국은 북방의 게르만족에 의해 망하고 말았다. 이 게르만족은 야만인이라 불리고 있었지만 유럽을 지배한 후부터는 점차 로마문명을 받아들여 농업을 주로 하는 봉건사회를 만들어갔다. 그래서 정신적인 면에서는 그리스도교가 절대적인 지배권을 갖는 사회로 되어갔다.

그래서 모든 학문은 성직자들이 운영하는 사원에 설치되어 있는 학교에서 가르쳤으며 일반서민은 관여하지 않았기 때문에 6세기부터 11세기에 걸쳐 유럽의 수학은 종교수학, 사원수학의 성격을 가졌다. 따라서 당시의 수학은 로마풍의 기본계산을 다루는 산수와 일시를 정하기 위한 달력의 계산 등이 주를 이루었다.

그럼에도 불구하고 11세기말부터 13세기의 중반까지 여러 번의 십자군원정 때문에 그때까지의 농업과 더불어 상업도 번성하여 도시는 활기를 찾았고 교통 또한 발달하게 되었다.

이렇게 해서 지금까지는 이교도의 학문으로 배척했던 회교국의 학문을 배우려는 분위기가 생겨 아라비아의 학자를 유럽으로 초대하여 아라비아어로 된 수학책을 라틴어로 번역하도록 하였다. 그리스의 수학, 예를 들어 유클리드나 톨레미의 저서가 아라비아어를 거쳐 라틴어로 번역됨으로써 유럽의 학문적 수준도 점차 높아져갔다.

그때까지의 수학은 성직자 손에 달려 있어서 실용적이지 못했으며, 계산은 주로 주판을 이용하였다. 그러나 상공업이 번성해짐에 따라 사원수학도 점차 실용적인 것으로 변해갔으며, 계산도 주판 대신에 실용적이면서도 빠른 인도의 기수법과 계산법이 널리 펴져나가게 되었다.

그 당시 이탈리아의 상업도시 피사Pisa에 상인의 자식으로 태어나 이집트와 그리스에서 공부를 했다는 피사의 레오나르도는 1202년에 《주판의 책Liber Abaci》이라는 저서를 라틴어로 남겼다. 이 책은 이름과는 달리 인도와 아라비아의 수학, 기수법, 계산법 등을 설명한 것으로 이러한 실용적인 수학을 유럽에 전파하는데 지대한 공헌을 한 서적이다. 피사의 레오나르도는 피보나치Fibonacci라고도 불리고 있다.

$$1, 1, 2, 3, 5, 8, 13, 21, \cdots$$

처럼 제3항 이하는 모두 그 앞의 두 항의 합으로 만들어지는 **피보나치수열**은 여러 분야에서 인용되고 있다.

그 무렵 새로이 일어난 상공업자들은 그들 자신에게 필요한 상업수학을 가르치기 위한 학교를 설립했지만, 사원측은 여전히 전통적인 학문을 가르치기 위한 학교를 설립하고 운영하였다. 프랑스의 소르본느대학교, 영국의 옥스퍼드대학교, 케임브리지대학교, 이탈리아의 나폴리대학교 등은 당시 성직자의 손에 의해 설립된 것들이다. 따라서 이들 대학의 지배적인 생각은 "그리스도교는 절대적이고 학문은 그리스도교의 이론적인 뒷받침을 하기 위한 것에 불과하다"는 스콜라철학적인 사고방식이었다. 또한 자연인식에 대해서도 형이상학적인 사고방식이 압도적이었으며 실험적인 견해나 아이디어는 완전히 무시되고 있었다.

그러나 중세 말기 무렵부터 자연인식에 대한 실험적 사고방식이 조금씩 움트기 시작했다. 특히 영국의 철학자 로저 베이컨은 그 선구자 중의 한 사람으로 그는 아라비아의 수학과 자연과학에 능숙했으며, 더욱이 자연인식은 먼저 수학과 경험을 바탕으로 해야 한다고 주장했다. 그러나 베이컨의 주장은 당시 교회로부터 받아드려지지도 못했을 뿐만이 아니라 그는 완전히 이단자 취급을 당했다.

▶표 2 3부 도입부의 수학사 보충 자료

수학자	국적	연도	주요 업적
알콰리즈미 Al-khwarizmi	아라비아 Arabia	A.D. 780 ~ A.D. 850	• 분수의 횡선 도입 • 'algebra'의 어원인 al-gebr란 용어를 이항이란 뜻으로 씀 • 이차방정식을 기하학적으로 씀 • alkwarizmi → algoritmi → algorithm (어떤 특별한 방법으로 계산하는 기술)

MEMO

피보나치수열 01

▶표 1-1 1장의 수학적 내용 개요

수학자	연도	내용 개요
피보나치 Fibonacci	A.D. 1180 ~ A.D. 1250	피보나치 수열
심슨 Simson	A.D. 1687 ~ A.D. 1768	피보나치 수열의 항들의 관계를 나타내는 심슨의 등식
페아노 Peano	A.D. 1858 ~ A.D. 1932	페아노의 공리(자연수의 공리)
파스칼 Pascal	A.D. 1623 ~ A.D. 1662	저서 《수 삼각형론》에서 파스칼 삼각형 소개
알하젠 Al-Hazen	A.D. 965 ~ A.D. 1040	수학적 귀납법으로 자연수의 네제곱합의 공식 유도
드무아브르 de Moivro	A.D. 1667 ~ A.D. 1754	복소평면에서 드무아브르 공식 증명
에우독소스 Eudoxos	B.C 409 ~ B.C. 355	대수를 최초로 기하학화한 그리스 수학자, 선분연산법

피보나치의 피보나치수열은 3부의 도입부에서 이야기했듯이

$$1,\ 1,\ 2,\ 3,\ 5,\ 8,\ 13,\ 21,\ 34,\ \cdots$$

이며 제3항 이하는 모두 그 앞의 두 항의 합으로 이루어져있다. 이제 이 수열을 $\{a_n\}$ 이라 하면

$$a_1 = a_2 = 1, \quad a_n + a_{n+1} = a_{n+2} \ (n \geqq 1)$$

을 만족하고 있다.

일반적으로 수열에서 그 n 번째 항일반항 a_n 을 n 의 식으로 나타내면 편리하다. 그런데 피보나치수열의 경우에는 그것을 구하기가 쉽지 않다.

먼저 황금비율

$$\rho = \frac{1+\sqrt{5}}{2}$$

는 이차방정식

$$x^2 = x + 1 \qquad \cdots\cdots\cdots \quad (1.1)$$

의 해임을 2부에서 다루었다. (5.7절 참조) 이 방정식의 또 하나의 해는

$$\rho' = \frac{1-\sqrt{5}}{2}$$

이다. 그런데 (1.1)$\times x$ 를 구한 후 오른쪽의 x^2 에 (1.1)을 대입하면

$$x^3 = x^2 + x = (x+1) + x = 2x + 1.$$

같은 방법으로

$$x^4 = 2x^2 + x = 2(x+1) + x = 3x + 2,$$

$$x^5 = 3x^2 + 2x = 3(x+1) + 2x = 5x + 3,$$

$$x^6 = 5x^2 + 3x = 5(x+1) + 3x = 8x + 5$$

$$\vdots$$

을 얻는다. (1.1)의 x^2 에서 출발해서 x^3, x^4, x^5, x^6, $\cdots$ 을 계산했을 때, (1.1)을 대입해서 정리한 식에서 x 의 계수와 상수항을 위에서부터 차례로 살펴보면 그것이 피보나치수열의 항과 일치함을 알 수 있다. 항의 번호와 대응시켜보면

$$\{a_n\} : a_1,\ a_2,\ a_3,\ a_4,\ a_5,\ a_6,\ \cdots$$
$$1,\ 1,\ 2,\ 3,\ 5,\ 8,\ \cdots$$

이므로

$$x^n = a_n x + a_{n-1}\ (n \geq 2) \qquad \cdots\cdots\cdots \quad (1.2)$$

임이 예상된다. 실제로

$$n = k \text{ 일 때} \quad x^k = a_k x + a_{k-1}$$

이 성립한다면 양변에 x 를 곱해서

$$x^{k+1} = a_k x^2 + a_{k-1}x = a_k(x+1) + a_{k-1}x$$
$$= (a_k + a_{k-1})x + a_k = a_{k+1}x + a_k$$

로 되므로 $n = k+1$ 일 때에도 (1.2)가 성립한다. $n = 2$ 일 때 (1.2)가 성립함은 이미 앞에서 확인했으므로 2 이상의 자연수 n 에 대해서 항상 (1.2)가 성립하게 된다. (수학적 귀납법)

한편 (1.1)의 해 ρ 와 ρ' 은 (1.2)를 만족하므로

$$\rho^n = a_n \rho + a_{n-1}, \qquad \rho'^n = a_n \rho' + a_{n-1}.$$

따라서

$$\rho^n - \rho'^n = a_n(\rho - \rho') = a_n\left(\frac{1+\sqrt{5}}{2} - \frac{1-\sqrt{5}}{2}\right) = a_n\sqrt{5}$$

이므로

$$a_n = \frac{1}{\sqrt{5}}(\rho^n - \rho'^n) \qquad \cdots\cdots\cdots \quad (1.3)$$

이다. (1.3)은 피보나치수열의 일반항 a_n 을 n 으로 나타낸 식이다. 이 식의 우변은 비록 무리수를 품고 있지만 실제로 자연수 n 을 주어 계산해보면 반드시 정수가 됨을 알 수 있다.

다음으로 피보나치수열의 이웃하는 두 항의 비를 생각해보기로 하자.

$$t_n = \frac{a_{n+1}}{a_n}$$

이라 하고 t_n의 값을 차례로 계산해보면 다음과 같다. (소수점 아래 3자리까지)

t_1	t_2	t_3	t_4	t_5	t_6	t_7	t_8	$\cdots$
1	2	1.5	1.666	1.6	1.625	1.615	1.619	$\cdots$

$$\rho = \frac{1+\sqrt{5}}{2} = 1.618\cdots$$

이므로 t_n은 ρ 보다 작은 값과 큰 값을 번갈아 택하면서 결국은 ρ에 가까이 가고 있는 것같이 보인다. 실제로 (1.3)에 의해서

$$t_n = \frac{a_{n+1}}{a_n} = \frac{\rho^{n+1} - \rho'^{n+1}}{\rho^n - \rho'^n} = \rho \cdot \frac{1-\left(\dfrac{\rho'}{\rho}\right)^{n+1}}{1-\left(\dfrac{\rho'}{\rho}\right)^n}.$$

여기서 $\left|\dfrac{\rho'}{\rho}\right| = \left|\dfrac{1-\sqrt{5}}{1+\sqrt{5}}\right| < 1$이므로

$$\lim_{n\to\infty}\left(\frac{\rho'}{\rho}\right)^n = 0. \qquad \cdots\cdots\cdots \ (1.4)$$

$$\therefore \quad \lim_{n\to\infty} t_n = \rho \qquad \cdots\cdots\cdots \ (1.5)$$

(1.5)로부터 t_n은 결국 ρ에 한없이 가까이 감을 알 수 있으므로, t_n을 ρ의 근삿값으로 이용할 수 있다. ρ는 무리수이지만 t_n은 유리수이므로 ρ보다 t_n이 취급하기가 쉽다.

위의 계산표를 보더라도

$$t_7 = \frac{21}{13} = 1.615\cdots, \qquad t_8 = \frac{34}{21} = 1.619\cdots$$

등은 $\rho = 1.618\cdots$과 비교했을 때 소수점 아래 3자리에서 조금 차이가 있는 정도이다.

예를 들어 두 변이 13과 21인 직사각형이나 21과 34인 직사각형은 황금사각형(제2부 5.8 참조)에 아주 가까운 직사각형이다. 피보나치수열의 항을 이용해 가면서, 이것을 모눈종이에 차례차례로 그려보면 황금사각형에 가까운 직사각형의 계열이 생긴다. 단, 항의 번호가 작을수록 오차는 점차 커진다.

다음으로 피보나치수열을 이용한 재미있는 도형퍼즐을 소개하기로 한다.

아래의 [그림 1.1]과 같이 한 변의 길이가 13인 정사각형이 주어져있다고 하자.

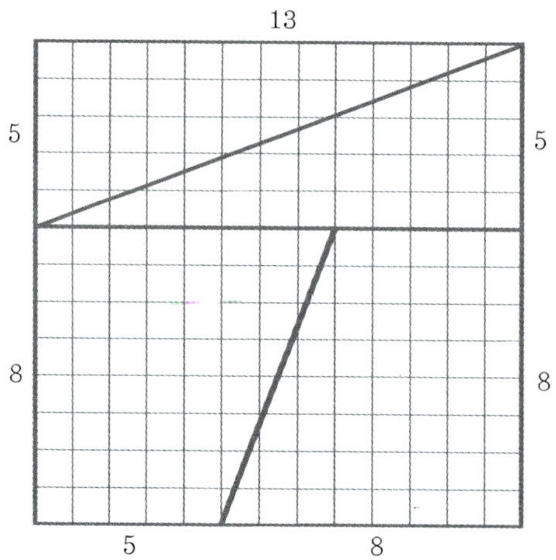

▶그림 1.1 13×13

$$13 = 8 + 5$$

이므로 이것을 굵은 선을 따라 2 개의 직각삼각형과 2 개의 사다리꼴로 나눈 후, 그것을 다시 바꾸어 배열하면 아래의 [그림 1.2]와 같은 두 변의 길이가 8 과 21 인 직사각형을 얻을 수 있다. (실제로 잘라 확인하여 보자.)[35]

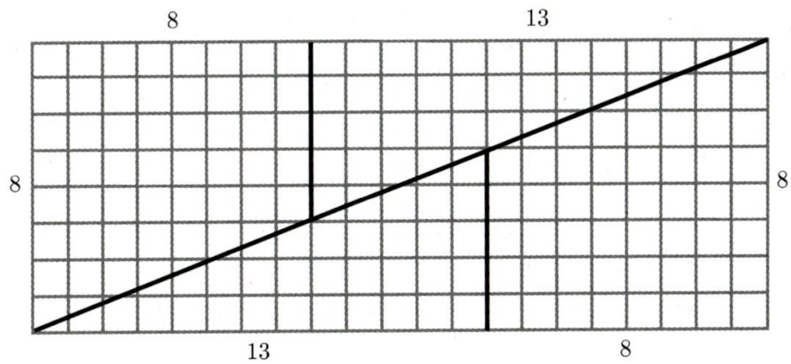

▶그림 1.2 두 변의 길이가 8 과 21 인 직사각형

그런데 위의 [그림 1.2]의 도형의 넓이를 계산해보면

첫 번째 그림인 정사각형의 넓이는 $13^2 = 169$,

두 번째 그림인 직사각형의 넓이는 $8 \times 21 = 168$

이다.

"잘라서 바꾸어 배열했더니만 넓이가 다른 도형으로 되다니? 도대체 왜 이 같은 현상이 일어났는가?"(도형의 패러독스paradox)[36]

이것에 대해서 상세히 살펴보기로 하자.

35 다른 문헌에서는 정사각형의 한 변의 길이가 8이고, 이것을 3+5로 보고 위의 예와 똑같이 자른 후 두 변의 길이가 5와 13인 직사각형을 만든 경우를 볼 수 있을 것이다. 여기서는 그것보다 한 항 나중 것을 잡아 두 변의 길이를 8과 21로 택하였다.

36 이 문제는 이미 1868년에 독일의 수학학회지에 나와 있지만, 이것을 최초로 발표한 사람이 누구인지에 대해서는 알려져 있지 않다.

먼저 위의 [그림 1.1]과 [그림 1.2]에서 다룬 도형에 나타난 4 개의 수 5, 8, 13, 21은 피보나치수열의 연속된 4 개의 항임에 주목하기 바란다. 그리고 이 문제를 수학적으로 설명하기 전에 아래의 두 가지 경우 (a)와 (b)처럼 피보나치수열의 초항 가까이에 있는 4 개의 항에 대해서 같은 문제를 시험해 보기로 하자.

(a) 제2 항 ~ 제5 항에 관한 실험:

$$3^2 = 9, \ 2 \times 5 = 10$$

(b) 제3 항 ~ 제6 항에 관한 실험:

$$5^2 = 25, \ 3 \times 8 = 24$$

위 (a)와 (b)의 경우를 실제로 각각 종이를 잘라 배열해 보면 아래의 [그림 1.3]과 같다.

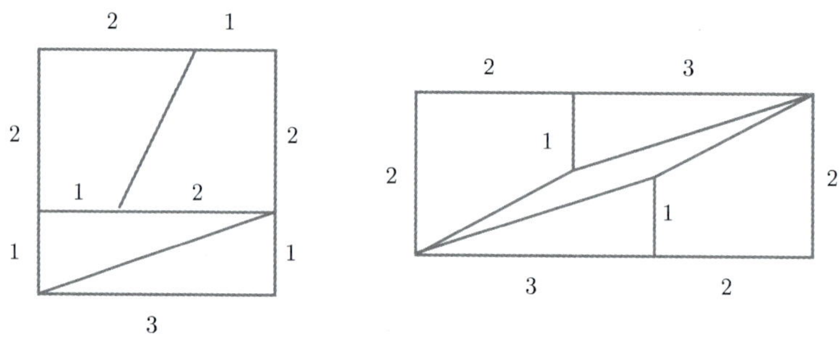

▶그림 1.3 $3^2 = 9, \ 2 \times 5 = 10$

위의 [그림 1.3]의 오른쪽 그림에서 알 수 있듯이 (a)의 경우는 직사각형의 대각선을 따라 평행사변형인 틈이 생기며, 아래 [그림 1.4]의 오른쪽 그림처럼 (b)의 경우에는 평행사변형의 포개어짐이 나타날 것이다.

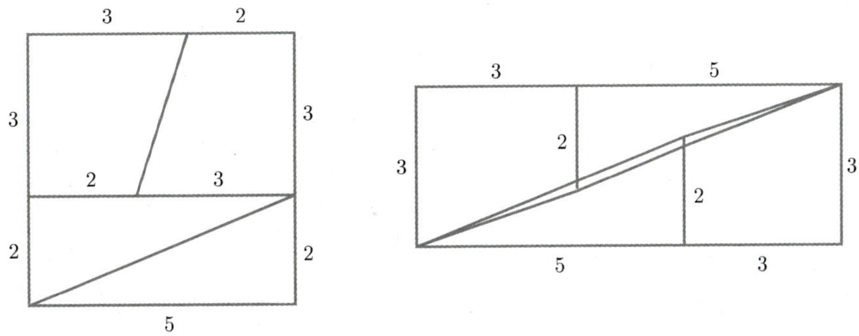

▶**그림 1.4** $5^2 = 25$, $3 \times 8 = 24$

앞에서 살펴본 위와 같은 [그림 1.1]부터 [그림 1.4]까지의 직관적 확인만으로는 엄격한 수학적 증명으로는 볼 수 없으므로 조금 더 엄밀하게 살펴보기로 하자.

이 문제를 일반화하면 다음과 같이 된다.

> "피보나치수열에서는 $a_n = a_{n-1} + a_{n-2}$ 이므로 한 변의 길이가 a_n 인 정사각형을 아래의 [그림 1.5]처럼 잘라 직각삼각형 2개와 사다리꼴 2개로 나눌 수 있다.
> 이것을 바꾸어 배열해서 아래의 [그림 1.6]과 같이 한 변이 a_{n-1}, 다른 한 변이 $a_{n+1}(= a_n + a_{n-1})$ 인 직사각형을 만들 수 있겠는가?"

바꾸어 말해서

> "피보나치수열에서 $a_{n+1}a_{n-1}$ 과 a_n^2 이 같아지는 경우가 있는가?"

라는 문제로 표현된다.

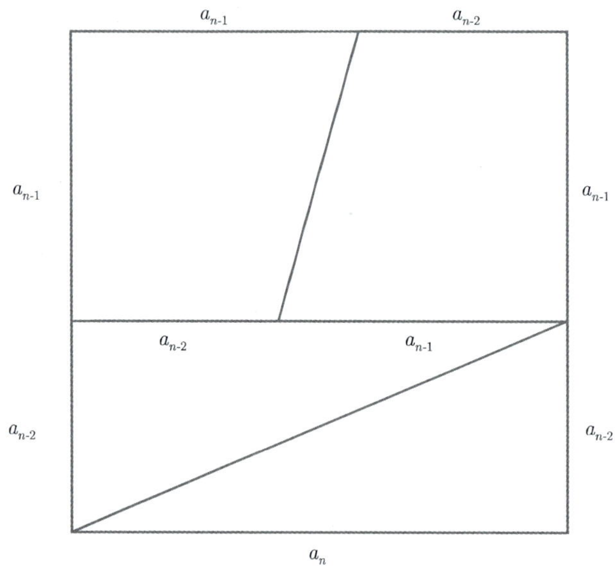

▶ 그림 1.5 $a_n \times a_n$

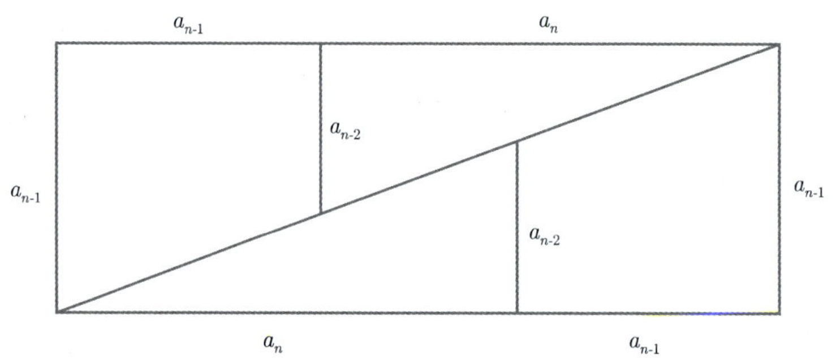

▶ 그림 1.6 $a_{n+1} \times a_{n-1}$

실제로 피보나치수열의 항을 선택해 계산해보아도 위의 등식이 성립할 것인지에 대한 실마리가 전혀 보이지 않음을 알 수 있다. 그렇다면 두 항의 차는 실제로 어느 정도인지 알기 위해 그 차를 조사해보기로 하자.

- $n = 2$ 일 때 $a_1 \cdot a_3 - a_2^2 = 1 \cdot 2 - 1^2 = 1$,
- $n = 3$ 일 때 $a_2 \cdot a_4 - a_3^2 = 1 \cdot 3 - 2^2 = -1$,

- $n = 4$일 때 $a_3 \cdot a_5 - {a_4}^2 = 2 \cdot 5 - 3^2 = 1$,
- $n = 5$일 때 $a_4 \cdot a_6 - {a_5}^2 = 3 \cdot 8 - 5^2 = -1$

이 되므로, $n \geq 2$일 때

$$a_{n-1}a_{n+1} - a_n^2 = (-1)^n \qquad \cdots\cdots\cdots \quad (1.6)$$

임을 예상할 수 있다.

실제로 위의 등식 (1.6)이 성립함을 수학적 귀납법으로 보이기로 한다. $n = 2$ 일 때 성립함은 이미 확인되었기 때문에 $n = k$ 일 때

$$a_{k-1}a_{k+1} - {a_k}^2 = (-1)^k$$

이 성립한다고 가정하면, $a_{k+2} = a_k + a_{k+1}$, $a_{k+1} = a_{k-1} + a_k$이므로

$$\begin{aligned} a_k a_{k+2} - {a_{k+1}}^2 &= a_k(a_k + a_{k+1}) - (a_{k-1} + a_k)a_{k+1} \\ &= -(a_{k-1}a_{k+1} - {a_k}^2) \\ &= -(-1)^k = (-1)^{k+1}. \end{aligned}$$

따라서 $n = k+1$일 때에도 (1.6)이 성립한다. 그러므로 등식 (1.6)은 2 이상인 모든 자연수에 대해서 성립함을 알 수 있다.

등식 (1.6)을 **심슨의 등식**이라 한다.

결국 위의 수학적 귀납법으로 정사각형을 잘라 그것을 아무리 잘 배열하더라도 내부가 다 채워진 직사각형을 얻을 수 없음을 식 (1.6)을 활용하여 확인하였다.

그렇다면 위의 [그림 1.5]와 [그림 1.6]에 나타난 두 도형의 넓이의 차이는 얼마인지에 대해 지금부터 알아보기로 하자.

이 문제를 도형으로 알아보기 위해서는 아래의 [그림 1.7]와 같이, 직각을 끼고 있는 두 변이 a_n, a_{n-2}인 직각삼각형 AEF의 꼭짓점 F가 a_{n+1}과

a_{n-1}을 이웃하는 두 변으로 하는 직사각형 $ABCD$의 대각선 AC 위에 놓여있는지에 대해 알아보면 된다.

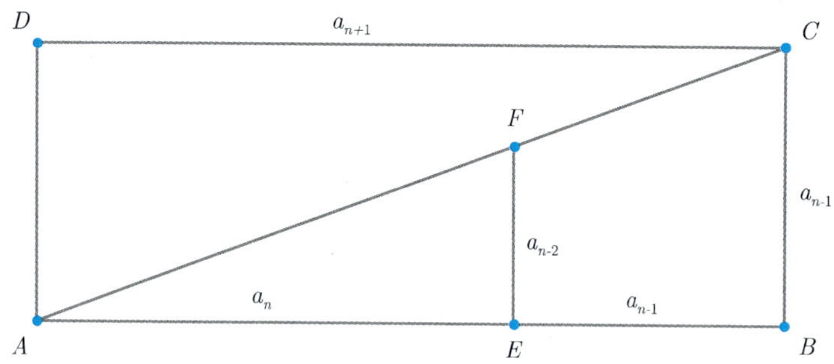

▶그림 1.7 $a_{n+1} \times a_{n-1}$

그러기 위해서는 $\angle EAF$와 $\angle BAC$의 크기를 조사하면 된다. 그런데 둘 다 예각이므로 그 대소는 $\tan\angle EAF$와 $\tan\angle BAC$를 비교하면 된다. 그런데

$$\begin{aligned}\tan\angle BAC - \tan\angle EAF &= \frac{a_{n-1}}{a_{n+1}} - \frac{a_{n-2}}{a_n} \\ &= \frac{a_{n-1}a_n - a_{n-2}a_{n+1}}{a_n a_{n+1}} \\ &= \frac{(a_{n+1} - a_n)a_n - (a_n - a_{n-1})a_{n+1}}{a_n a_{n+1}} \\ &= \frac{a_{n-1}a_{n+1} - a_n^2}{a_n a_{n+1}} = \frac{(-1)^n}{a_n a_{n+1}}\end{aligned}$$

(심슨의 등식 (1.6))

이다. 따라서

- n이 짝수이면 $\tan\angle BAC > \tan\angle EAF$: 꼭짓점 F는 대각선 AC의 아래쪽에 있다.

- n 이 홀수이면 $\tan\angle BAC < \tan\angle EAF$: 꼭짓점 F 는 대각선 AC 의 위쪽에 있다.

다시 말해서

- n 이 짝수인 경우에는 직사각형의 대각선을 따라 빈틈이 생김
- n 이 홀수인 경우에는 직사각형의 대각선을 따라 포개어지는 부분이 생김

의 결과를 얻는다([그림 1.8] 참조).

그러나 n 이 점차 커짐에 따라 $\left|\dfrac{(-1)^n}{a_n a_{n+1}}\right|$ 은 점차 작아지므로 그 빈틈과 포개어지는 부분의 폭이 작아지게 되어 거의 눈으로 식별하기 힘들게 된다. 그래서 n 이 한 없이 큰 경우에는 흡사 정사각형이 그것과 넓이가 1 만큼 다른 직사각형으로 새로이 만들려진 것처럼 보이게 된다. 이것이 앞에서 이야기한 도형의 패러독스라 불리는 도형퍼즐에 대한 해답이다.

- n: 짝수 $\dfrac{a_{n-1}}{a_{n+1}} > \dfrac{a_{n-2}}{a_n}$
- n: 홀수 $\dfrac{a_{n-1}}{a_{n+1}} < \dfrac{a_{n-2}}{a_n}$

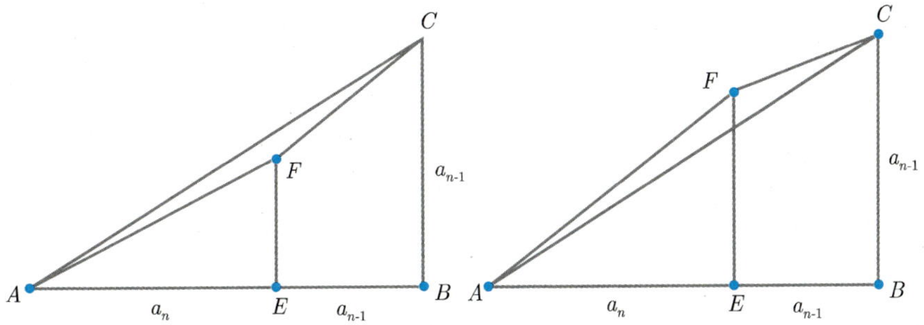

▶그림 1.8 $\dfrac{a_{n-1}}{a_{n+1}} > \dfrac{a_{n-2}}{a_n}$ 과 $\dfrac{a_{n-1}}{a_{n+1}} < \dfrac{a_{n-2}}{a_n}$

1.1 수학자의 생각

피보나치수열

$$1,\ 1,\ 2,\ 3,\ 5,\ 8,\ \cdots,\ a_n,\ \cdots$$

에서

$$1+1+2+3+5+8+\cdots+a_n = a_{n+2}-1$$

임을 보여라.

수학사적 풀이

수학적 귀납법을 이용한다.

$n=1$일 때 $a_1=1$, $a_3-1=2-1=1$. 따라서 $a_1=a_3-1$.

$n=k$일 때 $1+1+2+3+5+8+\cdots+a_k=a_{k+2}-1$

이라 가정한다. 이 양변에 a_{k+1}을 더하면

$$\begin{aligned}1+1+2+3+5+8+\cdots+a_k+a_{k+1} &= a_{k+1}+a_{k+2}-1\\ &= a_{k+3}-1.\end{aligned}$$

따라서 이 등식은 $n=k+1$일 때에도 성립한다. 그러므로 수학적 귀납법에 의해 이 등식은 모든 자연수 n에 대해서 성립한다.

1.2 수학자의 생각

황금비율을 ρ라 할 때 다음 물음에 답하여라.

(a) $1=\dfrac{1}{\rho}+\dfrac{1}{\rho^2}$ 이 성립함을 보여라.

(b) 한 변의 길이가 a인 정사각형을 아래의 첫 번째 그림처럼 잘라서 2 개의 직각삼각형과 2 개의 사다리꼴로 나눈 후 아래의 두 번째 그림처럼 배열하면, 원래의 정사각형과 넓이가 같은 직사각형이 얻어짐을 보여라.

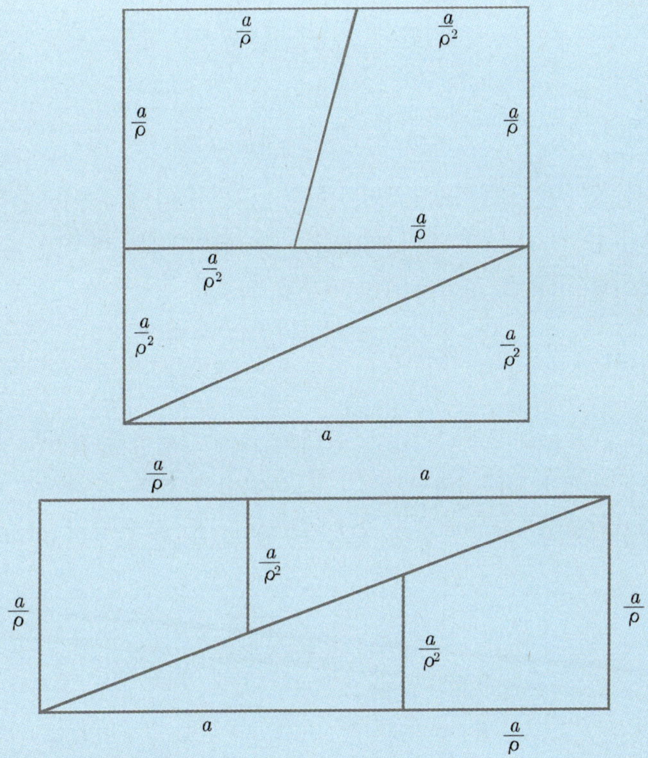

수학사적 풀이

(a) 황금비율 ρ 는

$$\rho^2 = \rho + 1$$

을 만족한다. 이 등식의 양변을 ρ^2 으로 나누면

$$1 = \frac{1}{\rho} + \frac{1}{\rho^2}.$$

(b) 정사각형을 잘라서 만든 2 개의 직각삼각형과 2 개의 사다리꼴로 배열하면 빈틈도 없고 포개어지는 부분도 없는 직사각형이 생긴다. 더욱이 새로운 직사각형의 넓이는

$$\left(a + \frac{a}{\rho}\right)\frac{a}{\rho} = a^2\left(\frac{1}{\rho} + \frac{1}{\rho^2}\right) = a^2.$$

●

또 다른 생각

본문에서 소개한 도형퍼즐([그림 1.5]와 [그림 1.6] 참조)은 '수학자의 생각 1.2'의 ρ를 피보나치수열의 이웃하는 두 항의 비로 바꾸어 넣음으로써 생기는 차이를 이용한 것이다. ([그림 1.8] 참조) ●

수학자의 생각 1.3

한 변의 길이가 a인 정사각형을 아래의 왼쪽 그림처럼 잘라서 2 개의 직각삼각형과 1 개의 사다리꼴로 나눈 후 아래의 오른쪽 그림처럼 배열하면, 원래의 정사각형과 넓이가 같은 직사각형을 얻을 수 있음을 보여라.

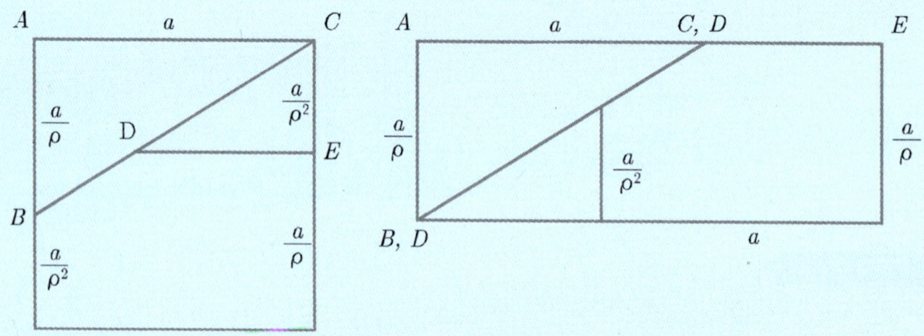

수학사적 풀이

'수학자의 생각 1.2'와 같은 방법으로 증명할 수 있다. ●

또 다른 생각

'수학자의 생각 1.3'에 대해서도 피보나치수열을 이용해서 본문의 내용과 같은 퍼즐도형을 만들 수 있다. ([그림 1.5]와 [그림 1.6] 참조) ●

자연수와 수학적 귀납법

(가) 페아노의 공리

우리는

$$1,\ 2,\ 3,\ 4,\ 5,\ \cdots$$

와 같이 쓰든

$$1,\ \mathbf{2},\ 3,\ \mathbf{4},\ 5,\ \cdots$$

또는

$$\mathrm{I},\ \mathrm{II},\ \mathrm{III},\ \mathrm{IV},\ \mathrm{V},\ \cdots$$

으로 쓰든 이것은 자연수를 나타내는 것으로 받아들인다.

이 사실은 이들 표시 방법 뒤에 무엇인가 공통인 성질이 있음을 암시하고 있으며, 아울러 그런 공통인 성질은 바로

"자연수라는 것은 도대체 무엇인가?"

다시 말해서

'자연수의 본체'

를 나타내는 것으로 생각할 수 있다. 그렇다면 '자연수의 본체'라 할 수 있는 것은 도대체 무엇인가?

이와 같은 생각을 처음 시도한 사람은 이탈리아의 수학자 페아노이다. 페아노는 1889 년에 자연수의 본체는 아래와 같은 5 개의 성질로 나타낼 수 있음을 보이고, 이를 **자연수의 공리**라 불렀다. 다시 말해서 페아노는 자연수의 공리를 만족하는 집합 N이 실질적으로 자연수 전체의 집합을 나타내고 있음을 보였다.

먼저 자연수가 무엇인지 정확히는 모르지만 막연히 그것들을 모두 모아 놓은 집합을 N이라 했을 때, 집합 N 중에는 출발점이 되는 것이 반드시 있어야한다는 것이다. 그것을 1 로 나타내기로 하자. 즉, 다음의 성질, 공리 1 이 자연수가 가져야 할 최초의 기본성질이다.

|공리 1| $1 \in N$.

자연수에는 어떠한 수를 잡더라도 반드시 그 다음의 수가 있다. '다음의 수'라는 것은 하나의 자연수에 또 다른 자연수를 대응시키는 규칙이 있다는 것이다라고 생각한 것이 페아노의 기본적인 입장이다.

|공리 2| 어떠한 $x \in N$를 잡더라도 x에 의해서 정해지는 단 한 개의 $x' \in N$이 있다.

이 대응 $x \mapsto x'$은 다음의 공리 3, 공리 4를 만족하는 것으로 한다.

|공리 3| 어떠한 $x \in N$에 대해서도 $x' \neq 1$.

|공리 4| $x \neq y\,(x,\ y \in N)$이면 $x' \neq y'$.

페아노는 공리 1에서 공리 4까지로 자연수의 계열 생성이 보증된다고 말하고 있다.

실제로 공리 1에서 1의 존재가 보증되어 있다.

이제 공리 2로부터 존재성이 보증되어 있는 $1'$을 2로 두기로 하면, 공리 3으로부터 2는 1과 다르다. 그러므로

$$1,\ 2 \in N$$

임을 알았다.

다음으로 다시 공리 2를 써서 $2'$을 3이라 두기로 한다. 공리 3으로부터 $3 \neq 1$이다. 또, 공리 4로부터

$$1 \neq 2 \ \Rightarrow \ 1' \neq 2',\ \text{즉} \quad 2 \neq 3$$

이다.

이렇게 해서 3개의 서로 다른 원소

$$1,\ 2,\ 3$$

이 집합 N에 포함되어 있음을 알았다.

같은 방법으로 $3'$을 4로 나타내기로 하면, 4는 앞의 원소 1, 2, 3과는 다름을 쉽게 알 수 있다. 그러므로 4개의 서로 다른 원소

$$1,\ 2,\ 3,\ 4$$

가 집합 N에 포함되어 있다. 다음으로

$$4' = 5\text{로},\ 5' = 6\text{으로}\ \cdots$$

과 같이 계속해가면 결국 공리 1에서 공리 4까지는 집합 N 속에

$$1,\ 2,\ 3,\ 4,\ 5,\ 6, \cdots$$

이라는 계열이 반드시 포함되어 있음을 보증하는 조건이 된다.

공리 1에서 공리 4까지는 얼핏 보기에는 정적인 조건을 나타내는 것으로 보이지만 실제로는 이처럼 동적인 생성원리를 그 내에 감추고 있었던 것이다.

그러나 이것으로는 아직 자연수의 집합을 완전히 특징지었다고는 말할 수 없다. 예를 들면 집합

$$\{1,\ 2,\ 3,\ 4,\ 5,\ 6,\ \cdots,\ 1,\ 2,\ 3,\ 4,\ 5,\ 6,\ \cdots\},$$

$$\{1,\ 2,\ 3,\ 4,\ 5,\ 6,\ \cdots,\ 1,\ 2,\ 3,\ 4,\ 5,\ 6,\ \cdots,\ 1,\ 2,\ 3,\ 4,\ 5,\ 6,\ \cdots\}$$

등도 역시 임의로 한 개의 원소 x를 잡으면 그 다음의 원소 x'이 있으며, 공리 1부터 공리 4까지를 만족하고 있음을 쉽게 알 수 있다.

다시 말해서 자연수의 집합이라는 것은 공리 1부터 공리 4까지를 만족하는 집합 중에서 최소인 것이다.

페아노는 이와 같은 사실을 다섯 번째 자연수의 공리로서 아래와 같이 나타내었다.

|공리 5| 집합 N 중에서

$$x \in M\text{이면 } x' \in M$$

이라는 성질을 만족하는 모임(집합) M이 있다면 반드시

$$M = N$$

이다.

이 공리를 받아들이면 예를 들어 집합

$$\{1,\ 2,\ 3,\ 4,\ 5,\ 6,\ \cdots,\ 1,\ 2,\ 3,\ 4,\ 5,\ 6,\ \cdots\}$$

에서 집합 M을 $M = \{1,\ 2,\ 3,\ 4,\ 5,\ 6,\ \cdots\}$으로 두면 집합 M은 공리 5를 만족하지만 집합 $\{1,\ 2,\ 3,\ 4,\ 5,\ 6,\ \cdots,\ 1,\ 2,\ 3,\ 4,\ 5,\ 6,\ \cdots\}$은 공리 5를 만족하지 않음을 알 수 있다. 따라서 공리 1부터 공리 5까지를 만족하는 집합은 실제로는 자연수의 집합

$$\{1,\ 2,\ 3,\ 4,\ 5,\ 6,\ \cdots\}$$

을 나타내게 된다.

공리 1부터 공리 5까지를 자연수에 관한 **페아노의 공리**라 부르고 있다.

(나) 수학적 귀납법

$n = 1,\ 2,\ 3,\ \cdots$ 의 모든 자연수에서 성립하는 것을 보이고 싶은 명제 $P(n)$이 있다고 하자. 이와 같은 명제의 예로서는

$$P(n):\ 1 + 2 + 3 + \cdots + n = \frac{n(n+1)}{2} \qquad \cdots\cdots\cdots\ (1.7)$$

을 생각하기로 한다.

수학적 귀납법에 의한 증명은 다음과 같은 순서로 진행한다.

(a) $P(1)$이 옳음을 밝힌다.

(1.7)에서 $n = 1$일 때

$$\text{좌변은 } 1,\quad \text{우변은 } \frac{1 \times (1+1)}{2} = 1$$

이므로 $P(1)$은 성립한다.

(b) 다음으로 명제 $P(n)$ 이 어떤 자연수 k 에 대해서 성립한다고 가정하면 $P(k+1)$ 도 성립함을 보인다.

(1.7)에서 어떤 자연수 k 에 대해서 $P(k)$ 가 성립한다고 가정하면, 즉

$$1+2+3+\cdots+k=\frac{k(k+1)}{2}$$

이 라면

$$1+2+3+\cdots+k+(k+1)=\frac{k(k+1)}{2}+k+1$$

이다. 그런데 이 식의 우변은

$$\frac{k(k+1)}{2}+k+1=\frac{k(k+1)+2(k+1)}{2}$$
$$=\frac{(k+1)(k+2)}{2}$$

이며 이것은 (1.7)로부터 $P(k+1)$ 을 나타내는 식임을 알 수 있다. 따라서

$$P(k+1):\ 1+2+3+\cdots+k+(k+1)=\frac{(k+1)(k+2)}{2}$$

가 성립함을 알 수 있다.

끝으로 (a), (b)를 보인 것만으로도 모든 자연수 n 에 대해서 명제 $P(n)$ 이 성립한다는 것이 옳음을 말할 수 있는 근거를 제시하기 위하여

(c) 따라서 수학적 귀납법에 의해 모든 자연수 n 에 대해서 명제 $P(n)$ 이 성립한다.

라고 씀으로써 수학적 귀납법에 의한 증명이 완료된다.

또 다른 생각 1

수학적 귀납법으로 명제 $P(n)$이 참임을 보이는 것은 명제 $P(n)$이 마치 자연수 위를 걸어가듯이, $n=1$에서 출발하여 한발 한발 성립하는지 아닌지를 확인해가면서 앞으로 나아가는 것과 같다.

또 다른 생각 2

페아노의 공리 입장에서 수학적 귀납법을 설명한다면 다음과 같다.

모든 자연수에서 어떤 명제가 성립함을 보이기 위해서는 먼저 공리 1로부터 $n=1$에서 성립하지 않으면 안 된다. 다음으로 공리 2로부터 $x \mapsto x'$으로 옮겨가는 과정에서 항상 명제의 옳음이 계속 보장되어야 한다. 만약 이와 같은 사실을 말할 수 있다면 페아노의 공리로부터 이 명제는 틀림없이 자연수 전체에서 성립한다고 말할 수 있게 되는 것이다.

또 다른 생각 3

수학적 귀납법이라 불리는 독특한 생각을 처음으로 활용한 사람은 프랑스의 파스칼이다. 파스칼은 1654년에 발표한 《수 삼각형론》이라는 저서를 통해 우리가 익히 알고 있는 파스칼의 삼각형을 명쾌히 소개하고 있는데, 그 방법을 보면 수학적 귀납법의 형식을 취하고 있다. 예를 들어 파스칼의 삼각형에서 위의 계단이 $(a+b)^{100}$을 전개한 식의 계수를 나타내고 있음을 안다면, 위의 계단의 이웃하는 두 수를 더한다는 구성법은 $(a+b)^{100}$에 $(a+b)$를 곱해서 분배법칙을 이용하여 $(a+b)^{101}$의 전개식을 구하는 조작과 일치한다는 것이다. 이렇게 해서 아래쪽으로 무한히 펼쳐지는 파스칼의 삼각형이 $(a+b)^n$의 전개식의 계수를 나타냄을 확인하는 방법은 분명히 수학적 귀납법이다.

수학적 귀납법과 같은 접근방법은 새로운 문제를 만났을 때의 발견적 해결방법으로도 대단히 중요한 역할을 한다. 그 한 예로 러시아에서 간행된 수학의 문제집을 일본어로 번역한 《수학의 광장》(일본어로 《數學のひろば》, 岩波書店)에 게재되어 있는 문제 하나를 소개하고자 한다.

이제 크기가 16×16 개의 정사각형모눈으로 구분되어있는 종이가 있다고 하자.

예를 들어 색종이를 가로, 세로로 각각 한 번씩 접으면 절선은 4개의 정사각형모눈을 만든다. 이와 같은 작업을 계속해서 3 번 더 시행하여 펼쳐보면 아래 그림과 같이 절선에 의해 색종이는 16×16 개의 정사각형모눈으로 나누어질 것이다.

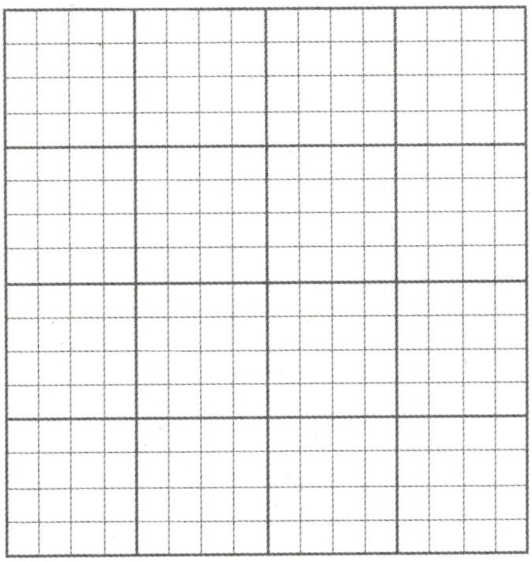

먼저 다음 문제를 생각해보자.

1.4 수학자의 생각

(1) 위의 16×16 개의 정사각형모눈 중에 한 개의 정사각형모눈을 어디에서 도려내더라도 남은 모눈더미를 아래의 [그림 1.9]와 같은 '갈고리'모양의 모눈더미로 분해할 수 있겠는가?

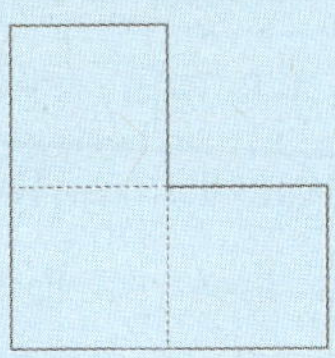

▶그림 1.9 갈고리

수학사적 풀이

여기에서 16×16 개의 정사각형모눈을 생각하기에 앞서 일반적인 경우를 생각해보기로 하자. 예를 들어 12×12 개의 정사각형모눈에서는 '수학자의 생각 1.4'가 성립하지 않는다. 왜냐하면 모눈의 총수는 $12 \times 12 = 144$ 이므로 정사각형모눈 1 개를 뺀 수는 143 이며, 이는 갈고리 모양의 모눈더미(앞으로 간단히 '갈고리'라 부르며 [그림 1.9]의 모양임)의 모눈 수 3 의 배수가 아니기 때문이다.

그렇다면

$$\text{모눈의 총수} - 1$$

이 3 의 배수인 경우에는 위의 문제에서 말한 현상이 일어나겠는가? 이를테면 5×5 개의 정사각형모눈의 총수는 25 이므로 $25 - 1 = 24 = 3 \times 8$ 로서 위의 조건을 만족한다. 그러나 아래의 그림에서처럼 1 개의 정사각형모눈을 어디에서 도려내었느냐에 따라 남은 모눈더미가 '갈고리'로 분해되기도 하고, 분해되지 않기도 한다.

이 예로부터도 예상되듯이 이 문제를 일반적인 상황에서 생각한다는 것은 대단히 어려우며, 어떻게 손을 써야 할지도 막막하게 된다.

그래서 원래의 문제인 16×16 개의 정사각형모눈인 경우로 되돌아가기로 한다. 이 경우에는, 먼저 2×2 개, 4×4 개, 8×8 개의 정사각형모눈인 각각의 경우에 1 개의 정사각형모눈을 어디에서 도려내든 남은 모눈더미를 '갈고리'로 분해할 수 있음을 차례로 보인 후, 마지막으로 16×16 개의 정사각형모눈인 경우에도 분해할 수 있음을 보이는 증명방법을 택하기로 한다.

먼저 2×2 개의 정사각형모눈인 경우에는 당연히 성립한다.

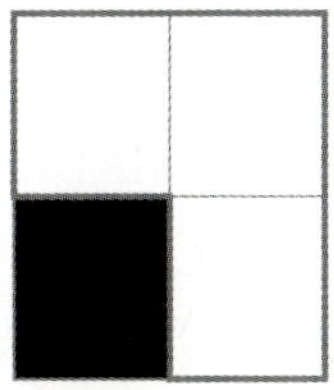

다음으로 4×4 개의 정사각형모눈인 경우에는, 예를 들어 아래의 [그림 1.10]의 왼쪽 그림에서처럼 최상단의 1 행 3 열의 모눈을 도려냈다고 하자.

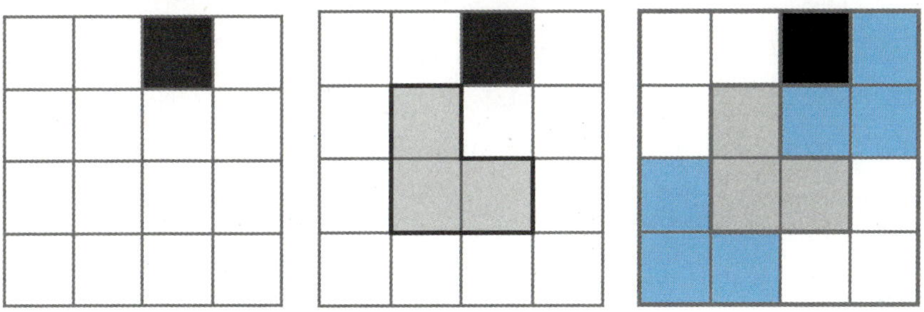

▶그림 1.10 4×4

이때 위의 [그림 1.10]의 가운데 그림처럼 한 가운데에서 '갈고리'를 잡아 2×2 개의 정사각형모눈 4 더미에 주목해보면, 위의 [그림 1.10]의 오른쪽 그림과 같이 분해할 수 있음을 알 수 있다. 왜냐하면 2×2 개의 정사각형모눈 4 더미 각각은 분해가 되기 때문이다.

1 행 3 열이 아닌 다른 곳에서 1 개의 모눈을 도려냈을 때에도 똑같은 방법으로 생각할 수 있다.

이번에는 8×8 개의 정사각형모눈인 경우에 대해서도 같은 방법으로 4×4 개의 정사각형모눈 4 더미로 나누어보기로 하자.

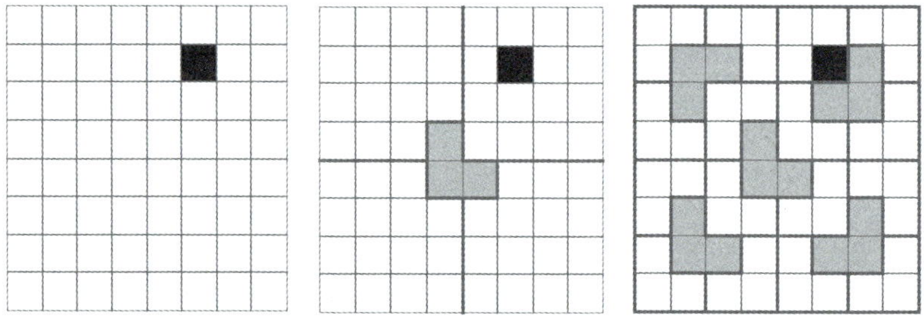

▶그림 1.11 8×8

이때, 위의 [그림 1.11]의 가운데 그림처럼 4×4 개의 정사각형모눈 4 더미 각각은 1 개의 모눈을 도려낸 꼴을 하고 있으므로 분해가능이다. 따라서 8×8 개의 정사각형모눈은 1 개의 모눈을 어디에서 도려내더라도(위의 [그림 1.11]의 오른쪽 그림에서는 2 행 6 열의 모눈을 도려냈지만) 남은 모눈더미를 '갈고리'모양의 모눈더미로 분해할 수 있음을 알 수 있다.

여기까지 오면 16×16 개의 정사각형모눈의 경우에도 1 개의 타일을 도려냈을 때, 남은 모눈더미를 '갈고리'모양의 모눈더미로 분해할 수 있음을 보이는 증명법이 떠오를 것이다.

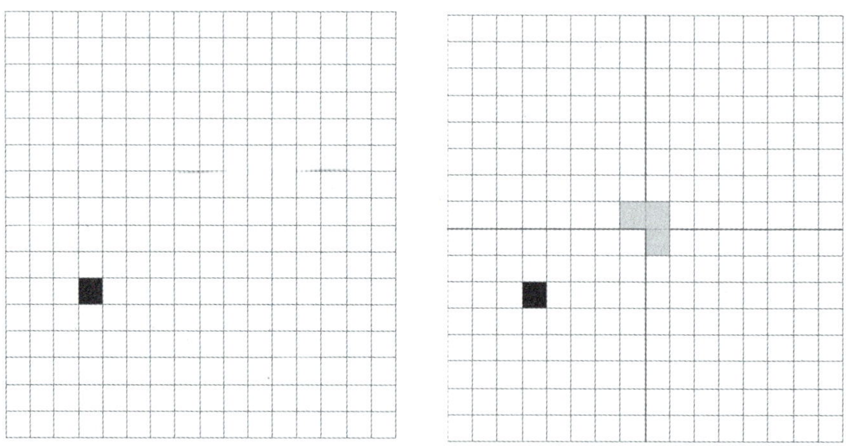

▶그림 1.12 16×16

실제로 16×16 개의 정사각형모눈에서 1 개의 모눈을 도려냈을 때, 위의 [그림 1.12]처럼 한 가운데에서 '갈고리'를 잡아 8×8 개의 정사각형모눈 4 더미로 나누면 그 각각은 1 개의 모눈을 도려낸 꼴이 된다. 따라서 16×16 개의 정사각형모눈의 경우에도 1 개의 모눈을 어디에서 도려내든(위의 [그림 1.12]의 왼쪽 그림에서는 11 행 4 열의 모눈을 도려냈지만) 남은 모눈더미를 '갈고리' 모양의 모눈더미로 분해할 수 있음을 알 수 있다. ●

또 다른 생각

'수학자의 생각 1.4'의 '수학사적 풀이'와 같은 증명법을 적용함으로써 32×32, 64×64, … 인 경우에도 같은 내용이 성립함을 알 수 있다. ●

이상과 같이 단계적인 추론을 쌓아 나가면, 즉 수학적 귀납법을 이용하여 아래와 같은 일반적인 정리를 얻을 수 있을 것이다.

정리

n을 자연수라 한다. $2^n\times2^n$ 개의 정사각형모눈으로 구분되어있는 종이에서 한 개의 정사각형모눈을 어디에서 도려내든, 남은 모눈더미를 '갈고리'모양의 모눈더미로 분해할 수 있다.

수학적 귀납법을 활용한 재미있는 문제 4가지를 '수학자의 생각 1.5 ~ 1.8'에서 소개한다.

1.5 수학자의 생각

$n\geq6$이면, 정사각형을 n 개의 정사각형으로 분해할 수 있음을 보여라.

수학사적 풀이

정사각형은 아래의 그림처럼 분해하면 3 개만 늘어난다. 다시 말해서 이 분해로 정사각형의 개수는 3 만 늘어

$$1 \to 4$$

로 된다.

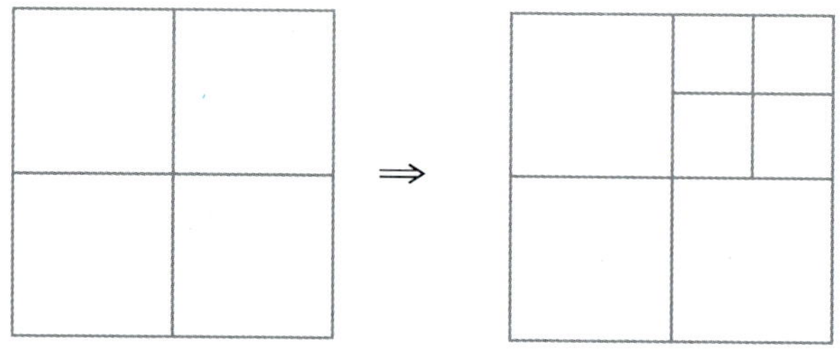

4개 7개

따라서 다음과 같은 개수로 분해할 수 있음을 알 수 있다.

$$4 \to 7 \to 10 \to 13 \to 16 \to \cdots$$

더욱이 만약 6 개와 8 개로 분해할 수 있다면 다음과 같은 개수로도 분해할 수 있음을 알 수 있다.

$$6 \to \ \ 9 \to 12 \to 15 \to \cdots$$

$$8 \to 11 \to 14 \to 17 \to \cdots$$

그러므로 $n \geq 6$이면, 정사각형을 n개의 정사각형으로 분해할 수 있다.

이제 남은 것은 정사각형을 6 개와 8 개로 분해할 수 있음을 보이는 것이다. 실제로 아래의 그림처럼 가능하다.[37]

6개 8개

37 왼쪽 그림은 《Origamics》의 'Haga의 기본정리'를 따라 GSP로 그린 것이다.

1.6 수학자의 생각

$n \geq 6$ 이면, 정삼각형을 n 개의 정삼각형으로 분해할 수 있음을 보여라.

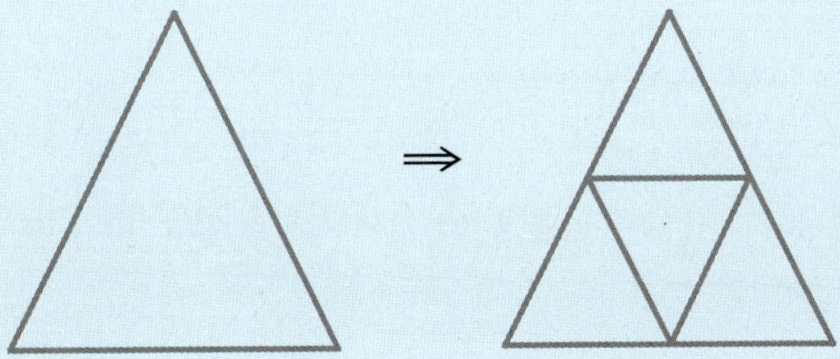

수학사적 풀이

정삼각형은 위의 그림처럼 분해하면 오른쪽 그림과 같이 4 개의 정삼각형으로 분해할 수 있다. 다시 말해서 이 분해로 정삼각형의 개수는 3 만 늘어

$$1 \rightarrow 4$$

로 된다.

더욱이 정삼각형은 아래의 그림처럼 6 개, 7 개, 8 개의 정삼각형으로 분해할 수 있다.

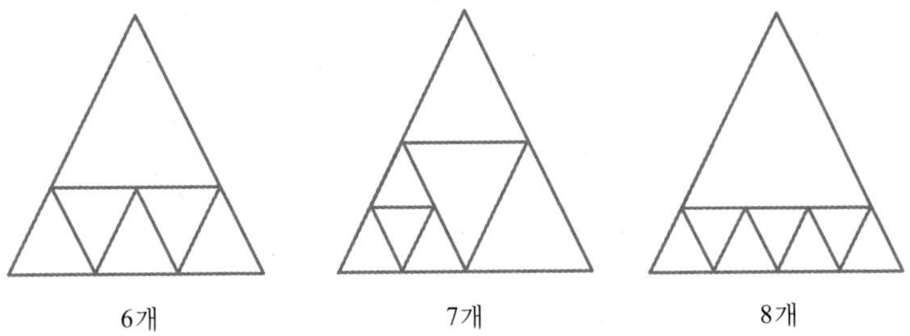

따라서 정삼각형을 다음과 같은 개수로 분해할 수 있음을 알 수 있다.

$$6 \rightarrow 9 \rightarrow 12 \rightarrow 15 \rightarrow 18 \rightarrow \cdots$$
$$7 \rightarrow 10 \rightarrow 13 \rightarrow 16 \rightarrow 19 \rightarrow \cdots$$
$$8 \rightarrow 11 \rightarrow 14 \rightarrow 17 \rightarrow \cdots$$

1.7 수학자의 생각

11 세기에 당시 아라비아의 과학자들 사이에 강력한 영향력을 갖고 있던 알하젠은 수학적 귀납법으로 1 에서 n 까지의 자연수의 네제곱합의 공식

$$\sum_{i=1}^{n} i^4 = \left(\frac{n}{5}+\frac{1}{5}\right)n\left(n+\frac{1}{2}\right)\left\{(n+1)n-\frac{1}{3}\right\}$$

을 유도하였다. 이 사실이 옳음을 보이기 위해 아래의 (a)와 (b)가 성립함을 보여라.

(a) 다음의 등식이 성립함을 보여라.

$$(n+1)\sum_{i=1}^{n} i^k = \sum_{i=1}^{n} i^{k+1} + \sum_{p=1}^{n}\left(\sum_{i=1}^{p} i^k\right)$$

(알하젠은 이 등식을 $n=4$, $k=1, 2, 3$ 인 경우만 확인한 것으로 전해지고 있다.)

(b) (a)의 등식을 이용하여

$$\sum_{i=1}^{n} i, \quad \sum_{i=1}^{n} i^2, \quad \sum_{i=1}^{n} i^3$$

을 구하고, 아울러 알하젠의 공식이 성립함을 보여라.

수학사적 풀이

(a) 좌변의 식 $(n+1)\sum_{i=1}^{n} i^k$ 을 다음과 같이 풀어 쓸 수 있다.

$$(n+1)\sum_{i=1}^{n} i^k = (n+1)(1^k+2^k+3^k+\cdots+n^k)$$

$$= n\cdot 1^k + 1^{k+1} + \{(n-1)+2\}\cdot 2^k + \{(n-2)+3\}\cdot 3^k + \cdots$$

$$+ \{3+(n-2)\}\cdot(n-2)^k + \{2+(n-1)\}\cdot(n-1)^k + (n^k+n^{k+1})$$

$$\begin{aligned}
&= 1^{k+1} + 2^{k+1} + 3^{k+1} + \cdots + n^{k+1} \\
&\quad + n \cdot 1^k + (n-1) \cdot 2^k + (n-2) \cdot 3^k + \cdots \\
&\quad + 3 \cdot (n-2)^k + 2 \cdot (n-1)^k + n^k \\
&= 1^{k+1} + 2^{k+1} + 3^{k+1} + \cdots + n^{k+1} \\
&\quad + 1^k \\
&\quad + (1^k + 2^k) \\
&\quad + (1^k + 2^k + 3^k) \\
&\quad \vdots \\
&\quad + \{1^k + 2^k + 3^k + \cdots + (n-2)^k\} \\
&\quad + \{1^k + 2^k + 3^k + \cdots + (n-2)^k + (n-1)^k\} \\
&\quad + \{1^k + 2^k + 3^k + \cdots + (n-2)^k + (n-1)^k + n^k\} \\
&= \sum_{i=1}^{n} i^{k+1} + \sum_{p=1}^{n}\left(\sum_{i=1}^{p} i^k\right).
\end{aligned}$$

(b) 생략

또 다른 생각

실제로 알하젠은 제곱합의 식과 세제곱합의 식을 이용하여

$$1^4 + 2^4 + 3^4 + 4^4 = \left(\frac{4}{5} + \frac{1}{5}\right)4\left(4 + \frac{1}{2}\right)\left\{(4+1)4 - \frac{1}{3}\right\}$$

임을 보였다.

1.8 수학자의 생각

다음과 같은 드무아브르[38]의 정리를 증명하여라.

$$(\cos\theta + i\sin\theta)^n = \cos n\theta + i\sin n\theta$$

(단, $n = 0, \pm 1, \pm 2, \cdots$ 이다.)

수학사적 풀이

수학적 귀납법으로 증명한다.

$n = 0, 1$ 인 경우에 성립함은 당연하다.

이제 $n = k$ 일 때

$$(\cos\theta + i\sin\theta)^k = \cos k\theta + i\sin k\theta$$

가 성립한다고 가정하면

$$\begin{aligned}(\cos\theta + i\sin\theta)^{k+1} &= (\cos\theta + i\sin\theta)^k(\cos\theta + i\sin\theta)\\ &= (\cos k\theta + i\sin k\theta)(\cos\theta + i\sin\theta)\\ &= (\cos k\theta\cos\theta - \sin k\theta\sin\theta) + i(\sin k\theta\cos\theta + \cos k\theta\sin\theta)\\ &= \cos(k+1)\theta + i\sin(k+1)\theta\end{aligned}$$

이다. 따라서 수학적 귀납법에 의해서 모든 양인 정수 n 에 대해서 성립한다.

다음으로 n 이 음인 정수일 때, $n = -m$ 으로 누면 m 은 양인 정수이므로

$$\begin{aligned}(\cos\theta + i\sin\theta)^n = (\cos\theta + i\sin\theta)^{-m} &= \frac{1}{(\cos\theta + i\sin\theta)^m}\\ &= \frac{1}{\cos m\theta + i\sin m\theta}\end{aligned}$$

38 드무아브르는 프랑스에서 태어나 런던에서 생활한 수학자이다. 이 공식은 복소평면이란 생각이 나오기 전에 이미 뉴턴이 1676년에 삼차방정식의 해를 계산할 때 사용하고 있었다.

이다.

$$\therefore (\cos\theta + i\sin\theta)^n = \frac{\cos m\theta - i\sin m\theta}{\cos^2 m\theta + \sin^2 m\theta}$$

$$= \cos(-m)\theta + i\sin(-m)\theta = \cos n\theta + i\sin n\theta$$

그러므로 n 이 음인 정수일 때에도 위의 등식은 성립한다. 다시 말해서 모든 정수에 대해서 주어진 등식은 성립한다. ●

지금까지 수학적 귀납법에 대한 여러 가지 예제들을 다루어 보았다.

지금부터 식과 방정식에 대한 이야기를 시작해보자.

|식과 방정식|

고대 그리스인들은 모든 사물을 엄밀히 살펴 그 구성의 근원에 대해 논리적 분석을 추구함으로써 그 본질을 명확한 모양으로 나타내려는 독자적인 자질이 있었다. 그리스에는

"만물은 수이다."

라고 한 피타고라스의 사상이 말하듯이, 수는 일상적으로 사용하는 것이라는 사실로부터 멀리 떨어져 아득한 추상적 세계에서 움직이고 있었다. 그러나 여기서 말하는 '수'란 자연수와 자연수의 비로 나타나는 수에 한 한 것이었기 때문에 한 변의 길이가 1인 정사각형의 대각선의 길이 $\sqrt{2}$ 는 이와 같은 수의 입장에서는 이해할 수 없는 본질적으로 '무리 량'이었다. 그럼에도 불구하고 현실적으로 이와 같은 양의 존재는 아래의 [그림 1.13]과 같이 정사각형을 그려 대각선을 그어봄으로써 쉽게 확인된다.

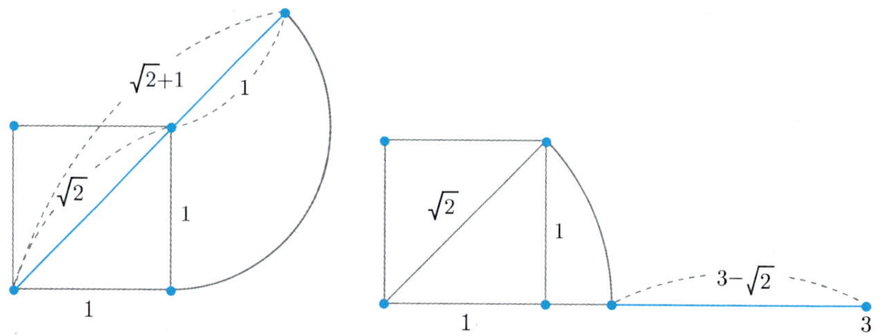

▶그림 1.13 무리 량

수에는 사칙연산(덧셈, 뺄셈, 곱셈, 나눗셈)이 있어서 수가 갖고 있는 여러 가지 성질을 찾는데 중요한 역할을 하고 있다. 한편 선분의 길이로 나타나는 양 중에는 '무리 량'이 있으며, 더욱이 이것에 수로서의 사칙연산을 엄밀히 정의한다는 것 등은 불가능한 것으로 생각되었다.

그러나 선분의 길이로 본다면 기하학적으로 작도하는 것만으로 $\sqrt{2}+1$ 도 $3-\sqrt{2}$ 도 아주 쉽게 만들 수 있다. (위의 [그림 1.13] 참조)

또, 길이가 a 인 선분과 길이가 b 인 선분을 곱한 것은 이웃하는 두 변의 길이가 a, b 인 직사각형의 넓이를 나타내는 것으로 생각하기로 한다. 이때

$$(\sqrt{2})^2 = 2$$

인 것은 아래의 [그림 1.14]처럼 나타냄으로써 보일 수 있다.

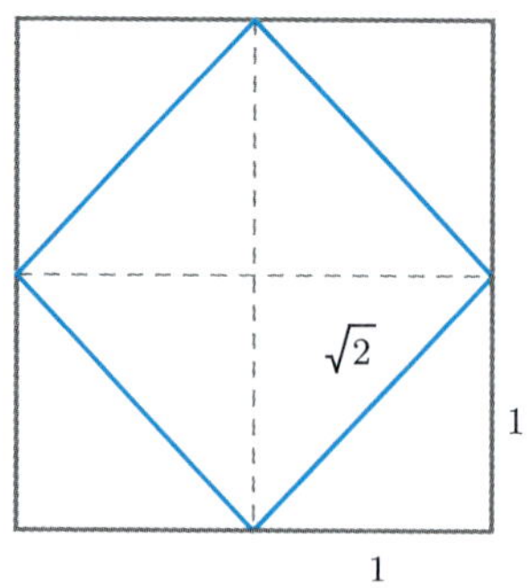

▶그림 1.14 $(\sqrt{2})^2 = 2$

이와 같은 관점에서 본다면, 오늘날 우리가 식의 계산에 의해 얻은 것은 모두 선분이나 넓이 사이의 관계로서 기하학적인 도형을 활용하여 나타내어졌을 것이라 추측한다. 예를 들어, 분배법칙

$$a(b+c) = ab + ac$$

를 아래의 [그림 1.15]처럼

> "직사각형 $ABCD$의 넓이는 직사각형을 두 개로 나누었을 때 각각의 직사각형의 넓이의 합과 같다."

로 나타내고 있다.

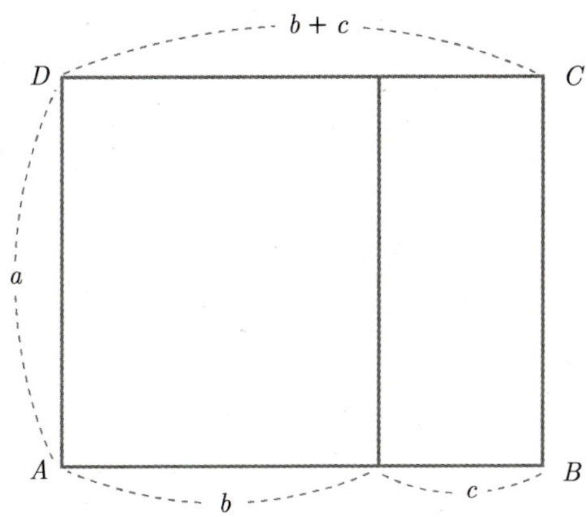

▶그림 1.15 $a(b+c) = ab + ac$

물론 이 경우에 a^3 이나 a^4 등을 품는 식은 평면도형으로는 나타낼 수 없다. 그러나 적어도 a^2 이 나타나는 식(즉 이차식)까지는 평면도형에서 취급할 수 있었을 것이다.

이와 같이 대수(대수연산)를 최초로 기하학화한 사람은 고대 그리스의 최고의 수학자로 알려진 에우독소스이다. 선분을 이용하여 대수적인 연산을 실증해 나가는 것을 **선분연산**이라 부른다. 선분연산이라는 새롭고도 독자적인 생각은 모양을 통해서 존재를 확인하려는 그리스인의 사색방법에 그 근거가 있을 것으로 여겨진다.

이제 선분연산에 대한 두 가지 문제로 '예제 1~2'에 대해 살펴보기로 하자.

|예제 1| 아래의 [그림 1.16]의 색칠된 부분의 넓이를 생각나는 대수적인 등식으로 나타내어 보아라.

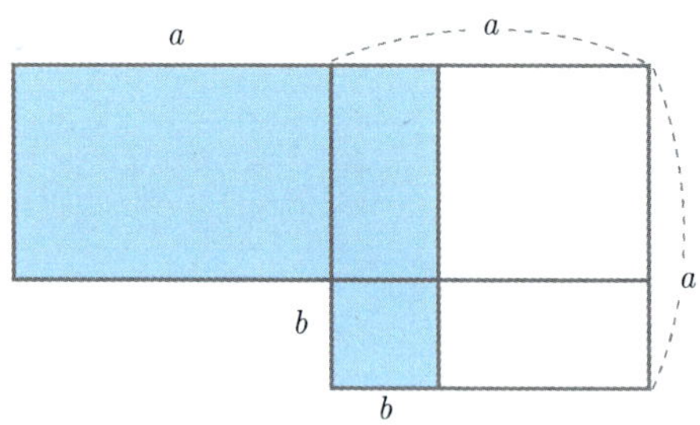

▶그림 1.16 선분연산 예제

풀이 $(a+b)(a-b)+b^2=a^2$

|예제 2| 이차방정식 $x^2+Ax+B=0$도 2개의 양인 실근을 가질 경우에는 선분연산으로 2개의 양인 실근을 찾을 수 있다.

실제로 이차방정식

$$x^2-ax+b^2=0,\quad a>2b>0 \qquad \cdots\cdots\cdots (1.8)$$

의 2개의 실근을 선분연산으로 구해보기로 하자.

풀이 먼저 길이가 a인 선분 AB를 긋고, $\overline{AB}$의 중점을 C라 한다. 다음으로 점 C에서 $\overline{AB}$에 수직인 직선을 그어 $\overline{CP}=b$를 만족하는 점 P를 잡는다. 또, 점 P를 중심으로 반지름의 길이가 $\overline{AC}=\frac{a}{2}$인 원과 $\overline{AB}$와의 교점을 D라 한다. 이제 $\overline{AB}$를 밑변으로 높이가 $\overline{BD}$인 직사각형 $ABEF$를 작도한다. 이때 $\overline{BD}$와 $\overline{AD}$가 방정식 (1.8)의 해를 나타내고 있다. 실제로 방정식 (1.8)을

$$(a-x)x=b^2$$

으로 고침으로써 쉽게 확인할 수 있다. (단, 아래의 [그림 1.17]에서는 $\overline{BD}$ 를 x 로 나타내고 있다.)

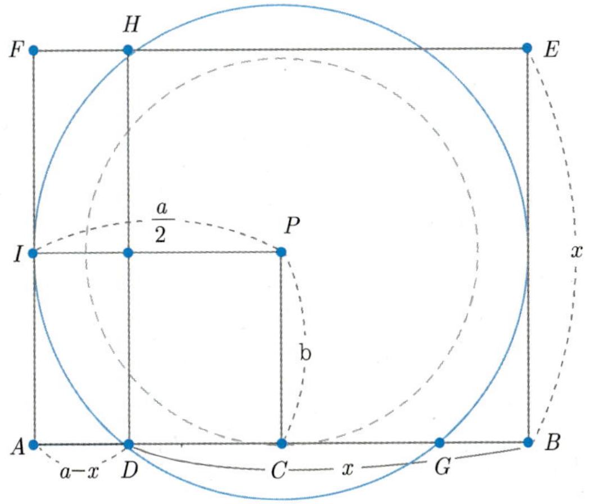

▶그림 1.17 $(a-x)x=b^2$

지금부터 방정식 (1.8)을

$$(a-x)x=b^2$$

로 고치는 방법을 아래 (가) 또는 (나)에서 알아보자.

(가) 원 P에 멱의 정리[39]를 적용하면

$$\overline{AD}\cdot\overline{AG}=\overline{AI}^2.$$

한편

$$\overline{AG}=\overline{BD}=x,\quad \overline{AI}=b,\quad \overline{AD}=a-x$$

39 원 O 밖의 한 점 P에서 원 O와 두 점 A, B에서 만나는 직선과, 원 O와 점 T에서 접하는 접선 PT를 긋는다. 이때

$$\overline{PT}^2=\overline{PA}\cdot\overline{PB}$$

이며, 그 역도 성립한다.

이므로

$$(a-x)x = b^2$$

이 성립한다.

(나) (1.8)을 대수적인 식으로 보고 이를 확인하고자 할 때에는, 직각삼각형 CDP에 피타고라스의 정리를 적용하여

$$\overline{CD}^2 = \left(\frac{a}{2}\right)^2 - b^2 = \frac{a^2-4b^2}{4}$$

을 얻음으로써, 선분 BD, AD의 길이는

$$\frac{a}{2} \pm \frac{\sqrt{a^2-4b^2}}{2} = \frac{a \pm \sqrt{a^2-4b^2}}{2}$$

임을 알 수 있다. 이것은 방정식 (1.8)을 이차방정식의 근의 공식을 써서 푼 것과 일치한다. ●

이와 같이 고대 그리스에서는 선분연산에 의한 기하학적인 관점을 취하고 있었기 때문에 식을 이용하여 방정식을 푸는 대수적인 방법은 발달하지 못했다. 위에서는 설명을 간략하게 하기 위하여 이차방정식을 사용했지만, 고대 그리스에서는 방정식을 푼다는 명확한 사고는 없었다. 실제로 위에서 다룬 문제는 아래와 같은 꼴로 주어져있다고 한다.

> "두 개의 선분 AB, CD로서, AB의 길이가 CD의 길이의 2배보다 크다고 한다. 이때 선분 AB를 둘로 나누어 그들을 이웃하는 두 변으로 하는 직사각형의 넓이가 선분 CD를 한 변으로 하는 정사각형의 넓이와 같도록 하여라."
> (여기서 선분 CD는 위의 [그림 1.17]과는 달리 길이가 b인 선분을 나타내고 있다.)

▶ 표 1-2 1장의 수학사 보충 자료 1

수학자	국적	연도
심슨 Simson	스코틀랜드 Scotland	A.D. 1687 ~ A.D. 1768
페아노 Peano	이탈리아 Italy	A.D. 1858 ~ A.D. 1932
파스칼 Pascal	프랑스 France	A.D. 1623 ~ A.D. 1662
알하젠 Alhazen	이라크 Iraq	A.D. 965 ~ A.D. 1040
드무아브르 de Moivro	프랑스 France 영국 U.K.	A.D. 1667 ~ A.D. 1754
에우독소스 Eudoxos	그리스 Greece	B.C. 409? ~ B.C. 355?

▶ 표 1-3 1장의 수학사 보충 자료 2

수학자	국적	연도	주요 업적
피보나치 Fibonacci	이탈리아 Italy	A.D. 1180 ~ A.D. 1250	• 피보나치 수열을 생각 • 《산반서(算盤書)》지음 • 인도-아라비아 숫자를 유럽에 소개 • 《실용기하학》지음
파스칼 Pascal, B.	프랑스 France	A.D. 1623 ~ A.D. 1662	• 파스칼의 정리 • '파스칼 삼각형'(수삼각형)을 생각함 • 사이클로이드에 관한 문제 해결 • 미분, 적분의 선구적 업적을 남김 • 계산기 제작

수학자	국적	연도	주요 업적
드무아브르 De Moivre, A.	프랑스 France	A.D. 1667 ~ A.D. 1754	• 확률론 및 보험학에 많은 공헌 • 《우연설》, 《수명에 따른 연금》, 《해석기요》를 지음 • '드무아브르의 정리' 발견
심슨 Simson, R.	영국 U.K.	A.D. 1687 ~ A.D. 1768	• 초등기하학(유클리드의 《원론》) 연구 • 심슨선(Simson Line) 연구

MEMO

02 수학의 기호

▶표 2-1 2장의 수학적 내용 개요

수학자	연도	내용 개요
오렘 Oresme	A.D. 1323 ~ A.D. 1382	멱의 개념과 기호 사용, 분수의 멱 및 음수의 멱

▶표 2-2 2장의 수학사적 내용 개요

책명	연도	내용 개요
지혜의 숫돌 The Whetstone of Witte	A.D. 1557	영어로 쓰인 최초의 대수 책
수학의 열쇠 Clavis Mathematics	A.D. 1631	영국의 수학자 오트레드의 서적, 여러 수학의 기호가 등장함

12 세기에서 13 세기경까지 발전을 거듭한 아라비아수학의 전모는 아직 충분히 해명되지 않고 있는 듯하다. 아라비아수학에서는 오늘날 우리가 식 등을 나타낼 때 흔히 쓰고 있는 문자라든지, + , − 와 같은 수학기호를 사용하지 않았다. 그와 같은 것은 모두 언어로 표현되어 있었기 때문에 수학의 내용이 깊어질수록 아라비아수학의 표현은 그만큼 비중이 낮아져갔다.

2.1 오렘

13 세기 후반부터는 영국과 프랑스의 백년전쟁, 영국의 내란인 장미전쟁 등 긴 전란으로 유행병이 만연하여 문화적으로는 전혀 무위인 상태로 지나갔다. 그러나 이 시기의 수학자로 언급하지 않을 수 없는 인물이 프랑스의 주교 오렘이다. 그는 멱power의 개념과 그 기호를 생각했을 뿐만이 아니라 분수의 멱, 음수의 멱까지 생각했다.

오렘은 또한 함수 $y = f(x)$ 의 변화량을 그래프로 나타내려는 시도도 하였다.

2.1 수학자의 생각

오렘은 급수

$$S_n = 1 + 2x + 3x^2 + \cdots + nx^{n-1}$$

의 합을 아래의 순서로 구하고 있다. 확인하여 보기로 하자.

(a) $x = 1$ 이면 $S_n = \dfrac{1}{2}n(n+1)$ 이다.

(b) $x \neq 1$ 이면

$$S_n - xS_n = 1 + x + x^2 + x^3 + \cdots + x^{n-1} - nx^n$$

을 만든다.

(c) (b)의 결과로부터

$$S_n = \frac{1-x^n}{(1-x)^2} - \frac{nx^n}{1-x}$$

을 구한다.

수학사적 풀이

각자 확인하여 보기로 한다.

2.2 기호의 정비

고대 수학자들의 수식의 표현방법의 변천과정은 수학이라는 학문이 커나가는데 얼마만큼의 시간이 필요하게 되었는지를 가늠하게도 한다. 13 세기 경부터 이탈리아에서 시작된 유럽수학의 흐름 중에서 수학의 기호가 어떻게 변천되었는지를 살펴보는 것은

Florian Cajori, *A History of Mathematical Notation*, 1928

에 맡기기로 하고 15 세기 중반부터의 변천사로 대신하기로 한다.

15 세기 중반에 독일에서 인쇄술이 발명됨으로써 그리스, 아라비아의 고전의 번역출판이 쉽게 이루어졌으며, 아울러 유럽인들은 이들 고전을 손쉽게 접할 수 있게 되었다.

또, 이탈리아에서는 상업의 발달로 생활에 여유가 생김으로써 고전의 재건에 의한 인간성해방을 주장하는 휴머니즘humanism운동이 일어나는 등 문화의 진보에 대한 호조건이 여러 각도에서 정비되고 있었다. 이렇게 16 세기를 맞이하여 르네상스renaissance, 문예부흥의 시대가 열리게 된다.

문예부흥시대의 대수는 무엇보다 기호의 정비로 시작됐다고 말할 수 있다.

지금부터 기호의 정비에 대한 중요한 몇 가지를 (가) ~ (자)에서 소개한다.

(가) 플러스(+)와 마이너스(−)

이들 기호는 '계산의 우두머리'라는 별명을 가진 독일의 비트만이 1489 년에 라이프치히Leipzig에서 발표한 산수에 관한 서적에 처음 등장했다.

처음에는 과부족이라는 의미로 사용하고 있었지만, 순차 가법과 감법을 의미하는 기호로 사용되게 되었다. 플러스라는 언어는 이 서적에는 보이지 않지만 마이너스라는 언어는 사용되고 있다.

'+'라는 기호는 라틴어의 '및and'을 의미하는 'et'를 빨리 쓴 모양으로부터 나온 것이라 전해지고 있다. 그러나 '−'라는 기호의 유래는 전혀 알려지고 있지 않다.

(나) 근호 (√)

빈Wien 대학의 교수였던 슈라이버Heinrich Schreiber는 1521년에 발표한 서적 속에서 +와 −를 가법과 감법의 의미로 사용하고 있다. 그리고 그의 제자 루돌프Christoff Rudolff도 1525년에 발행된 그의 대수학 책에서 +와 −를 가법과 감법의 의미로 사용하고 있다. 루돌프는 그 책 속에서 근호의 기호 √ 를 사용하고 있다. 근호를 처음에는 √ 로 표시했는데, 이것은 근을 의미하는 root의 머리글자 r로부터 유래된 것이라는 주장도 있다.

(다) 등호 (=)

이것은 영어로 쓰인 최초의 대수 책으로 알려진 레코드의 《지혜의 숫돌The Whetstone of Witte》(1557)에 처음으로 등장했다. 레코드는 이것을 등호로 채택한 이유로서 다음과 같이 말하고 있다.

"두 개의 평행선 "=" 만큼 같은 것은 이 이외에 없기 때문이다."

(라) 제법기호 (÷)

스위스의 수학자 란이 1659년에 취리히Zürich에서 발행한 대수학 서적 《*Teutsche Algebra*》에서 처음으로 사용되었다.

(마) 소수기호

오늘날 예를 들어, 5.856 으로 쓰는 것을 $\overset{0}{5}\overset{1}{8}\overset{2}{5}\overset{3}{6}$ 으로 써서 처음으로 소수기호를 도입한 사람은 스테빈Stevin이다.

(바) 부등호 (< , >)

이것은 영국의 수학자 해리엇Thomas Harriot(1560 ~ 1621)의, 그의 사후 10년이 지나서야 발행된, 책 《*Artis Analyticæ Praxis*》에서 등장했다. 한편 ≥ 및 ≤ 라는 부등호는 그로부터 1 세기도 지난 후 부케Pierre Bouquer에 의해 사용되었다.

(사) 승법기호 (×)

이것은 영국의 수학자 오트레드의 서적 《수학의 열쇠Clavis Mathematicæ》(1631)에 등장했다.

(아) 차의 기호 (~)

이것 또한 오트레드의 서적에서 등장했다.

(자) 문자기호

프랑스의 수학자 비에트는 상수와 미지수를 구별하기 위해서 상수에 대해서는

$$b,\ c,\ d,\ \cdots$$

등과 같은 자음을 표시하는 문자로 사용하고, 미지수에 대해서는

$$a,\ e,\ i,\ o,\ u$$

등과 같은 모음을 표시하는 문자로 사용했다. 현재 우리가 사용하는 것과 같이, 상수에 대해서는

$$a,\ b,\ c,\ d,\ \cdots$$

등과 같이 알파벳의 앞의 문자들을 사용하고, 미지수에 대해서는

$$x,\ y,\ z$$

와 같이 알파벳의 뒤의 문자들을 사용하는 것은 데카르트에 의해서 이루어졌다.

지금부터 여러 가지 수학의 기호를 사용한 예로 비에트가 생각한 이차, 삼차, 사차방정식에 대해 알아보자.

2.2 수학자의 생각

비에트Francois Viète는 이차방정식

$$ax^2 + bx + c = 0 \quad (a \neq 0)$$

은 $y = x + \dfrac{b}{2a}$ 로 두면

$$y^2 + C = 0$$

인 꼴의 이차방정식으로 고쳐짐을 보였다. 이것을 풀이하여라.

수학사적 풀이

생략

2.3 수학자의 생각

비에트는 삼차방정식

$$ax^3 + bx^2 + cx + d = 0 \quad (a \neq 0)$$

은 $y = x + \dfrac{b}{3a}$ 로 두면

$$y^3 + my + n = 0$$

인 꼴의 삼차방정식으로 고쳐짐을 보였다. 이것을 풀이하여라.

수학사적 풀이

생략

비에트는 사차방정식

$$ax^4 + bx^3 + cx^2 + dx + e = 0 \ (a \neq 0)$$

은 $z = x + \dfrac{b}{4a}$ 로 두면

$$z^4 + Cz^2 + Dz + E = 0$$

인 꼴의 사차방정식으로 고쳐짐을 보였다. 이것을 풀이하여라.

수학사적 풀이

생략

2.3 로그의 발견

레기오몬타누스Regiomontanus 1436–1476는 그리스의 천문학과 삼각법을 상세히 개량·발전시켰다. 이를 바탕으로 코페르니쿠스는 천동설을 뒤엎고 지동설을 주창했다. 또, 케플러는 유명한 케플러의 3법칙을 발견했다.

천문학은 만원경이 발명됨으로써 한층 더 진보했지만, 이에 따라 삼각법도 급속히 발전해갔다.

이와 같은 여건 하에 천문학의 진보를 더욱 촉진시킨 것은 대수의 발견과 대수표의 작성이다. 그때까지 막대한 계산에 골머리를 앓든 천문학자들은 대수의 덕에 엄청난 계산을 무척 빨리 할 수 있게 되었다. 심지어 대수의 발견 덕에 천문학자들의 수명이 2배로 늘었다는 말도 있다.

이와 같은 대수logarithm라는 개념의 발단은 슈티펠의 책 《*Arithmetica integra*》에 보이고 있다.

슈티펠은 x 와 2^x 의 관계를

x	$\cdots$	-5	-4	-3	-2	-1	0	1	2	3	4	5	6	$\cdots$
2^x	$\cdots$	$\frac{1}{32}$	$\frac{1}{16}$	$\frac{1}{8}$	$\frac{1}{4}$	$\frac{1}{2}$	1	2	4	8	16	32	64	$\cdots$

과 같이 표시한다. 이 표에서 대응하는 그룹, 예를 들어

$$2\ 3\ ,\ 5$$

$$4\ 8\ ,\ 32$$

에서 첫째 행의 덧셈

$$2+3=5$$

이고, 둘째 행의 곱셈

$$4\times 8=32$$

가 대응하고 있음을 알 수 있다. 이것은 명백히 현재의 대수의 개념이다.

위의 예를 현재 사용하는 로그기호로 나타내면 $\log_2 2^x = x$이므로

$$\begin{aligned}\log_2(4\times 8) &= \log_2(2^2\times 2^3) = \log_2 2^2+\log_2 2^3\\ &= 2+3=5\end{aligned}$$

이다.

오늘날 우리가 쓰고 있는 로그라는 개념은 네이피어, 뷔르기, 브리그스에 의해 확립되었다. 또, 건터는 《삼각함수의 대수표》를 출판하였으며, 대수계산자의 전신前身인 건터자Gunter's scale를 발명했다.

▶표 2-3 2장의 수학사 보충 자료 1

수학자	국적	연도
오렘 Oresme	프랑스 France	A.D. 1323 ~ A.D. 1382
비트만 Widman	체코 Czech Republic 독일 Germany	A.D. 1460 ~ A.D. 1500
레코드 Recorde	영국 U.K.	A.D. 1510 ~ A.D. 1558
란 Rahn	스위스 Zurich, Switzerland	A.D. 1622 ~ A.D. 1676
스테빈 Stevin	네덜란드 Netherlands	A.D. 1548 ~ A.D. 1620
해리엇 Harriot	영국 U.K.	A.D. 1560 ~ A.D. 1621
오트레드 Oughtred	영국 U.K.	A.D. 1574 ~ A.D. 1660
비에트 Viete	프랑스 France	A.D. 1540 ~ A.D. 1603
데카르트 Descartes	프랑스 France 스웨덴 Sweden	A.D. 1596 ~ A.D. 1650
코페르니쿠스 Copernicus	폴란드 Poland	A.D. 1473 ~ A.D. 1543
케플러 Kepler	독일 Germany	A.D. 1571 ~ A.D. 1630
슈티펠 Stifel	독일 Germany	A.D. 1487 ~ A.D. 1567
네이피어 Napier	영국 U.K.	A.D. 1550 ~ A.D. 1617

수학자	국적	연도
뷔르기 Burgi	스위스 Switzerland	A.D. 1552 ~ A.D. 1632
브리그스 Briggs	영국 U.K.	A.D. 1561 ~ A.D. 1630
건터 Gunter	영국 U.K.	A.D. 1581 ~ A.D. 1626

▶표 2-4 5장의 수학사 보충 자료 2

수학자	국적	연도	주요 업적
비트만 Widmann, J.	체코 Czech Republic	A.D. 1460 ~ A.D. 1500	• 모든 상거래에서 +, −를 사용하기 시작함 • 《상업상술》을 지음
레코드 Recorde, R.	영국 U.K.	A.D. 1510 ~ A.D. 1558	• 등호 '='를 처음 사용
비에트 Viete, F.	프랑스 France	A.D. 1540 ~ A.D. 1603	• 대수학의 체계화에 노력(기호대수학) • 방정식을 일반적인 형태로 표현(문자사용) • 《해석학 입문》지음
스테빈 Stevin, S.	네덜란드 Netherlands	A.D. 1548 ~ A.D. 1620	• 10진 소수의 발명(단, 소수점은 사용하지 않음) (5⓪ 9① 1② 2③ : 5.912)
해리엇 Harriot, T.	영국 U.K.	A.D. 1560 ~ A.D. 1621	• 방정식을 최초로 인수로 분해 • 부등호(〉, 〈)를 사용함
오트레드 Oughtred, W.	영국 U.K.	A.D. 1574 ~ A.D. 1660	• 승법(乘法) 기호로 ×를 사용 • 비례의 기호로 ::를 사용 • 차(差)의 기호로 ~를 사용 • 계산자 발명
데카르트 Descartes, R	프랑스 France	A.D. 1596 ~ A.D. 1650	• 기하학에 대수적 해법을 적용한 해석기하학 창시 • 《방법서설》지음: 기하학 해설 • '나는 생각한다. 그러므로 나는 존재한다.'

수학자	국적	연도	주요 업적
슈티펠 Stifel, M.	독일 Germany	A.D. 1487 ~ A.D. 1567	• 로그개념의 선구자 • 17제곱이하의 모든 이항계수를 구함 • 음수, 거듭제곱, 거듭제곱근을 다룸
네이피어 Napier, J.	영국 U.K.	A.D. 1550 ~ A.D. 1617	• 산술, 대수, 삼각법 등의 단순화·계열화 시도 • 로그를 발견하고 최초로 로그표 발간 • 소수점 도입
뷔르기 Burgi	스위스 Switzerland	A.D. 1552 ~ A.D. 1632	• 현재 사용하는 소수 표시법 사용 • 로그표 작성 및 자연로그를 생각
브리그스 Briggs, H.	영국 U.K.	A.D. 1561 ~ A.D. 1630	• 상용로그표 작성 • 1도(度)를 100등분
케플러 Kepler, J.	독일 Germany	A.D. 1571 ~ A.D. 1630	• 무한소의 계산 • 적분학의 시초(회전체의 부피 구하는 법 연구) • 행성운동의 3법칙 발견
건터 Guanter, F.	영국 U.K.	A.D. 1581 ~ A.D. 1626	• cosine과 cotangent라는 말을 사용 • 로그자를 처음 만듦

MEMO

삼차방정식과 사차방정식 03

▶표 3-1 3장의 수학자 개요

수학자	국적	연도
페로 Ferro	이탈리아 Italy	A.D. 1465 ~ A.D. 1526
폰타나 Fontana 또는 타르탈리아 Tartaglia	이탈리아 Italy	A.D. 1499 ~ A.D. 1557
카르다노 Cardano	이탈리아 Italy	A.D. 1501 ~ A.D. 1576
페라리 Ferrari	이탈리아 Italy	A.D. 1522 ~ A.D. 1565
지라르 Girard	프랑스 France / 네덜란드 Netherlands	A.D. 1595 ~ A.D. 1632
봄벨리 Bombelli	이탈리아 Italy	A.D. 1526 ~ A.D. 1572
라이프니츠 Leibniz	독일 Germany	A.D. 1646 ~ A.D. 1716
호이겐스 Huygens	네덜란드 Netherlands	A.D. 1629 ~ A.D. 1695
아벨 Abel	노르웨이 Norway	A.D. 1802 ~ A.D. 1829

수학자	국적	연도
갈루아 Galois	프랑스 France	A.D. 1811 ~ A.D. 1832
가우스 Gauss	독일 Germany	A.D. 1777 ~ A.D. 1855
베르누이 Bernoulli	스위스 Switzerland	A.D. 1667 ~ A.D. 1748
오일러 Euler	러시아 Russia	A.D. 1707 ~ A.D. 1783
르장드르 Legendre	프랑스 France	A.D. 1752 ~ A.D. 1833

16세기 중반에는 '수학 시합'이라는 것이 유행했다. 다시 말해서 두 사람의 수학자가 동일한 개수의 어려운 문제를 서로 상대방한테 제시하여 정해진 시간 내에 보다 많은 문제를 해결한 쪽이 이긴 것으로 하는 일종의 도전 시합이 유행했다. 따라서 당시에는 수학자가 어느 사실을 발견하더라도 그것을 이내 발표하지 않는 것이 다반사였다고 한다. 이와 같은 수학의 시합에서 당시 가장 자주 출제된 것이

"삼차방정식을 풀어라"

라는 문제이었다. 일반적으로 삼차방정식은

$$x^3 + mx + n = 0$$

인 꼴로 변형됨을 알고 있다('수학자의 생각 2.3' 참조). 이 같은 꼴의 삼차방정식은 제일 먼저 페로(볼로냐Bologna대학교에서 산술과 기하학의 교수로 지냈음)에 의해 해결되었다고 전해지지만, 그 해법은 전혀 알려져 있지 않다. 아마 앞서 이야기한 비밀주의의 영향이 아닐까라고 추측된다.

현재 전해지고 있는 삼차방정식의 해법은 폰타나에 의해 만들어졌으며 폰타나는 다른 말로 타르탈리아("말더듬이"라는 뜻)로도 불리었으며 그 해법은 다음과 같다.

먼저

$$x = u + v$$

라 두고, 이것을 위의 삼차방정식에 대입하면

$$(u+v)^3 + m(u+v) = -n.$$

따라서

$$u^3 + v^3 = -n$$

을 만족하는 u, v를 택하면

$$3uv = -m$$

으로 되므로

$$u^3v^3 = -\frac{1}{27}m^3.$$

그러므로 u^3과 v^3은 이차방정식

$$t^2 + nt - \frac{1}{27}m^3 = 0$$

의 두 근이다.

따라서

$$u^3 = \frac{1}{2}\left(-n + \sqrt{n^2 + \frac{4}{27}m^3}\right), \quad v^3 = \frac{1}{2}\left(-n - \sqrt{n^2 + \frac{4}{27}m^3}\right),$$

즉

$$u = \sqrt[3]{\frac{1}{2}\left(-n + \sqrt{n^2 + \frac{4}{27}m^3}\right)}, \quad v = \sqrt[3]{\frac{1}{2}\left(-n - \sqrt{n^2 + \frac{4}{27}m^3}\right)}$$

이므로 구하는 x 는

$$x = \sqrt[3]{\frac{1}{2}\left(-n + \sqrt{n^2 + \frac{4}{27}m^3}\right)} + \sqrt[3]{\frac{1}{2}\left(-n - \sqrt{n^2 + \frac{4}{27}m^3}\right)}$$

으로 주어진다.[40]

당시의 풍습에 따라 타르탈리아는 자신이 발견한 삼차방정식의 위의 해법을 공표하지 않았지만, 밀라노Milano의 카르다노의 간절한 요청에 못 이겨서 "절대로 외부에 공표하지 않으며 만약 기록할 일이 있더라도 암호를 써서 표기한다"는 약속 하에 자신의 해법을 카르다노에게 가르쳐주었다. 그런데 카르다노는 그 같은 약속을 깨고 1545년에 발표한 자신의 책 《위대한 기술Ars Magna》 속에 그 해법을 싣고 말았다. 그래서 타르탈리아의 이 해법이 후세에는 카르다노의 해법으로 알려지게 되고 말았다.

카르다노의 책 《위대한 기술Ars Magna》 속에는 사차방정식의 해법도 실여 있지만 그것 역시 제자인 페라리가 찾은 것으로 알려지고 있으며 다음과 같다. 그러나 카르다노는 이 책속에

"그것은 페라리에 의한 것이다. 그는 나의 의뢰에 따라 고안했다."

라고 써놓았다.

우리는 이미 '수학자의 생각 2.4'에서 임의의 사차방정식은

$$x^4 + px^2 + qx + r = 0$$

인 꼴로 고칠 수 있음을 확인했지만, 이것을 다시

$$x^4 = -px^2 - qx - r$$

로 변형한 후 양변에 $2x^2t + t^2$ 을 더하면

$$x^4 + 2x^2t + t^2 = (2t - p)x^2 - qx + t^2 - r,$$

40 이로써 삼차방정식의 한 근을 얻은 셈이지만, 당시로서는 이것이 삼차방정식의 근의 전부라고 생각했을 것이다. 이것을 **카르다노의 공식**이라 부르고 있다. 남은 두 개의 근에 대해서는 '수학자의 생각 3.3'을 참조 바란다.

즉

$$(x^2+t)^2=(2t-p)x^2-qx+t^2-r.$$

여기서 이 식의 우변이 x에 관한 일차식의 완전제곱으로 되게 하는 t를 정하는 문제를 생각하기로 한다. 이를 위해서는 먼저 우변의 이차식의 판별식이 0, 즉

$$q^2-4(t-p)(t^2-r)=0$$

이 되는, 다시 말해서

$$8t^3-4pt^2-8rt-q^2+4pr=0$$

을 만족하는 t를 찾으면 된다. 그런데 이와 같은 t는 앞서 살펴본 삼차방정식의 해법에 따라 구할 수 있다. 따라서 그와 같은 t를 잡으면 결국 우리의 사차방정식은

$$(x^2+t)^2=(mx+n)^2$$

이 되므로

$$x^2+t=mx+n \quad \text{또는} \quad x^2+t=-mx-n$$

을 얻게 되고, 이들 이차방정식을 풀어 x를 찾을 수 있다.

3.1 수학자의 생각

피사의 레오나르도와 카르다노는 이미 음인 근의 존재를 인식하고 있었지만, 지라르는 복소수인 근(즉 허근)의 존재도 인식하고 있었다고 전해지고 있다.

1의 세제곱근, 즉

$$x^3-1=0$$

의 해는

$$1,\ \omega,\ \omega^2$$

임을 보여라. 단, 여기서 i를 허수단위라 할 때 $\omega = \dfrac{-1+\sqrt{3}\,i}{2}$ 이다.

수학사적 풀이

$$x^3 - 1 = (x-1)(x^2+x+1) = 0$$

을 풀면 된다.

$$\omega = \frac{-1+\sqrt{3}\,i}{2}$$

라 두면 $\omega^2 = \dfrac{-1-\sqrt{3}\,i}{2}$ 임을 쉽게 확인할 수 있다.

3.2 수학자의 생각

주어진 수 a의 세제곱근, 즉 $x^3 - a = 0$의 해는

$$\sqrt[3]{a},\ \sqrt[3]{a}\,\omega,\ \sqrt[3]{a}\,\omega^2$$

으로 3개임을 보여라. (단, 여기서 $\sqrt[3]{a}$는 a의 실수인 세제곱근을 나타낸다.)

수학사적 풀이

$x^3 = a$, $a \neq 0$라 하면

$$\left(\frac{x}{\sqrt[3]{a}}\right)^3 = 1.$$

따라서 '수학자의 생각 3.1'로부터

$$\frac{x}{\sqrt[3]{a}} = 1,\ \omega,\ \omega^2.$$

$$\therefore \quad x = \sqrt[3]{a},\ \sqrt[3]{a}\,\omega,\ \sqrt[3]{a}\,\omega^2.$$

$a = 0$ 일 때에도 이 식에 포함되어 있다.

3.3 수학자의 생각

본문에서 살펴본 삼차방정식의 해법에서

$$u^3 = \frac{1}{2}\left(-n + \sqrt{n^2 + \frac{4}{27}m^3}\right) = M,$$

$$v^3 = \frac{1}{2}\left(-n - \sqrt{n^2 + \frac{4}{27}m^3}\right) = N$$

이라 하면 주어진 삼차방정식의 해는

$$x_1 = \sqrt[3]{M} + \sqrt[3]{N},\quad x_2 = \sqrt[3]{M}\,\omega + \sqrt[3]{N}\,\omega^2,\quad x_3 = \sqrt[3]{M}\,\omega^2 + \sqrt[3]{N}\,\omega$$

임을 보여라.

수학사적 풀이

$u^3 = M$, $v^3 = N$ 으로부터

$$u = \sqrt[3]{M},\ \sqrt[3]{M}\,\omega,\ \sqrt[3]{M}\,\omega^2\ ;\quad v = \sqrt[3]{N},\ \sqrt[3]{N}\,\omega,\ \sqrt[3]{N}\,\omega^2$$

이므로 u와 v를 조합할 수 있는 가지 수는 9이다. 그런데

$$3uv = -m, \quad 즉 \quad uv = -\frac{m}{3}$$

이고, 또

$$\sqrt[3]{MN} = \sqrt[3]{\frac{1}{2}\left(n + \sqrt{n^2 + \frac{4}{27}m^3}\right) \cdot \frac{1}{2}\left(n - \sqrt{n^2 + \frac{4}{27}m^3}\right)}$$

$$= \sqrt[3]{\frac{1}{4}\left\{n^2 - \left(n^2 + \frac{4}{27}m^3\right)\right\}}$$

$$= \sqrt[3]{-\frac{m^3}{27}} = -\frac{m}{3}$$

이므로

$$uv = \sqrt[3]{MN}.$$

그래서 u 와 v 의 조합 중에 $uv = \sqrt[3]{MN}$ 을 만족하는 것을 택하면

$$u = \sqrt[3]{M},\ v = \sqrt[3]{N}\ ;\ u = \sqrt[3]{M}\,\omega,\ v = \sqrt[3]{N}\,\omega^2\ ;$$
$$u = \sqrt[3]{M}\,\omega^2,\ v = \sqrt[3]{N}\,\omega.$$

한편 $x = u + v$ 로 두었기 때문에 이들로부터 3 개의 해를 모두 구할 수 있다.

지금부터 아래의 네 개의 '또 다른 생각'에서 방정식에 얽힌 역사적 사실들을 좀 더 살펴보기로 하자.

또 다른 생각 1

'수학자의 생각 3.3'에서 보인 카르다노의 공식이라 부르고 있는 이 근의 공식에 대해서 처음으로 미묘한 점을 지적한 사람은 기술자이자 건축가이기도 한 봄벨리였다.

봄벨리는 삼차방정식

$$x^3 - 15x - 4 = 0 \qquad \cdots\cdots\cdots \ (3.1)$$

에 주목했다. 대입해서 확인해보면 쉽게 알 수 있듯이 $x = 4$ 는 이 방정식의 한 해이다. 따라서

$$x^3 - 15x - 4 = (x-4)(x^2 + 4x + 1)$$

로 인수분해되므로 방정식 (3.1)의 남은 두 개의 해는

$$-2+\sqrt{3}\,,\ -2-\sqrt{3}$$

임을 알 수 있다.

봄벨리는 (3.1)의 해 4를 카르다노의 공식을 적용하여 나타내어 보았더니

$$4=\sqrt[3]{2+\sqrt{-121}}+\sqrt[3]{2-\sqrt{-121}} \qquad \cdots\cdots\cdots \ (3.2)$$

로 되었다(봄벨리는 카르다노의 공식의 x_1을 4로 했지만, 그것은 옳은 결정이었다).

이것은 정말로 수수께끼 같은 식이다. 실근 4를 보이기 위해서 카르다노의 공식을 적용해보면, 왜 허수 $\sqrt{-121}$ 이 나타나는가?

삼차방정식 (3.1) 안에 미지수로 숨어있는 실존하는 수 4를 찾아내기 위해서 그와 같은 수가 있는지 없는지도 잘 모르는『상상의 수로 된 숲』속을 떠돌아서는 $\sqrt{-121}$ 를 찾아내지 않으면 안 됨을 이 식은 말하고 있다. 바꾸어 말하면 밝고 환한 곳에 있는 4라는 수는 삼차방정식의 해로서 숨어있을 경우에는 암흑 속에 있는 $\sqrt{-121}$ 이라는 수에 지배되고 있는 것이다.

이와 같은 봄벨리의 질문 이후 '허수란 무엇인가?'라는 심각한 문제가 수학 전반을 무겁게 덮쳐눌러 왔다.

한편 카르다노 자신도 1545년에 방정식

$$x(10-x)=40$$

을 풀어서

$$5+\sqrt{-15}\,,\ 5-\sqrt{-15}$$

라는 '의미 없는 수'가 그 답으로 되어 있음을 알았지만, 단지 위안삼아 방정식에 대입해 보았더니, 생각지도 못한 사실로

$$\begin{aligned} x(10-x) &= (5+\sqrt{-15})(5-\sqrt{-15})=5^2-(\sqrt{-15})^2 \\ &= 25-(-15) \\ &= 40 \end{aligned}$$

으로 되어 확실히 답이 됨을 알았다. 카르다노는

"산술의 정밀함은 무의미한 곳까지 넘어와 있다."

라고 미묘한 말을 남기고 있다.

봄벨리 자신은 (3.2)가 성립하는 사실을

'궤변적인 결과'

로밖에 말하지 못하는 것에 만족하지 않고 그의 저서 《대수학》에 아래와 같이 설명하고 있다.

(3.2)가 성립한다면

$$\sqrt[3]{2+\sqrt{-121}} = a+b\sqrt{-1}\,, \quad \sqrt[3]{2-\sqrt{-121}} = a-b\sqrt{-1}$$

로 될 수밖에 없을 것으로 추론한다. 그러므로 양변을 세제곱하여 a, b에 관한 관계식

$$a(a^2-3b^2) = 2\,, \quad a(3a^2-b^2) = 11$$

이 얻어지지만, 봄벨리는 정수 a, b로 이 관계식을 만족하는 것으로

$$a = 2\,, \quad b = 1$$

을 얻었다. 따라서

$$\sqrt[3]{2+\sqrt{-121}} = 2+\sqrt{-1}\,, \quad \sqrt[3]{2-\sqrt{-121}} = 2-\sqrt{-1}$$

이다. 이들은 서로 공액인 복소수였던 것이다.

이것으로 (3.2)가 성립하는 이유가 밝혀졌다.

그러나 봄벨리의 이와 같은 고찰에도 불구하고 허虛인 수는 그 후에도 오랜 기간동안 깊은 안개 속에 갇혀 있었던 것 같다.

라이프니츠가 1673－1675년경에 호이겐스에게 보낸 편지에

$$\sqrt{1+\sqrt{-3}} + \sqrt{1-\sqrt{-3}} = \sqrt{6}$$

이라 쓰고, 봄벨리가 이미 1세기도 전에 그와 같은 사실을 찾아낸 것도 모

르는 체

"이와 같은 꼴로 허인 무리수를 실수로 환원한 것은 내가 최초이다."

라 써놓았다고 한다.

또 다른 생각 2

삼차방정식, 사차방정식을 풀 수 있음을 알았다면, 그 다음으로 방정식에 대한 관심은 당연히 좀더 높은 차원의 방정식, 특히

"오차방정식은 어떻게 해서 풀 수 있을까?"

로 향하게 되었을 것이다. 그러나 이 해법에 관해서는 그 후 250 년 이상이나 아무런 진전도 없이 지나갔다.

그러나 1826 년이 되어 많은 사람들이 예상조차 못한 결과가 발표되었다. 그것은

"오차방정식에는 근의 공식이 없다."

바꾸어 말하면

"오차방정식은 대수적으로는 일반적으로 풀 수 없다."

라는 사실(정리)이다.

단, 여기서

"근의 공식이 없다"라든지 "대수적으로는 풀 수 없다."

라고 말하는 의미는 다음과 같은 것이다. 오차방정식을

$$x^5 + ax^4 + bx^2 + cx^2 + dx + e = 0$$

이라 할 때, 이 방정식을 만족하는 해 x를 계수 a, b, c, d, e에 대해서

'가감승제', '상수 배', '거듭제곱근 $\sqrt[k]{\ }$'

등의 연산을 여러 번 시행해서 얻어지는 식으로는 나타낼 수 없음을 뜻한다.

이 정리를 증명한 사람은 노르웨이의 젊은 천재수학자 아벨로서 그의 나이 불과 23세일 때이다. 이 아벨의 정리 때문에 오차방정식의 해의 공식을 구하고자 긴 세월 동안 노력한 수많은 사람들의 꿈은 여지없이 깨졌다.

오차방정식을 풀 수 없으므로 오차 이상의 방정식도 모두 풀 수 없다. 왜냐하면 오차방정식에 x를 곱하면 육차방정식으로 된다. 따라서 만약 이 육차방정식이 풀린다면 그 해 중에는 앞의 오차방정식의 해도 모두 포함되어 있기 때문이다.

결국 우리가 항상 풀 수 있는 방정식은 일차, 이차, 삼차, 사차방정식뿐이다. 그렇지만 오차방정식 중에도 이를테면

$$x^5 - 1 = 0$$

처럼 특별한 것은 풀 수 있다. 그렇다면 오차방정식이 주어졌을 때, 그것을 풀 수 있는 경우와 풀 수 없는 경우로 나누어지게 된다. 그것은 도대체 어떤 성질에 의한 것인가? 이것에 대해서는 갈루아이론이 있지만, 이 이론에 관해서는 대수학 강의시간에 경청하기 바란다.

또 다른 생각 3

우리는 다음과 같은 의문에 직면하게 된다.

> "오차 이상의 방정식에 해가 없다고 말하는 것은, 어쩌면 우리가 알고 있는 수 중에서는 해를 찾을 수 없는 것은 아닌가? 만약 수의 범위를 넓히면 그곳에는 해가 있고, 그 해를 찾는 방법도 있는 것은 아닐까?"

이와 같은 의문은 지극히 자연스러운 것이라 말할 수 있는 이유는 이차방정식의 경우를 생각해보면 쉽게 알 수 있다. 실수밖에 모르는 사람은

$$x^2 + 2 = 0$$

의 해의 공식을 찾을 수 없었다. 이 이차방정식에는 찾아야만할 해가 없었던 것이다. 그러나 수의 범위를 실수에 더해서 허수 $i = \sqrt{-1}$ 까지 생각하면, 그곳에 처음으로 이 방정식의 해

$$x = \pm\sqrt{2}\,i$$

가 보였던 것이다.

우리는

$$\alpha = a + bi \quad (a,\ b \text{는 실수},\ i = \sqrt{-1}\,)$$

로 표시되는 수를 **복소수**라 부른다. 복소수 내에서는 사칙연산을 자유롭게 할 수 있으며, 또 어떤 자연수 n에 대해서도 n 제곱하여 α가 되는 수, 즉 $\sqrt[n]{\alpha}$는 복소수 내에 반드시 존재한다. 다시 말해서 n차방정식

$$x^n - \alpha = 0$$

의 n개의 해를 복소수 내에서 반드시 찾아낼 수 있다.

처음에 제시한 의문에 대해서는 1799년에 독일의 수학자 가우스가 본인의 학위논문에서 명확한 해답을 보였다. 즉

"복소수를 계수로 하는 n차방정식은 복소수 범위 내에서 그 n개의 해(중근을 포함해서)를 반드시 갖는다."

라는 결과이다. 이것을 **대수학의 기본정리**라 한다.

가우스에 의한 대수학의 기본정리 입장에서 아벨의 정리를 다시 한번 되새겨보면, 이 정리는

"오차 이상의 방정식이라도 그 해는 모두 복소수라는 세계 속의 어딘가에 존재하고 있다. 그렇지만 우리가 그것을 어떻게 찾겠는가에 대한 대수적인 수법은 영원히 알아낼 수 없다."

라고 말하고 있다.

18세기가 되어 허수는 수학자의 관심을 강하게 받게 되었다. 1702년에 요한 베르누이는

$$\frac{1}{1+x^2} = \frac{1}{2i}\left(\frac{1}{x-i} - \frac{1}{x+i}\right)$$

을 적분함으로써

$$\tan^{-1}x = \frac{1}{2i}\ln\frac{x-i}{x+i}$$

이라는 놀라운 공식을 유도했다. 허수가 대수적인 식의 표시 내에 나타날 뿐만이 아니라 해석학의 세계 중에도 들어온 것이다(실제로 이 식의 우변에는 적분상수 $-\left(\frac{\pi}{2}+n\pi\right)$가 붙는다). 그리고 드디어 오일러가 등장해서 허수는 함수에서 적극적인 역할을 함이 알려지게 된다.

● 또 다른 생각 4 (복소평면의 도입)

복소평면이라는 생각을 최초로 도입한 사람은 노르웨이의 베셀Caspar Wessel1745 ~ 1818이다. 베셀은 수학자가 아니다. 그는 측량기사로서 여러 가지 측량데이터를 이용하여 지도를 만드는 일에 종사했으므로 거의 매일 평면과 대면하게 되었을 것이다. 베셀은 덴마크 과학아카데미로부터 표창을 받을 정도로 유수한 지도제작자였다.

베셀은 1797 년에 '방향의 해석적 표현에 관한 한 시도'라는 제목의 논문을 덴마크 과학아카데미에 제출했다. 이 논문은 아주 높이 평가되었음에 틀림없다. 왜냐하면 아카데미회원도 아님에도 불구하고 그의 논문이 학회지에 게재되었기 때문이다. 이 논문의 내용은 복소평면과 그 위에서의 복소수의 연산을 기술한 것으로 획기적인 것이었지만, 논문이 덴마크어로 쓰인 것과 이 학회지가 그다지 널리 유포되지 않았기 때문에 1895 년에 재발견될 때까지 완전히 묻혀있었다.

나중에 소개하겠지만 베셀의 논문이 발표되고 얼마 되지 않아, 베셀과 마찬가지로 복소수를 평면 위에 나타내려는 논문이 다른 사람들에 의해서도 발표되었다. 19 세기에 들어와서 복소수를 평면위에 표현하려는 사상은 한층 더 무르익었음에 틀림없다.

베셀은 허수를 나타내는 축을 실축과 수직인 방향으로 잡고 복소수 $a+bi$ 를 복소평면상의 점으로, 또 원점을 시점으로 하는 벡터로 나타내었다. 그래서 복소수의 **극좌표표시**를

$$a + bi = \sqrt{a^2 + b^2} \angle \tan^{-1} \frac{b}{a}$$

라는 형태로 나타내었다. 이 아이디어는 직선상에 떨어져 놓여있는 두 선분의 길이의 합을 구할 때, 한쪽 선분을 이동하여 다른 쪽 선분에 이어 그 길이를 구하면 되는 것으로부터 나온 것이다.

더욱이 두 개의 복소수의 승법에 관해서는, 복소수를 벡터로 나타내었을 때 길이는 곱셈, 각은 덧셈으로 됨을 보였다. 복소수의 연산이 여기서 처음으로 복소평면위에서 시각적으로 취급되게 된 것이다.

베셀의 논문내용은 실로 심오한 것이었다.

베셀의 논문이 나오고 10 년 정도 후인 1806 년에 베셀의 아이디어가 저 멀리 아득한 곳에서 시대라는 파도를 타고 전해온 것처럼 생각되는 두 개의 논문이 독립적으로 발표되고 있었다.

그 중 하나는 스위스 태생인 아르강Jean Robert Argand, 1768 ~ 1822에 의한 것이었다. 아르강의 생애에 대해서는 알려진 것이 거의 없다. 아르강은 1806 년에 친구들에게 제목이 '허虛인 양의 기하학적해석에 관한 에세이'라는 문장의 복사본을 돌렸다. 이 복사본은 어디까지나 동지끼리의 비밀의 것이었기 때문에 저자의 이름조차도 쓰여 있지 않았다. 그러나 복사해서 배포된 이와 같은 논문은 베셀의 논문보다 훨씬 더 빨리 자취를 감추고 말았다.

그러나 천만다행으로 그 복사본 중의 하나가 프랑스의 대수학자 르장드르에게 전해졌으며, 이것이 다시 르장드르의 친구의 손을 거쳐 프랑스의 일류 수학지에 소개되었다. 당시에는 베셀의 논문의 존재를 몰랐기 때문에 아르강이 복소평면의 생각을 처음으로 시도한 것으로 알게 되었다. 그래서 프랑스에서는 지금도 복소평면을 **아르강평면**이라 부르기도 한다.

또 하나의 논문은 프랑스의 성직자인 뷰에Adrien-Quentin Buée, 1748 ~ 1826가 영국의 수학지에 게재한 것이다. $\sqrt{-1}$ 은 수직방향을 나타낸다는 표현으로 복소평면을 도입하고 있지만, 논문이 길며 너무 읽기 힘든 형태로 쓰여 있는 것으로 전해지고 있다.

여하튼 이때쯤이 되면 복소평면의 생각이 충분히 논의되어 자연스럽게 받아들이는 것으로 되었다.

그리고 가우스가 마지막으로 등장한다. 가우스는 앞서도 소개했듯이 1799 년에 대수학의 기본정리를 증명했다. 가우스의 증명에서는 겉으로는 드러나지 않는 형태로 복소수의 기하학적 표시를 사용하고 있다. 그러나 이 논문에서 가우스는 비판이나 오해를 피하기 위해 복소평면을 명시하지 않았다. 그리고 가우스는 이 기본정리에 대해서 1815 년, 1816 년, 1848 년에 각각 별증을 제시했지만, 1848 년의 증명에서는 복소수의 기하학적 표시를 취급하고 있다.

가우스가 긴 세월동안 쌓아온 복소평면의 생각을 처음으로 확실한 형태로 명확히 보인 것은 1831 년의 일이였다. 가우스는 복소수란 개념이 수학 사회에서 원숙해질 때까지 기다렸는지도 모른다. 수학의 제왕으로까지 불리고 있던 가우스의 권위도 있는터라 그 이후에는 복소평면위에서 전개되는 복소수의 기하학적 성질은 수학자 사이에서 지극히 자연스럽게 받아들여졌다. 복소평면을 **가우스평면**이라 부르기도 한다.

3.1 나머지정리와 그래프

“k 를 주어진 실수라 한다. 이때 이차식

$$ax^2 + bx + c$$

의 값이 k 가 되는 x 의 값이 존재할까? 존재한다면 몇 개 있을까?”
라는 문제를 생각해보기로 하자.

이차방정식의 입장에서 본다면

$$ax^2 + bx + c = k \qquad \cdots\cdots\cdots \ (3.3)$$

의 근의 개수를 구하는 것이며, 이는 이차방정식

$$ax^2 + bx + c - k = 0$$

의 판별식

$$D = b^2 - 4a(c-k)$$

를 조사해보면 알 수 있다. 실제로

$D > 0$ 이면 (3.3)을 만족하는 x 는 2개,

$D = 0$ 이면 (3.3)을 만족하는 x 는 1개,

$D < 0$ 이면 (3.3)을 만족하는 x 는 존재하지 않음

을 알 수 있다. 그러나 이 문제는 이차함수

$$y = ax^2 + bx + c$$

의 그래프를 보는 쪽이 훨씬 간편하다.

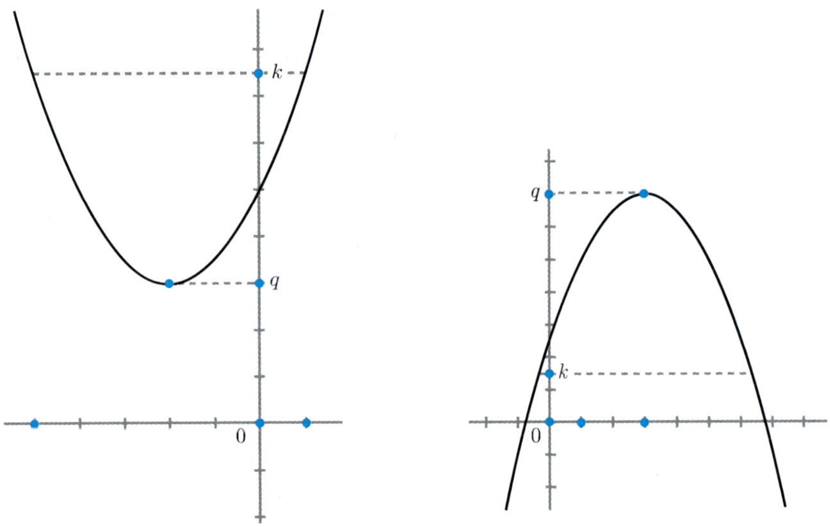

▶그림 3.1 $y = ax^2 + bx + c$ 의 그래프

- $a > 0$ 일 때
  $k > q$ 이면 (3.3)을 만족하는 x 는 2개
  $k = q$ 이면 (3.3)을 만족하는 x 는 1개
  $k < q$ 이면 (3.3)을 만족하는 x 는 없음

- $a < 0$ 일 때
  $k > q$ 이면 (3.3)을 만족하는 x 는 없음
  $k = q$ 이면 (3.3)을 만족하는 x 는 1개
  $k < q$ 이면 (3.3)을 만족하는 x 는 2개

위의 [그림 3.1]에서 q는

$$q = -\frac{b^2 - 4ac}{4a}$$

이다.

삼차식에 대해서도 유사한 문제를 생각해 보기로 하자. 다만 간단히 하기 위해 x^3의 계수는 1이라 한다. 즉

$$x^3 + ax^2 + bx + c = k \qquad \cdots\cdots\cdots \quad (3.4)$$

를 만족하는 x의 값은 몇 개인가를 조사해 보기로 한다.

이를 위해 먼저 삼차함수

$$y = x^3 + ax^2 + bx + c \qquad \cdots\cdots\cdots \quad (3.5)$$

의 그래프는 다음과 같은 성질을 가짐을 알아보기로 한다.

나도 수학자

$y = x^3 + ax^2 + bx + c$의 그래프에 대해서 다음이 성립함을 보여라.

(a) $b \geqq \frac{a^2}{3}$일 때, x가 증가함에 따라 y도 증가한다.

(b) $b < \frac{a^2}{3}$일 때에는 x가 증가함에 따라 y는 증가, 감소, 증가로 변한다.

풀이 먼저 세제곱 공식

$$\left(x + \frac{a}{3}\right)^3 = x^3 + ax^2 + \frac{a^2}{3}x + \frac{a^3}{27}$$

을 이용하여

$$\begin{aligned} y &= x^3 + ax^2 + bx + c \\ &= \left(x + \frac{a}{3}\right)^3 + \left(b - \frac{a^2}{3}\right)x - \frac{a^3}{27} + c \end{aligned}$$

로 변형한다. 더욱이

$$\left(b-\frac{a^2}{3}\right)x=\left(b-\frac{a^2}{3}\right)\left(x+\frac{a}{3}\right)-\frac{ab}{3}+\frac{a^3}{9}$$

임을 사용하여

$$\begin{aligned} y &= x^3+ax^2+bx+c \\ &= \left(x+\frac{a}{3}\right)^3+\left(b-\frac{a^2}{3}\right)\left(x+\frac{a}{3}\right)+\frac{2}{27}a^3-\frac{ab}{3}+c \end{aligned}$$

로 고쳐 쓸 수 있다. 여기서

$$A:=\left(b-\frac{a^2}{3}\right),\quad B:=\frac{2}{27}a^3-\frac{ab}{3}+c$$

로 두면, 결국 삼차함수 (3.5)는

$$y=\left(x+\frac{a}{3}\right)^3+A\left(x+\frac{a}{3}\right)+B$$

인 꼴로 나타낼 수 있다.

따라서 삼차함수 (3.5)의 그래프는

$$y=x^3+Ax \qquad \cdots\cdots\cdots \quad (3.6)$$

의 그래프를 조사하면 충분하다. 왜냐하면 삼차함수 (3.5)의 그래프는 삼차함수 (3.6)의 그래프를 x 축의 양인 방향으로 $-\frac{a}{3}$ 만큼, y 축의 양인 방향으로 B 만큼 각각 평행이동한 것에 지나지 않기 때문이다.

그런데 삼차함수 (3.6)의 그래프는

(a') $A \geqq 0$ 일 때, x 가 증가함에 따라 y 도 증가하고,

(b') $A < 0$ 일 때에는 x 가 증가함에 따라 y 는 증가, 감소, 증가로 변함

을 쉽게 알 수 있다. (아래 [그림 3.2] 참조) 한편

$$A \geq 0 \Leftrightarrow b \geq \frac{a^2}{3} \quad \& \quad A < 0 \Leftrightarrow b < \frac{a^2}{3}$$

이므로 이 내용이 성립한다. ●

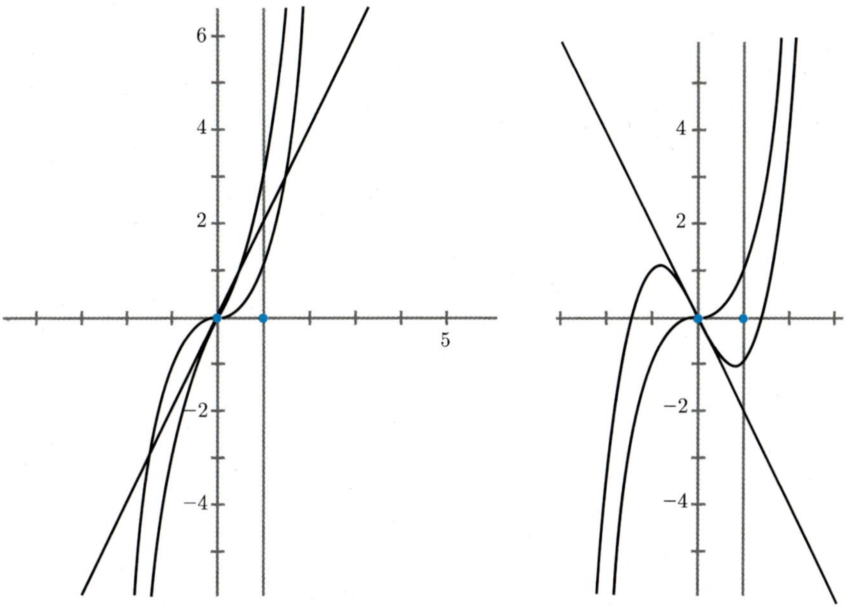

▶그림 3.2 $y = x^3 + Ax$ 의 그래프

삼차함수

$$y = x^3 + ax^2 + bx + c$$

의 그래프에 관한 위의 '나도 수학자 3.1'로부터

$$x^3 + ax^2 + bx + c = k$$

를 만족하는 x 의 값의 개수는 k 의 값에 따라 다음과 같이 변함을 알 수 있다. ([그림 3.3] 참조)

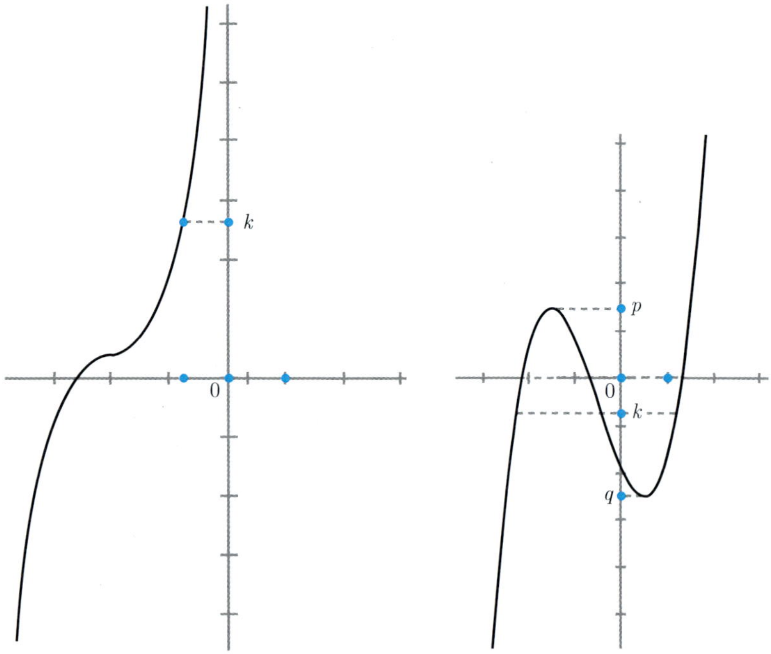

▶그림 3.3 $y = x^3 + ax^2 + bx + c$ 의 그래프

$b \geqq \dfrac{a^2}{3}$ 일 때

어떠한 k 의 값에 대해서도 (3.4)를 만족하는 x 는 1 개

$b < \dfrac{a^2}{3}$ 일 때

$k > p$ 일 때, (3.4)를 만족하는 x 는 1 개
$k = p$ 일 때, (3.4)를 만족하는 x 는 2 개
$p > k > q$ 일 때, (3.4)를 만족하는 x 는 3 개
$k = q$ 일 때, (3.4)를 만족하는 x 는 2 개
$k < q$ 일 때, (3.4)를 만족하는 x 는 1 개
(p 는 극댓값, q 는 극솟값임)

이상으로부터 어떠한 k 에 대해서도 이차식인 경우에는 (3.3)을 만족하는 실수 x 는 기껏해야 2 개이며, 삼차식인 경우에는 (3.4)를 만족하는 실수 x 는 기껏해야 3 개임을 알았다.

이와 같은 사실은 일반적인 n 차식에 대해서도 성립한다. 즉, 다음과 같은 정리가 성립한다.

정리

주어진 실수 k 에 대해서

$$x^n + a_1x^{n-1} + a_2x^{n-2} + \cdots + a_{n-1}x + a_n = k \qquad \cdots\cdots\cdots \quad (3.7)$$

를 만족하는 실수 x 의 개수는 기껏해야 n 개이다.

증명

$$P(x) := x^n + a_1x^{n-1} + a_2x^{n-2} + \cdots + a_{n-1}x + a_n - k$$

라 한다. 이때 n 차방정식

$$P(x) = 0$$

의 근의 개수는 기껏해야 n 개임을 보이면 된다. 실제로 나머지정리를 써서 위의 n 차 방정식의 근의 개수는 기껏해야 n 개임을 보일 수 있다.

$P(x) = 0$ 의 해가 하나도 없을 경우는 (3.7)을 만족하는 실수 x 가 단 하나도 없을 경우이다.

$P(x) = 0$ 을 만족하는 x 가 있을 경우에는 그 중의 하나를 α_1 이라 하자. 이때 나머지정리로부터

$$P(x) = (x - \alpha_1)P_1(x)$$

로 나타내어진다. 단, 여기서 $P_1(x)$ 는 $(n-1)$ 차식이다. 만약

$$P_1(x) = 0$$

를 만족하는 x 가 하나도 없다면 $P(x) = 0$ 의 해는 α_1 뿐이며, 이 α_1 이 (3.7)을 만족하는 단 한 개의 x 의 값이 된다.

만약 어떤 α_2 에 대해서(단, α_2 가 α_1 과 같을 지도 모르겠지만) $P_1(\alpha_2) = 0$ 이면, 나머지정리를 $P_1(x)$ 에 적용함으로써

$$P(x) = (x - \alpha_1)(x - \alpha_2)P_2(x)$$

로 나타낼 수 있음을 알 수 있다. 단, 여기서 $P_2(x)$는 $(n-2)$차식이다. 만약

$$P_2(x) = 0$$

을 만족하는 x가 하나도 없다면 $P(x) = 0$의 해는 α_1, α_2뿐이며, $\alpha_1 \neq \alpha_2$인 경우에는 (3.7)을 만족하는 x의 값은 α_1, α_2로 2개이며, $\alpha_1 = \alpha_2$인 경우에는 (3.7)을 만족하는 x의 값은 α_1 하나뿐이다. 이때 $P_2(x) = 0$를 만족하는 x의 값 α_3가 있다면 $P_2(x) = (x - \alpha_3)P_3(x)$로 나타낼 수 있으므로

$$P(x) = (x - \alpha_1)(x - \alpha_2)(x - \alpha_3)P_3(x)$$

로 표현된다.

이와 같은 과정을 반복 시행함으로써 결국 $P(x)$는 마지막으로

$$P(x) = (x - \alpha_1)(x - \alpha_2)(x - \alpha_3)\cdots(x - \alpha_k)P_k(x)$$

로 인수분해된다. 단, 여기서 $P_k(x) \neq 0$이다. $P(x)$는 n차식이므로 위의 일차인수

$$x - \alpha_1,\ x - \alpha_2,\ x - \alpha_3,\ \cdots\ ,\ x - \alpha_k$$

의 개수는 n을 넘어설 수 없다. 따라서

$$k \leq n.$$

($k = n$일 때, $P_n(x)$는 상수로 되지만, 지금의 경우에는 $P(x)$의 x^n의 계수가 1이므로 $P_n(x) = 1$이다.)

위의 α_1, α_2, $\cdots$, α_k 중에는 같은 것이 있을 수도 있다. 그러나 (3.7)을 만족하는 실수 x의 값은 α_1, α_2, $\cdots$, α_k 중에 서로 다른 것이며, 그 개수는 n을 넘어설 수 없음을 알 수 있다.

주의 지금까지는 편의상 x^n 의 계수가 1 인 경우를 생각했지만, 일반적인 n 차식에 대해서도 위의 정리는 똑같이 성립한다. 그 경우에도 위의 증명방법을 그대로 적용하면 된다. 또는

$$a_0x^n + a_1x^{n-1} + a_2x^{n-2} + \cdots + a_{n-1}x + a_n = k$$

를 만족하는 x 의 값을 찾는다는 것은

$$x^n + \frac{a_1}{a_0}x^{n-1} + \frac{a_2}{a_0}x^{n-2} + \cdots + \frac{a_{n-1}}{a_0}x + \frac{a_n}{a_0} = \frac{k}{a_0}$$

를 만족하는 x 의 값을 찾는 것과 동치임을 유의하여 같은 방법으로 보일 수도 있다.

3.4 수학자의 생각

$\sin x$, $\cos x$ 는 결코 x 에 관한 정식整式[41]으로 나타낼 수 없음을 보여라.

수학사적 풀이

삼각함수 $y = \sin x$, $y = \cos x$ 의 그래프를 생각해 보아라.

정리

정식 $P(x)$, $Q(x)$ 의 차수는 n 을 넘지 않는다고 한다. 만약 $(n+1)$ 개의 서로 다른 값 α_1, α_2, $\cdots$, α_{n+1} 에서 $P(x)$ 와 $Q(x)$ 의 값이 같다면, 즉

$$P(\alpha_i) = Q(\alpha_i), \quad i = 1, 2, \cdots, n+1$$

이 성립하면

$$P(x) = Q(x).$$

41 x 에 관한 **정식**이라 함은 $a_0x^n + a_1x^{n-1} + a_2x^{n-2} + \cdots + a_{n-1}x + a_n$ 인 꼴로 나타낸 식을 말한다.

증명

$$R(x) := P(x) - Q(x)$$

라 하면, $R(x)$는 상수이든지, 아니면 1차 이상의 정식이다. 만약 $R(x)$가 1차 이상의 정식이면

$$R(\alpha_i) = 0, \quad i = 1, 2, \cdots, n+1$$

이므로 위의 정리로부터 $R(x)$는 $(n+1)$차 이상의 정식이 될 수밖에 없다. 그러나 $R(x)$는 기껏해야 n차 정식이므로 모순이다. 따라서 $R(x)$는 상수이다. 그러나 이 상수는 당연히 0이다. 그러므로 $R(x) := P(x) - Q(x)$는 모든 x에 대해서 0, 즉

$$P(x) = Q(x)$$

가 성립한다. ●

나도수학자 »»

함수 $y = x^2$의 그래프에 대해서, 1과 2 사이에서 있는 x에 대해서만 함수 y의 값을 연속적으로 조금 바꾼 그래프를 생각해보기로 하자. (아래의 [그림 3.4] 참조)
이것은 $y = x^2$과는 다른 새로운 함수

$$y = f(x)$$

를 정의하고 있는 것으로 볼 수 있다. 이때 이 함수 $y = f(x)$는 결코 정식으로 나타낼 수 없음을 보여라.

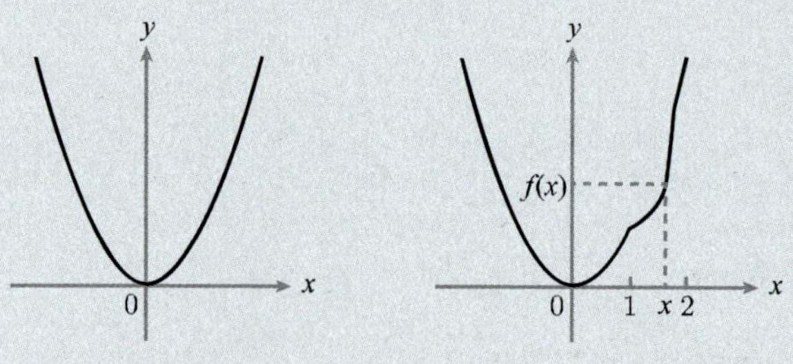

▶그림 3.4 함수 $y = x^2$의 그래프와 변형 그래프

풀이 예를 들어 $y = f(x)$가 90차 정식 $P(x)$로 나타났다고 하자. 이때 그래프로부터 알 수 있듯이 $P(x)$는 $0 \leq x \leq 1$에서는 x^2과 일치하므로, 0과 1 사이에 있는 서로 다른 91개의 값

$$\alpha_1,\ \alpha_2,\ \cdots,\ \alpha_{91}$$

을 잡으면

$$P(\alpha_1) = \alpha_1^2,\quad P(\alpha_2) = \alpha_2^2,\quad \cdots,\quad P(\alpha_{91}) = \alpha_{91}^2$$

이 성립한다. 따라서 위의 정리로부터

$$P(x) = x^2$$

으로 되며, 그러나 이는 $P(x)$가 90차 정식이므로 모순이다.

그러므로 $f(x)$는 90차 정식으로 나타낼 수 없음을 알 수 있다. 같은 방법으로 생각하면 $f(x)$를 어떠한 차수의 정식으로도 나타낼 수 없음을 알 수 있다. ●

● 또 다른 생각

일반적으로 정식으로 나타낼 수 있는 함수의 그래프를 도중에 조금만 바꾸더라도 그것은 정식의 그래프로 될 수 없는 것이 된다. 그래서 그래프로 나타내는 함수의 세계는 식을 이용하여 나타내는 대수적인 세계보다 훨씬 넓은 세계를 이루고 있다. ●

3.2 이차방정식과 삼차방정식의 판별식

이차방정식

$$x^2 - ax + b = 0$$

의 판별식은

$$D = a^2 - 4b$$

로서, 이는 근의 공식

$$x = \frac{a \pm \sqrt{a^2 - 4b}}{2}$$

로부터 얻어진 것이다.

여기서는 위의 판별식을 근의 공식이 아닌 다른 방법으로 구해보기로 한다.

먼저 산술평균과 기하평균에 관한 부등식

$$\frac{A+B}{2} \geq \sqrt{AB} \quad (\text{단, } A,\ B \geq 0.\ \text{등호는 } A = B\text{일 때}) \cdots\cdots (3.8)$$

와 반비례

$$y = \frac{b}{x} \quad (b \neq 0)$$

의 그래프를 생각하기로 한다. 이때 함수

$$y = x + \frac{b}{x}$$

의 그래프는 상수 b의 부호에 따라 아래와 같이 전혀 다른 꼴이 됨을 알 수 있다.

먼저 $b > 0$일 때의 함수 $y = x + \dfrac{b}{x}$의 그래프를 살펴보기로 하자. 이 경우에 그래프는 아래의 [그림 3.5]에서 알 수 있듯이 원점에 관해서 대칭이며, 더욱이 제1 사분면에서의 최저점의 y 좌표는, (3.8)로부터

$$x + \frac{b}{x} \geq 2\sqrt{x \cdot \frac{b}{x}} = 2\sqrt{b}$$

이므로, $2\sqrt{b}$ 이며, 이 최저점의 x 좌표는 $x = \dfrac{b}{x}$ 를 풀어 $\sqrt{b}$ 임을 알 수 있다.

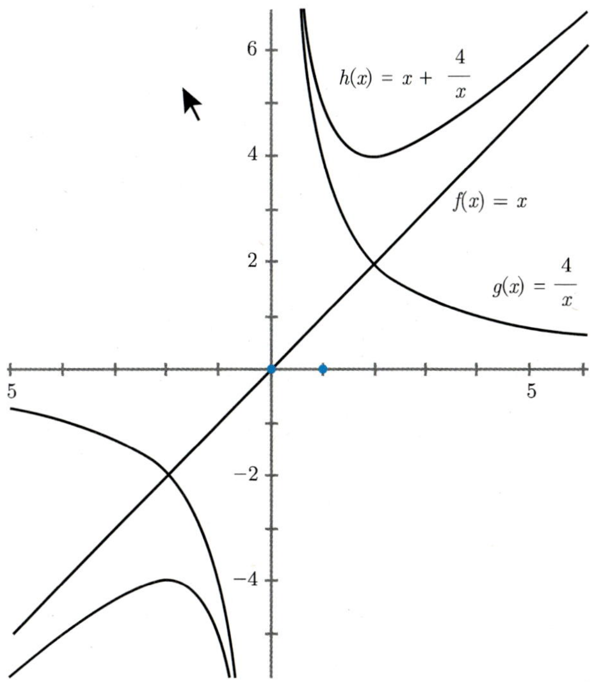

▶그림 3.5 $y = \dfrac{b}{x}$ 와 $y = x + \dfrac{b}{x}\,(b > 0)$의 그래프

다시 말해서 제1사분면에서의 최저점의 좌표는

$$(\sqrt{b}\,,\ 2\sqrt{b})$$

이다. 그러므로 그래프의 제3사분면에서의 최고점의 좌표는

$$(-\sqrt{b}\,,\ -2\sqrt{b})$$

이다.

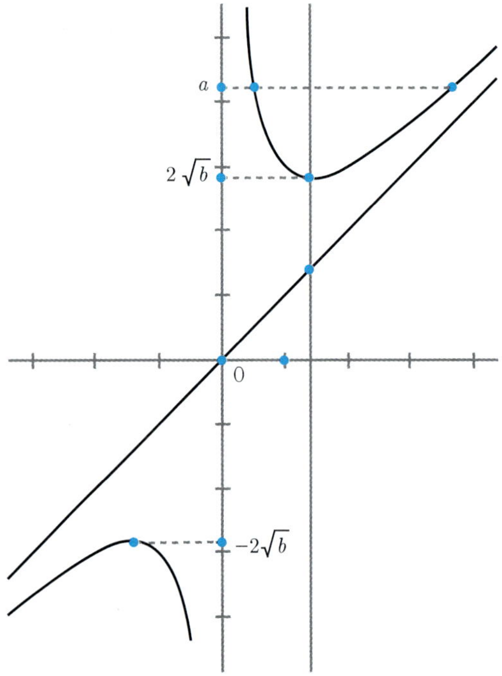

▶그림 3.6 $y = x + \dfrac{b}{x}$ ($b > 0$)의 그래프

위의 [그림 3.6]으로부터도 알 수 있듯이

$$|a| > 2\sqrt{b} \ \Rightarrow\ a = x + \frac{b}{x}\text{를 만족하는 } x\text{는 2 개,}$$

$$|a| = 2\sqrt{b} \ \Rightarrow\ a = x + \frac{b}{x}\text{를 만족하는 } x\text{는 1 개,}$$

$$|a| < 2\sqrt{b} \ \Rightarrow\ a = x + \frac{b}{x}\text{를 만족하는 } x\text{는 없다.}$$

여기서

$$a = x + \frac{b}{x}$$

를

$$x^2 - ax + b = 0 \qquad \cdots\cdots\cdots \ (3.9)$$

으로 고쳐 쓰면, 위의 사실을 다음과 같이 표현할 수 있다.

$a^2 > 4b \Rightarrow x^2 - ax + b = 0$ 의 해는 2 개,

$a^2 = 4b \Rightarrow x^2 - ax + b = 0$ 의 해는 1 개,

$a^2 < 4b \Rightarrow x^2 - ax + b = 0$ 의 해는 없다.

(단, 여기서 말하는 근이란 실근을 뜻한다.)

이것은

$$D = a^2 - 4b$$

로 두면 D가 이차방정식 (3.9)의 판별식이 됨을 말하고 있다.

다음으로 아래의 [그림 3.7]에서 알 수 있듯이 $b < 0$일 때의 그래프를 보면 어떠한 a에 대해서도

$$a = x + \frac{b}{x}$$

를 만족하는 x는 2 개 있으며, 그 중 하나는 양이고 또 다른 하나는 음임을 알 수 있다. 이것은 이차방정식으로 고쳐 쓰면

$$x^2 - ax + b = 0, \quad b < 0$$

인 경우로서, 두 근의 곱 b가 음이므로 양인 근과 음인 근을 갖는 경우이다. 이 경우에는 항상

$$D = a^2 - 4b > 0$$

으로 된다.

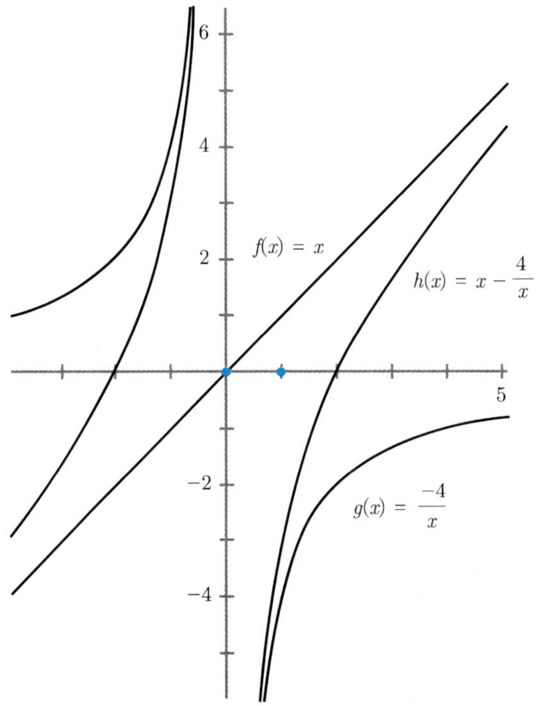

▶그림 3.7 $y = \frac{b}{x}$ 와 $y = x + \frac{b}{x}$ $(b < 0)$의 그래프

지금부터 이차방정식의 판별식을 구한 위의 방법으로 삼차방정식의 판별식을 구해보기로 하자.

우리는 이미 3 개의 실수 A, B, C에 관한 산술평균과 기하평균에 관한 부등식

$$\frac{A+B+C}{3} \geq \sqrt[3]{ABC} \qquad \cdots\cdots\cdots (3.10)$$

(단, A, B, $C \geq 0$이고 등호는 $A = B = C$일 때)

가 성립함을 알고 있다.

먼저 삼차방정식으로

$$x^3 - ax + b = 0 \qquad \cdots\cdots\cdots (3.11)$$

인 꼴을 생각하기로 한다. 이제 이 삼차방정식의 판별식을 구하기 위해 함수

$$y = x^2 + \frac{b}{x}$$

의 그래프를 살펴보기로 한다. 이 그래프는 $b > 0$, $b < 0$에 따라 각각 아래의 [그림 3.8], [그림 3.9]와 같다.

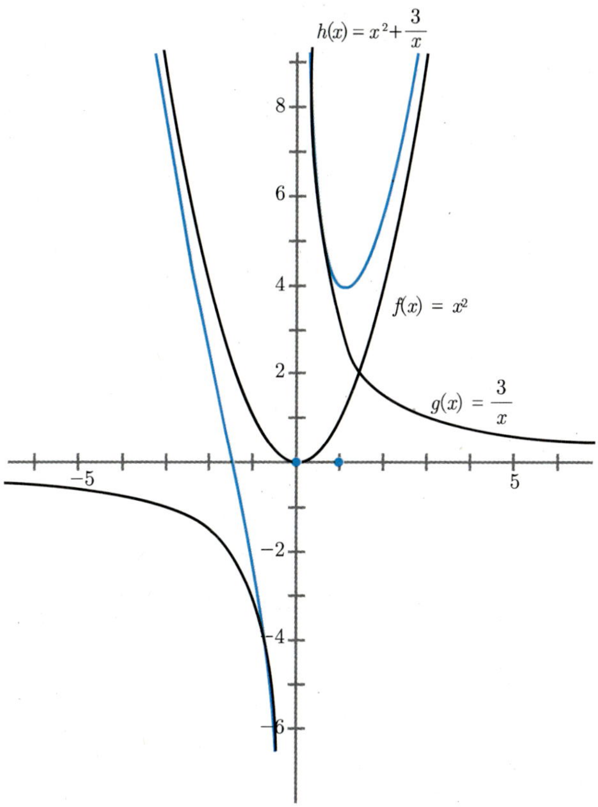

▶그림 3.8 $y = x^2 + \frac{b}{x}$ $(b > 0)$의 그래프

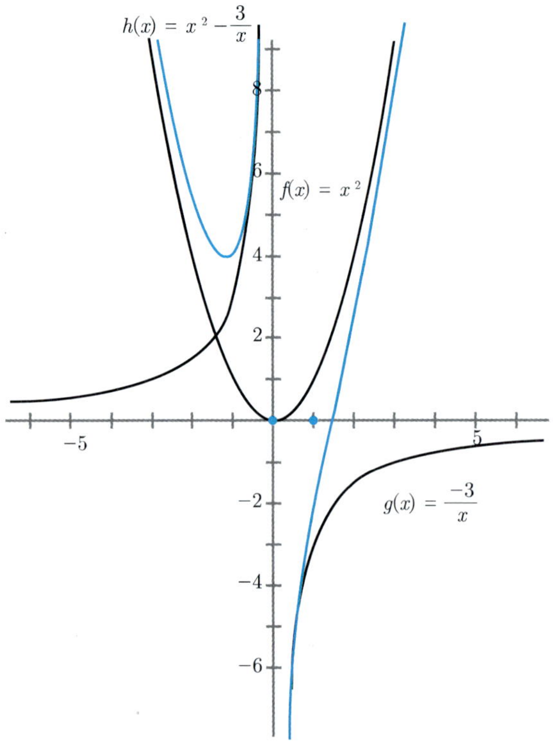

▶그림 3.9 $y = x^2 + \dfrac{b}{x}$ $(b < 0)$의 그래프

$y = x^2 + \dfrac{b}{x}$ 의 그래프를 이용하여 $y = a$ 로 되는 x 의 개수, 즉

$$a = x^2 + \frac{b}{x} \qquad \cdots\cdots\cdots \ (3.12)$$

를 만족하는 x 의 개수를 알아보기 위해서는 $b > 0$ 인 경우의 그래프로 충분하다.

왜냐하면, 예를 들어 $b = -3$ 인 경우에

$$a = x^2 - \frac{3}{x}$$

을 만족하는 x 의 개수를 구하는 대신에 $x' := -x$ 로 둠으로써

$$a = (-x)^2 + \frac{3}{-x} = x'^2 + \frac{3}{x'}$$

을 만족하는 x' 의 개수를 조사하면 되기 때문이다.

$b > 0$ 일 때, [그림 3.8]에서 알 수 있듯이 제1사분면에 속해있는 (3.12)의 그래프는 최저점 P를 갖고 있다. 이때 점 P의 좌표는 다음과 같이 구할 수 있다.

$$\begin{aligned} x^2 + \frac{b}{x} &= x^2 + \frac{b}{2x} + \frac{b}{2x} \\ &\geq 3\sqrt[3]{x^2 \cdot \frac{b}{2x} \cdot \frac{b}{2x}} \qquad \text{((3.10)에 의함)} \\ &= 3\sqrt[3]{\frac{b^2}{4}} \qquad \cdots\cdots\cdots \text{(3.13)} \end{aligned}$$

여기서 등호가 성립할 때 제1사분면에서 $x^2 + \dfrac{b}{x}$ 의 값이 최소로 되며, 그것은

$$x^2 = \frac{b}{2x}, \quad \text{즉} \quad x^3 = \frac{b}{2}$$

인 경우, 다시 말해서

$$x = \sqrt[3]{\frac{b}{2}}$$

일 때이다. 이때 (3.13)에서 등호가 성립하므로 점 P의 좌표는

$$\left(\sqrt[3]{\frac{b}{2}},\ 3\sqrt[3]{\frac{b^2}{4}} \right)$$

임을 알 수 있다.

따라서 앞에서 다룬 방법과 같이 아래의 [그림 3.10]의 그래프를 보면서 판별을 해보면

$$a > 3\sqrt[3]{\frac{b^2}{4}} \quad \Rightarrow \quad a = x^2 + \frac{b}{x} \text{ 를 만족하는 } x \text{ 는 3 개,}$$

$$a = 3\sqrt[3]{\frac{b^2}{4}} \Rightarrow a = x^2 + \frac{b}{x} \text{ 를 만족하는 } x \text{ 는 } 2 \text{ 개,}$$

$$a < 3\sqrt[3]{\frac{b^2}{4}} \Rightarrow a = x^2 + \frac{b}{x} \text{ 를 만족하는 } x \text{ 는 } 1 \text{ 개}$$

임을 알 수 있다.

여기서 $a = x^2 + \frac{b}{x}$ 를 삼차방정식

$$x^3 - ax + b = 0$$

인 꼴로 고쳐 쓸 수 있으므로 삼차방정식 (3.11)의 판별식은

$$D = 4a^3 - 27b^2$$

임을 알 수 있다.

판별식 D가 판별하는 내용을 좀더 구체적으로 살펴보면

$D > 0$ 이면 실근은 3 개,

$D = 0$ 이면 실근은 2 개이며, 그 중 하나는 중근,

$D < 0$ 이면 실근은 1 개이며, 남은 2 개의 근은 허근이다.

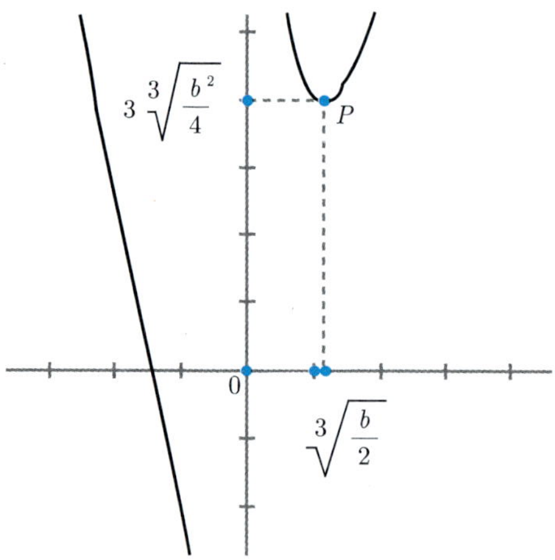

▶그림 3.10 $a = x^2 + \frac{b}{x}$ 의 그래프

● 또 다른 생각

$b=0$ 인 경우는 위에서 살펴본 그래프를 통한 고찰에서는 빠져있다. 그러나 이 경우에

$$D = 4a^3$$

으로 되며, 삼차방정식은

$$x^3 - ax = x(x^2 - a)$$

이다. 따라서 이 경우에도

$$D > 0 \Leftrightarrow a > 0 \ ; \ D = 0 \Leftrightarrow a = 0 \ ; \ D < 0 \Leftrightarrow a < 0$$

임을 생각하면, 위의 판정조건을 그대로 쓸 수 있음을 알 수 있다. ●

이제 일반적인 삼차방정식

$$x^3 + ax^2 + bx + c = 0 \qquad \cdots\cdots\cdots \ (3.14)$$

에 대해서 살펴보기로 한다. 먼저

$$X := x + \frac{a}{3}$$

로 두면 삼차방정식 (3.14)는

$$X^3 - \left(b - \frac{a^2}{3}\right)X + \frac{2}{27}a^3 - \frac{ab}{3} + c = 0$$

으로 고쳐 쓸 수 있다. 이 X에 관한 삼차방정식의 판별식이 그대로 삼차방정식 (3.14)의 판별식으로 되지만, 대단히 복잡한 식이다.

나도 수학자

$x^4 - ax^3 + b = 0$ 의 실근의 개수는 2, 1 또는 0 이다. 이것을 판별하는 식을 만들어라.

풀이 $b = 0$ 이면 주어진 사차방정식은

$$x^4 - ax^3 = x^3(x - a)$$

가 되므로

$$a \neq 0 \text{ 이면 실근은 } 2 \text{ 개} \quad ; \quad a = 0 \text{ 이면 실근은 } 1 \text{ 개}$$

이다.

다음으로 $b > 0$ 인 경우를 생각한다. 이 경우에는 먼저 함수

$$y = x + \frac{b}{x^3}$$

의 그래프를 그려보면 아래의 [그림 3.11]과 같이 제1사분면에 관한 최저점이 존재한다.

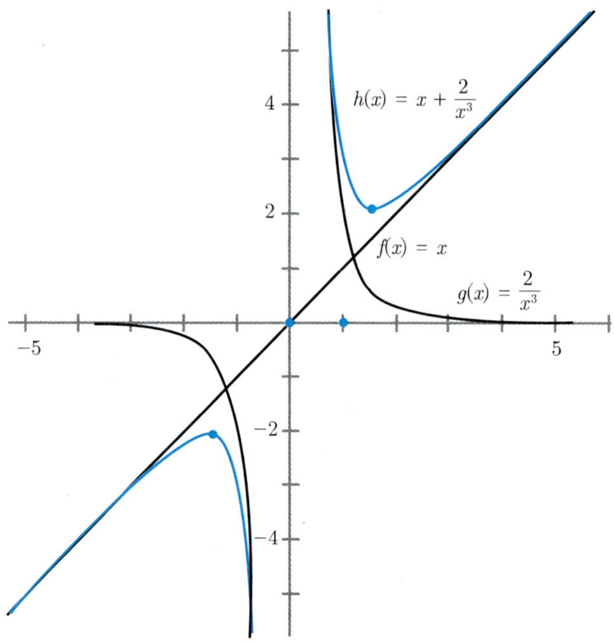

▶그림 3.11 $y = x + \dfrac{b}{x^3}$ $(b > 0)$의 그래프

이 최저점의 y 좌표 p를 구하기 위해 산술평균과 기하평균에 관한 부등식을 이용한다.

$x > 0$일 때

$$\begin{aligned} x + \frac{b}{x^3} &= \frac{x}{3} + \frac{x}{3} + \frac{x}{3} + \frac{b}{x^3} \\ &\geq 4\sqrt[4]{\frac{x}{3} \cdot \frac{x}{3} \cdot \frac{x}{3} \cdot \frac{b}{x^3}} \\ &= 4\sqrt[4]{\frac{b}{27}} \end{aligned}$$

여기서 등호는

$$\frac{x}{3} = \frac{b}{x^3}, \text{ 즉 } x = \sqrt[4]{3b}$$

일 때에 성립한다. 따라서

$$p = 4\sqrt[4]{\frac{b}{27}}$$

이다. [그림 4.11]의 그래프로부터

$a > 4\sqrt[4]{\frac{b}{27}}$ 또는 $a < -4\sqrt[4]{\frac{b}{27}}$ $\Rightarrow$

$a = x + \frac{b}{x^3}$를 만족하는 x는 2개,

$a = 4\sqrt[4]{\frac{b}{27}}$ 또는 $a = -4\sqrt[4]{\frac{b}{27}}$ $\Rightarrow$

$a = x + \frac{b}{x^3}$를 만족하는 x는 1개,

$-4\sqrt[4]{\frac{b}{27}} < a < 4\sqrt[4]{\frac{b}{27}}$ $\Rightarrow$

$a = x + \frac{b}{x^3}$를 만족하는 x는 없음

을 알 수 있다.

$a = x + \dfrac{b}{x^3}$ 를 $x^4 - ax^3 + b = 0$ 로 고쳐 쓰면 위의 판정으로부터 다음을 말할 수 있다.

$$D := a^2 - 16\sqrt{\frac{b}{27}}$$

로 두면

$D > 0$ 일 때 실근은 2 개,

$D = 0$ 일 때 실근은 1 개,

$D < 0$ 일 때 실근은 없음.

끝으로 $b < 0$ 일 때에도 같은 방법으로 [그림 3.12]와 같이 그래프를 그려 조사해보면, 모든 a 에 대해서 실근은 2 개임을 알 수 있다. ●

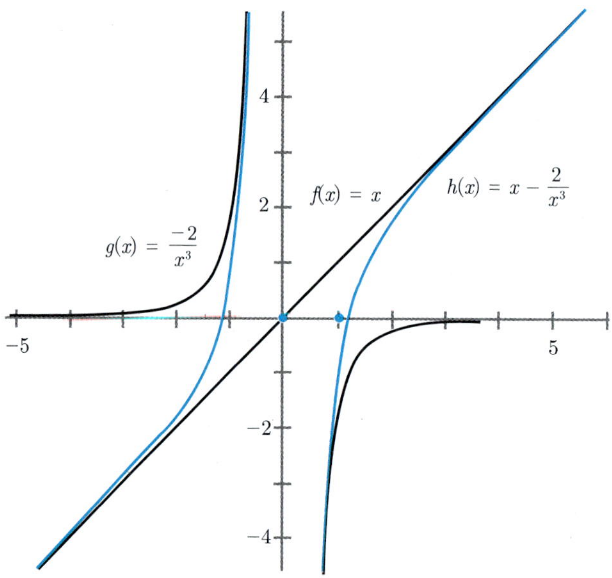

▶그림 3.12 $y = x + \dfrac{b}{x^3}$ $(b < 0)$의 그래프

$x^5 - ax^4 + b = 0$ 의 실근의 개수는 3, 2 또는 1 이다. 이것을 판별하는 식을 만들어라.

풀이 앞에서 다룬 (식 (3.14) 다음에 나타난) '나도 수학자'의 경우와 마찬가지로 그래프를 고찰함으로써 다음을 알 수 있다. ([그림 3.13] 참조)

$b = 0$ 일 때에는 주어진 방정식은

$$x^5 - ax^4 = x^4(x - a) = 0$$

로 되므로

$a \neq 0$ 인 경우에는 실근은 2 개, $a = 0$ 인 경우에는 실근은 1 개

이다.

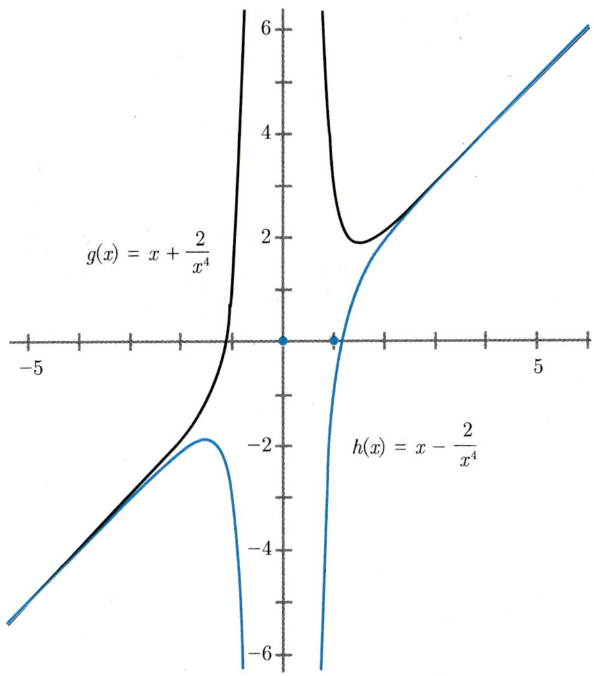

▶그림 3.13 $y = x + \dfrac{b}{x^4}$ 의 그래프

$b > 0$ 일 때에는

$$x + \frac{b}{x^4} = \frac{x}{4} + \frac{x}{4} + \frac{x}{4} + \frac{x}{4} + \frac{b}{x^4}$$
$$\geq 5\sqrt[5]{\frac{x}{4} \cdot \frac{x}{4} \cdot \frac{x}{4} \cdot \frac{x}{4} \cdot \frac{b}{x^4}}$$
$$= 5\sqrt[5]{\frac{b}{256}}$$

로부터

$$D = a - 5\sqrt[5]{\frac{b}{256}}$$

로 두면

$D > 0$ 일 때 실근은 3 개,

$D = 0$ 일 때 실근은 2 개,

$D < 0$ 일 때 실근은 1 개

임을 알 수 있다.

$b < 0$ 일 때에는 $y = x + \dfrac{b}{x^4}\,(b > 0)$의 그래프를 원점을 중심으로 180° 회전시켜 생각함으로써 비슷한 꼴의 결과를 얻을 수 있다. (위의 [그림 3.13] 참조) 각자 만들어보기로 하자.

● 또 다른 생각 **산술평균과 기하평균**

$a_1 \geq 0,\ a_2 \geq 0$ 일 때 부등식

$$\frac{a_1 + a_2}{2} \geq \sqrt{a_1 a_2} \quad \cdots\cdots\cdots \ (3.15)$$

가 성립하며, 특히 등호는 $a_1 = a_2$ 인 경우에 한 함을 잘 알고 있다.

이 부등식은 두 개의 양인 수 $a_1,\ a_2$ 의 산술평균과 기하평균을 비교하고 있지만, 실은 n 개의 양인 수 $a_1,\ a_2,\ \cdots,\ a_n$ 의

$$\text{산술평균 : } \frac{a_1 + a_2 + \cdots + a_n}{n} \text{ 과 기하평균 : } \sqrt[n]{a_1 a_2 \cdots a_n}$$

에 대해서도 비교할 수 있다. 다시 말해서

"부등식

$$\frac{a_1 + a_2 + \cdots + a_n}{n} \geq \sqrt[n]{a_1 a_2 \cdots a_n} \qquad \cdots\cdots\cdots \ (3.16)$$

이 성립하며, 특히 등호는

$$a_1 = a_2 = \cdots = a_n$$

일 때에 한한다."

이 부등식을 증명한다는 것은 그렇게 간단한 것이 아니다.

지금부터 위의 부등식 (3.16)이 성립함을 아래와 같이 단계별로 살펴보기로 한다.

먼저 $n = 3$ 인 경우, 즉

$$\frac{a_1 + a_2 + a_3}{3} \geq \sqrt[3]{a_1 a_2 a_3} \qquad \cdots\cdots\cdots \ (3.17)$$

이며, 등호는 $a_1 = a_2 = a_3$ 일 때에 한 함을 어떻게 보이는지를 알아보기로 하자.

이 증명의 첫 출발지는 이미 알고 있는 부등식 (3.15)이며, 이 출발지로부터 $n = 4$ 인 경우, 즉

$$\frac{a_1 + a_2 + a_3 + a_4}{4} \geq \sqrt[4]{a_1 a_2 a_3 a_4} \qquad \cdots\cdots\cdots \ (3.18)$$

이며

$$\text{“=”} \iff a_1 = a_2 = a_3 = a_4$$

임을 먼저 증명한다.

|부등식 (3.18)의 증명|

$$\frac{a_1 + a_2 + a_3 + a_4}{4} = \frac{\dfrac{a_1+a_2}{2} + \dfrac{a_3+a_4}{2}}{2}$$

이므로 부등식 (3.15)를 적용하면

$$\frac{a_1 + a_2 + a_3 + a_4}{4} \geq \sqrt{\frac{a_1+a_2}{2} \times \frac{a_3+a_4}{2}}\ .$$

여기서 $\sqrt{\ }$ 속에 부등식 (3.15)를 한 번 더 적용하면

$$\sqrt{\frac{a_1+a_2}{2} \times \frac{a_3+a_4}{2}} \geq \sqrt{\sqrt{a_1 a_2}\,\sqrt{a_3 a_4}} = \sqrt[4]{a_1 a_2 a_3 a_4}\,.$$

따라서

$$\frac{a_1 + a_2 + a_3 + a_4}{4} \geq \sqrt[4]{a_1 a_2 a_3 a_4}\,.$$

등호가 성립하는 경우를 확인해보면 위의 첫 번째 부등호에서 등호가 성립하는 것은

$$\frac{a_1+a_2}{2} = \frac{a_3+a_4}{2}$$

일 때이며, 두 번째 부등호에서 등호가 성립하는 것은

$$a_1 = a_2\,,\ a_3 = a_4$$

일 때이다. 그러므로 부등식 (3.18)에서 등호가 성립하는 것은

$$a_1 = a_2 = a_3 = a_4$$

일 때에 한 함을 알 수 있다.

지금부터 $n = 3$ 인 경우의 증명으로 돌아가기로 한다.

|부등식 (3.17)의 증명|

부등식 (3.18)을

$$a_1,\quad a_2,\quad a_3,\quad \frac{a_1+a_2+a_3}{3}$$

에 적용하면

$$\frac{a_1+a_2+a_3+\dfrac{a_1+a_2+a_3}{3}}{4} \geq \sqrt[4]{a_1a_2a_3\times\frac{a_1+a_2+a_3}{3}} \quad \cdots\cdots \ (3.19)$$

가 성립한다. 한편

$$\frac{a_1+a_2+a_3+\dfrac{a_1+a_2+a_3}{3}}{4} = \frac{a_1+a_2+a_3}{3}$$

이므로 위의 부등식은

$$\frac{a_1+a_2+a_3}{3} \geq \sqrt[4]{a_1a_2a_3\times\frac{a_1+a_2+a_3}{3}}$$

으로 나타낼 수 있다. 이 양변을 4제곱하면

$$\left(\frac{a_1+a_2+a_3}{3}\right)^4 \geq a_1a_2a_3\times\frac{a_1+a_2+a_3}{3}.$$

$$\therefore\quad \left(\frac{a_1+a_2+a_3}{3}\right)^3 \geq a_1a_2a_3$$

따라서

$$\frac{a_1+a_2+a_3}{3} \geq \sqrt[3]{a_1a_2a_3}$$

을 얻을 수 있다.

여기서 특히 등호가 성립하는 것은 부등식 (3.19)에서 등호가 성립할 때, 즉

$$a_1 = a_2 = a_3 = \frac{a_1 + a_2 + a_3}{3}$$

일 때이며, 이 조건은

$$a_1 = a_2 = a_3$$

와 같다.

이 같은 묘한 증명법이 사실은 부등식 (3.16)을 보이는 과정 중의 하나이다.

예를 들어 $n = 6$ 일 때의 부등식 (3.16), 즉

$$\frac{a_1 + a_2 + a_3 + a_4 + a_5 + a_6}{6} \geq \sqrt[6]{a_1 a_2 a_3 a_4 a_5 a_6} \qquad \cdots\cdots\cdots \ (3.20)$$

을 보이는데 $n = 6$ 인 경우를 뛰어넘어 $n = 8$ 인 경우, 즉

$$\frac{a_1 + a_2 + a_3 + a_4 + a_5 + a_6 + a_7 + a_8}{8} \geq \sqrt[8]{a_1 a_2 a_3 a_4 a_5 a_6 a_7 a_8} \qquad \cdots\cdots\cdots \ (3.21)$$

을 부등식 (3.15)와 (3.18)을 이용하여 아래와 같이 먼저 보인다.

|부등식 (3.21)의 증명|

$$\begin{aligned}
&\frac{a_1 + a_2 + a_3 + a_4 + a_5 + a_6 + a_7 + a_8}{8} \\
&= \frac{\dfrac{a_1 + a_2 + a_3 + a_4}{4} + \dfrac{a_5 + a_6 + a_7 + a_8}{4}}{2} \\
&\geq \sqrt{\frac{a_1 + a_2 + a_3 + a_4}{4} \times \frac{a_5 + a_6 + a_7 + a_8}{4}} \\
&\geq \sqrt{\sqrt[4]{a_1 a_2 a_3 a_4}\ \sqrt[4]{a_5 a_6 a_7 a_8}} \\
&= \sqrt[8]{a_1 a_2 a_3 a_4 a_5 a_6 a_7 a_8}
\end{aligned}$$

여기서 특히 등호가 성립하는 것은

$$a_1 = a_2 = a_3 = a_4 = a_5 = a_6 = a_7 = a_8$$

인 경우에 한 함을 쉽게 알 수 있다.

|부등식 (3.20)의 증명|

8 개의 양인 수

$$a_1,\ a_2,\ a_3,\ a_4,\ a_5,\ a_6,\ \frac{a_1+a_2+a_3+a_4+a_5+a_6}{6},\ \frac{a_1+a_2+a_3+a_4+a_5+a_6}{6}$$

에 대해서 부등식 (3.21)을 적용하면

$$\frac{a_1+a_2+a_3+a_4+a_5+a_6+\dfrac{2(a_1+a_2+a_3+a_4+a_5+a_6)}{6}}{8} \geq \sqrt[8]{a_1a_2a_3a_4a_5a_6 \times \left(\frac{a_1+a_2+a_3+a_4+a_5+a_6}{6}\right)^2}$$

이며, 따라서

$$\frac{a_1+a_2+a_3+a_4+a_5+a_6}{6} \geq \sqrt[8]{a_1a_2a_3a_4a_5a_6 \times \left(\frac{a_1+a_2+a_3+a_4+a_5+a_6}{6}\right)^2}$$

을 얻는다. 이 식의 양변을 8제곱한 후 $\left(\dfrac{a_1+a_2+a_3+a_4+a_5+a_6}{6}\right)^2$ 으로 나누면

$$\left(\frac{a_1+a_2+a_3+a_4+a_5+a_6}{6}\right)^6 \geq a_1 a_2 a_3 a_4 a_5 a_6$$

을 얻을 수 있다. 그러므로

$$\frac{a_1+a_2+a_3+a_4+a_5+a_6}{6} \geq \sqrt[6]{a_1 a_2 a_3 a_4 a_5 a_6}\ .$$

특히 등호는

$$a_1 = a_2 = a_3 = a_4 = a_5 = a_6$$

인 경우에 한함을 쉽게 알 수 있다.

나도 수학자 >>>

$n = 5$ 인 경우와 $n = 7$ 인 경우의 부등식 (3.16)이 성립함을 보여라.

풀이 $n = 5$ 인 경우에는

$$a_1,\ a_2,\ a_3,\ a_4,\ a_5,\ \frac{a_1+a_2+a_3+a_4+a_5}{5}$$

에 대해서 부등식 (3.20)을 적용하고, $n = 7$ 인 경우에는

$$a_1,\ a_2,\ a_3,\ a_4,\ a_5,\ a_6,\ a_7,\ \frac{a_1+a_2+a_3+a_4+a_5+a_6+a_7}{7}$$

에 대해서 부등식 (3.21)을 적용한다.

이와 같이 해서 비록 그 증명의 전체 과정을 명확히 정리한다는 것은 어려울지라도 일반적인 n에 대해서도 부등식 (3.16)이 어떻게 증명되는지를 예상할 수 있다.

위의 증명과정을 보면 본질적으로 사용하고 있는 논리는 $n = 2$ 인 경우의 부등식 (3.15) 뿐임을 알 수 있다. 이것을 반복해서 사용함으로써

$$n = 4,\ 8,\ 16,\ 32,\ \cdots$$

인 경우에 부등식 (3.16)이 성립함을 보이고, 그 다음은 거기서부터 식의 변형으로 앞의 경우로 되돌아가고 있다.

예를 들어 $n = 25$ 인 경우에 부등식 (3.16)을 보이기 위해서는 25 를 넘어서는 2 의 누승 $32 = 2^5$ 까지 뛰어넘은 후 거기서부터 되돌아가는 것이다.

다만 이 같은 오묘한 증명법을 누가 제일 먼저 찾아내었는지 알려지고 있지 않는 점이 안타까울 따름이다.

나도 수학자

예각삼각형 ABC 에서

$$\tan A \cdot \tan B \cdot \tan C \geqq 3\sqrt{3}$$

임을 보여라.

풀이 $\tan\theta$ 의 가법정리

$$\tan(\alpha+\beta) = \frac{\tan\alpha + \tan\beta}{1 - \tan\alpha \cdot \tan\beta}$$

로부터

$$\tan A + \tan B + \tan C = (1 - \tan A \cdot \tan B) \cdot \tan(A+B) + \tan C.$$

그런데 $\angle A + \angle B + \angle C = 180°$ 이므로

$$\tan(A+B) = \tan(180° - C) = -\tan C.$$

따라서

$$\tan A + \tan B + \tan C = \tan A \cdot \tan B \cdot \tan C.$$

한편 가정으로부터 $\tan A > 0,\ \tan B > 0,\ \tan C > 0$ 이므로

$$\frac{\tan A + \tan B + \tan C}{3} \geq \sqrt[3]{\tan A \cdot \tan B \cdot \tan C}.$$

그러므로 위의 등식으로부터

$$\frac{\tan A \cdot \tan B \cdot \tan C}{3} \geq \sqrt[3]{\tan A \cdot \tan B \cdot \tan C}.$$

이 부등식의 양변을 세제곱함으로써

$$\tan A \cdot \tan B \cdot \tan C \geq 3\sqrt{3}$$

이 성립함을 알 수 있다.

▶표 3-2 3장의 수학사 보충 자료

수학자	국적	연도	주요 업적
페로 Ferro	이탈리아 Italy	A.D. 1465 ~ A.D. 1526	• 삼차방정식의 해법 연구 • $x^3 + mx = n$을 대수적으로 풀었으나 미발표
카르다노 Cardano, G.	이탈리아 Italy	A.D. 1501 ~ A.D. 1576	• 《위대한 술법》 지음: 3, 4차 방정식의 해법 • 확률문제 다룬 도박사의 안내서 씀 • 허수발견
페라리 Ferrari, L.	이탈리아 Italy	A.D. 1522 ~ A.D. 1565	• 사차방정식 해법을 최초로 발견하여 스승 카르다노의 《위대한 술법》에 실음
지라르 Girard, A.	프랑스 France	A.D. 1595 ~ A.D. 1632	• 허근을 생각해냄 • 근과 계수와의 관계를 증명 • 방정식은 그 차수만큼 근을 가진다는 것을 귀납적으로 추론
라이프니츠 Leibniz, G. W.	독일 Germany	A.D. 1646 ~ A.D. 1716	• 라이프니츠 계산기 만듦 • 미적분법의 창시자 • 미분기호, 적분기호 창안 : $\frac{dy}{dx}$, $\int$ • 두 함수의 곱의 n계 도함수 구하는 공식 발견 • '기호주의(記號主義)'의 선구자
베르누이 Bernoulli, J.	스위스 Switzerland	A.D. 1667 ~ A.D. 1748	• 미분방정식 연구 • 개연적 기댓값의 개념을 고안 • 극좌표 최초 사용 • 변분법을 최초로 연구 • '베르누이 분포', '베르누이 정리'

수학자	국적	연도	주요 업적
오일러 Euler, L.	스위스 Switzerland	A.D. 1707 ~ A.D. 1783	• 허수기호 i 사용 • 무한급수의 수렴, 발산 개척 • f(x)기호 사용 • 함수를 해석적인 식으로 정의 • 삼각함수의 기호 도입(sin, cos, tan) • '오일러의 정리' : $v-e+f=2$ • 선형 미분 방정식의 체계적인 해법을 제시 • 복소수에 대한 삼각함수의 개념 도입
르장드르 Legendre, A. M.	프랑스 France	A.D. 1752 ~ A.D. 1833	• 타원함수, 수론, 최소제곱법 연구 • 르장드르 함수 발견
아벨 Abel, N. H.	노르웨이 Norway	A.D. 1802 ~ A.D. 1829	• '아벨정리', '아벨적분', '아벨방정식', '아벨군' • 타원함수론 전개 • 대수학 군론을 완성 • 오차이상의 대수방정식은 대수적 해법이 없음을 증명

MEMO

MEMO

참고문헌

- 교육과학부, 교육부편수자료2, 수학사 연표.
- 김향숙 · 박진석 · 윤삼열 · 전제동, 《종이접기를 활용한 도형의 이해》[제3 판], 경문사, 2015.
- 김향숙 · 박진석 · 박준형, 《창의적 수학을 위한 GSP 활용》[제3 판], 경문사, 2013.
- 김향숙· 박진석· 이은경· 이재돈· 하형수, 중세이슬람이 보인 입방배적문제 해결방법들의 재조명과 시각화, 영남수학회지 30(2)(2014), pp. 181-203.
- 김향숙 · 박진석 · 하형수, 이차곡선을 활용한 정칠각형에 관한 Abū Sahl의 작도법의 GSP를 통한 재조명, 수학교육 50(2)(2011), pp. 233-246.
- 김향숙 · 박진석 · 하형수, 원뿔곡선에 관한 Apollonius의 Symptoms 재조명과 시각화, 수학교육 52(1)(2013), pp. 83-95.
- 김향숙 · 하형수, "격자다면체 부피에 대한 역사적 고찰 및 그 응용(수열 단원에의 응용)", 한국수학사학회지 23(2)(2010), pp. 101-121.
- 박진석 · 김향숙, 《해석기하학개론》[제2 판], 경문사, 2013.
- Berggren, J. L., *Episodes in the Mathematics of Medieval Islam*, Springer-Verlag, New York, 1986.
- 佐藤健一(さとう　けんいち), 《要說 數學史讀本》, 東洋書店, 1998.
- 船山良三(ふなやまりょうぞう), 《身近な數學の歷史》, 東洋書店, 2002.

참고 사이트

- en.wikipedia.org/wiki/timeline_of_mathematics
- library.thinkquest.org
- www-history.ncs.st-and.ac.uk/Chronology/full.htnl
- www.wolframalpha.com

찾아보기

(ㄹ)

(ㅁ)

(ㅂ)

(ㅅ)

(ㅇ)

(ㅎ)

(기타)

MEMO

MEMO

MEMO

수학사와
함께 떠나는
수학여행
- 중등수학에서 수학사 활용 -

엮은이 박진석 · 김향숙
펴낸이 조경희
펴낸곳 경문사
펴낸날 2014년 3월 5일 1판 1쇄
2017년 3월 5일 1판 2쇄
등 록 1979년 11월 9일 제313-1979-23호
주 소 04057, 서울특별시 마포구 와우산로 174
전 화 (02)332-2004 팩스 (02)336-5193
이메일 kyungmoon@kyungmoon.com

값 19,000원

ISBN 978-89-6105-722-6